5G与AI技术大系

RPA技术详解
基础、应用与未来

李春林 张唯 王晓征 编著

清華大學出版社
北 京

内容简介

本书着力普及RPA的概念，并讲解各类RPA实战化应用场景，理论与实践并重。第1章对RPA进行全面介绍，使初学者了解什么是RPA、为什么需要RPA及目前RPA市场的发展情况。第2章对企业级RPA架构及主要组成部分做简单阐述，以便读者了解RPA的内部构成。RPA的关键技术将会在第3章进行讲解，包括与RPA相关的自动化技术及人工智能技术。基于以上提到的技术，亚信科技推出自研的RPA产品——AISWare AIRPA，作为例子，本章将简单介绍AIRPA的设计要点、功能构成。第4章从理论与实践层面介绍RPA卓越中心的概念以及企业如何搭建RPA卓越中心，帮助企业的决策者了解卓越中心。第5章从需求规划、设计开发、测试验证、部署运营4个层面详细阐述RPA项目如何落地与管理。第6～10章介绍RPA在各行各业的实战案例与应用场景，涉及电信行业、金融行业、政务行业、零售行业以及卫健行业，为处在数字化转型阶段的企业提供参考依据。第11章汇总当前RPA技术存在的应用挑战，并分析RPA未来的发展趋势，使读者对RPA有着更深远的认识。

本书的读者对象包括所有RPA厂商的从业人员，RPA产品广大的甲方客户，RPA领域的咨询、顾问、投资人及其他对RPA感兴趣的读者。

图书在版编目(CIP)数据

RPA技术详解：基础、应用与未来 / 李春林，张唯，王晓征编著 . —北京：清华大学出版社，2023.1

（5G与AI技术大系）

ISBN 978-7-302-62551-3

Ⅰ . ① R…　Ⅱ . ①李… ②张… ③王…　Ⅲ . ①智能机器人　Ⅳ . ① TP242.6

中国国家版本馆CIP数据核字(2023)第006952号

责任编辑： 王中英
封面设计： 陈克万
版式设计： 方加青
责任校对： 徐俊伟
责任印制： 朱雨萌

出版发行： 清华大学出版社
网　　址： http：//www.tup.com.cn，http：//www.wqbook.com
地　　址： 北京清华大学学研大厦A座　　**邮　　编：** 100084
社 总 机： 010-83470000　　**邮　　购：** 010-62786544
投稿与读者服务： 010-62776969，c-service@tup.tsinghua.edu.cn
质 量 反 馈： 010-62772015，zhiliang@tup.tsinghua.edu.cn
印 装 者： 北京同文印刷有限责任公司
经　　销： 全国新华书店
开　　本： 170mm×240mm　　**印　　张：** 17.25　　**字　　数：** 338千字
版　　次： 2023年1月第1版　　**印　　次：** 2023年1月第1次印刷
定　　价： 89.00元

产品编号：098228-01

作者介绍

李春林，现任亚信科技研发中心 AIRPA 产品总监。致力于 RPA、流程挖掘技术探索研究及推广普及。从事 IT 行业二十余年，对软件自动化、流程治理、分布式架构、微服务均有深入研究，发明专利 7 项。行业领域涉及通信、电商、电网、交通智能设备等。

张唯，现任亚信科技研发中心 RPA 资深的产品和解决方案专家。曾全程参与亚信科技 RPA 的设计与推广工作，在 RPA 流程挖掘及优化、产品规划设计、项目实施交付、产品运营咨询等方面均有丰富的经验。

王晓征，现任中国移动集团首席专家，中国移动浙江公司信息技术与数据管理部总经理，兼中国移动（浙江）创新研究院常务副院长，高级工程师。多年来一直致力于运营商数字化转型发展，获评“2021 年度数字化发展先锋人物”“2020 年度数字化发展风云人物”等奖项。

丛书序

2019 年 6 月 6 日，工信部正式向中国电信、中国移动、中国联通和中国广电四家企业发放了 5G 牌照，这意味着中国正式按下了 5G 商用的启动键。

三年来，中国的 5G 基站装机量占据了世界总量的 7 成，地级以上城市已实现 5G“全覆盖”；近 5 亿 5G 终端连接，是全世界总量的 8 成；中国的 5G 专利数超过了美日两国的总和，在全球遥遥领先；5G 在工业领域和经济社会各领域的应用示范项目数以万计……

三年以来，万众瞩目的 5G 与人工智能、云计算、大数据、物联网等新技术一起，改变个人生活，催生行业变革，加速经济转型，推动社会发展，正在打造一个“万物智联”的多维世界。

5G 带来个人生活方式的迭代。更加畅快的通信体验、无处不在的 AR/VR、智能安全的自动驾驶……这些都因 5G 的到来而变成现实，给人类带来更加自由、丰富、健康的生活体验。

5G 带来行业的革新。受益于速率的提升、时延的改善、接入设备容量的增加，5G 触发的革新将从通信行业溢出，数字化改造得以加速，新技术的加持日趋显著，新的商业模式不断涌现，产业的升级将让千行百业脱胎换骨。

5G 带来多维的跨越。C 端消费与 B 端产业转型共振共生。“4G 改变生活，5G 改变社会”，5G 时代，普通消费者会因信息技术再一次升级而享受更多便捷，千行百业的数字化、智能化转型也会真正实现，两者互为表里，互相助推，把整个社会的变革提升到新高度。

近三年是 5G 在中国突飞猛进的三年，也是亚信科技战略转型升级取得突破性成果的三年。作为中国领先的软件与服务提供商、领先的数智化全栈能力提供商，亚信科技紧扣时代发展节拍，积极拥抱 5G、云计算、大数据、人工智能、物联网等先进技术，积极开展创造性的技术产品研发演进，与业界客户、合作伙伴共同建设“5G+X”的生态体系，为 5G 赋能千行百业、企业数智化转型、产业可持续发展积极做出贡献。

在过去的三年中，亚信科技继续深耕通信业务支撑系统（Business Supporting System，BSS）的优势领域，为运营商的 5G 业务在中华大地全面商用持续提供强有力的支撑。

亚信科技抓住 5G 带来的 B & O 融合的机遇，将能力延展到 5G 网络运营支撑系统（Operation Supporting System，OSS）领域，公司打造的 5G 网络智能化产品在运营商中取得了多个商用局点的突破与落地实践，帮助运营商优化 5G 网络环境，提升 5G 服务体验，助力国家东数西算工程实施。

亚信科技在 DSaaS（数据驱动的 SaaS 服务）这一创新业务板块也取得了规模化突破。在金融、交通、能源、政府等多个领域，帮助行业客户打造“数智”能力，用大数据和人工智能技术，协助其获客、活客、留客，改善服务质量，实现行业运营数字化转型。

亚信科技在垂直行业市场服务领域进一步拓展，行业大客户版图进一步扩大，公司与云计算的多家主流头部企业达成云 MSP 合作，持续提升云集成、云 SaaS、云运营能力，并与其一起，帮助邮政、能源、政务、交通、金融、零售等百余个政府和行业客户上云、用云，降低信息化支出，提升数字化效率，提高城市数智化水平，用数智化手段为政企带来实实在在的价值提升。

亚信科技同时积极强化、完善了技术创新与研发的体系和机制。在过去的三年中，多项关键技术与产品获得了国际和国家级奖项，诸多技术组合形成了国际与国家标准。“5G+ABCDT”的灵动组合，重塑了包括亚信科技自身在内的行业技术生态体系。“5G 与 AI 技术大系”丛书是亚信科技在过去几年中，以匠心精神打造我国 5G 软件技术体系的创新成果与科研经验的总结。我们非常高兴能将这些阶段性成果以丛书的形式与行业伙伴们分享与交流。

我国经历了从2G落后、3G追随、4G同步，到5G领先的历程。在这个过程中，亚信科技从未缺席。在未来的 5G 时代，我们将继续坚持以技术创新为引领，与业界合作伙伴们共同努力，为提升我国 5G 科技和应用水平，为提高全行业数智化水准，为国家新基建贡献力量。

2022 年 9 月于北京

前 言

以人工智能、机器人、物联网为标志的第四次工业革命方兴未艾。在全面迈向智能化、自动化时代的过程中，机器人流程自动化（Robotic Process Automation，RPA）作为企业必备的智能自动化基础设施，将带来广阔的市场前景。

机器人流程自动化作为一种新型的技术理念，它允许通过软件机器人基于一定规则的交互动作来模拟和执行既定的业务流程，可以代替人工完成日常办公生活中重复烦琐的操作，因此也被喻为“数字员工”“数字劳动力”。自2012年Blue Prism公司的Pat Geary首次提出RPA的概念，经过多年发展，如今RPA已成为全球增长最快的企业软件类别。

2022年8月1日，全球著名咨询调查机构Gartner在官网发布了全球RPA市场收入数据。根据Gartner预测，2022年全球RPA市场收入将达到29亿美元，相比2021年增长19.5%。同时，2023年全球RPA市场收入将达到33亿美元，相比2022年增长17.5%。目前，大多数大型咨询公司、全球系统集成商以及业务流程外包商，正在使用或欲采用RPA突破生产力瓶颈，实现企业数字化转型。国内RPA自2019年开启元年，到现在金融、电商、政企等领域人人皆谈，国内RPA行业正进入高速发展阶段，在企业工作中正由小范围的应用走向规模化的应用。

在当今时代的风口浪尖，我们应该积极选择拥抱变化。笔者所在的亚信科技的价值观是“关注客户、结果导向、开放协作、追求效能、拥抱变化”，拥抱变化也是一直追寻的一个极其重要的方向。因此，近年来，亚信科技深耕自动化转型市场，将人工智能与RPA相结合，探索智能化RPA的价值，这就是本书的创作背景。

本书由亚信科技产品研发中心编写，编写组成员包括李春林、张唯、王晓征、刘天、孙雅慧、朱婉珍、王四季，同时感谢欧阳晔博士、英林海、朱军博士、张峰、潘远、齐宇为本书出版所做的工作。本书参考文献请扫描下面的二维码查看。

由于编者的水平和精力有限，不足之处在所难免，竭诚欢迎各界读者朋友批评指正，我们不胜感激。

编者

2022 年 10 月

目 录

第 1 章 全面认识 RPA

在企业数字化转型的浪潮下，机器人流程自动化（RPA）作为自动化转型的工具受到了越来越多的关注，并出现井喷式的增长。基于RPA的自动化解决方案，让很多组织的数字化进程更加顺畅，也为更多组织的数字化转型提供了新的思路。RPA 不仅可以模拟人类在计算机上的操作，而且可以利用和融合现有各项技术，实现其流程自动化的目标，现已广泛应用在各行各业中。

本章将从一个初学者的视角全面讲解流程自动化产生的背景、RPA 的定义以及 RPA 的发展历程。在充分了解这些基础信息后，再深入 RPA 的内部，剖析这项技术为企业带来的应用价值，最后从典型 RPA 厂商、适用场景、商务模式及生态运营四个方面介绍当前 RPA 的行业现状。

1.1 流程自动化的产生背景

1913 年，亨利・福特把一辆汽车所有的工序分成了 7882 种，流水线上配备汽车所需的零件和材料，工人站在流水线旁边，每个人只负责自己那一环节的装配工作，当流水线中所有装配工作完成后，一辆车也得以组装完毕。流水线装配的生产模式（如图 1-1 所示），使得福特汽车公司成本大幅降低，在当时引起了巨大轰动，全球首条自动化生产线也由此诞生。

到了 20 世纪 50 年代末，约瑟夫・恩格尔贝格（Joseph F.Englberger）利用伺服系统的相关灵感，与乔治・德沃尔（George Devol）共同开发了一台工业机器人——“尤尼梅特”（Unimate）。直到 1961 年，工业机器人开始正式应用在通用汽车的装配线上，这标志着工业机器人正式投入使用。在实际的生产过程中，工业机器人可以按照预先设定好的基本程序精准地完成一些重复性动作，比如在汽车生产过程中捡拾汽车零件并放置到传送带上，这些操作不会对其他的作业环境产生影响。工业机器人的普及为很多工作岗位释放人工资源，作为科技进化的产物，工业机器人在企业生产中有着不容小觑的作用。自此，工业机器人的蓬勃发展拉开了序幕。

图 1-1 福特汽车流水线

直到 1984 年 4 月 9 日，世界上第一座试验用的“无人工厂”在日本筑波科学城建成，工业机器人技术已变得更加成熟。“无人工厂”经过一定时间的试运转发现，以往需要近百名熟练工人和电子计算机控制的最新机械，花两周时间制造出来的小型齿转机、柴油机，现在只需要 4 名工人花一天时间就可制造出来。此后，越来越多的工厂开始选择使用机器人进行流程作业，代替人工从事那些繁重、重复、危险的生产工作。

工业自动化技术高速发展的同时，信息技术也在不停地变革。第二次世界大战以来，特别是 20 世纪 70 年代以来发生的技术革命，开创了信息化社会的新时代。此次信息革命以信息技术的飞跃为前导，迅速波及社会的各个领域，它带来了工厂的自动化、办公室的自动化和家庭的网络化。在工业机器人应用在装配线上的数十年里，已协助汽车生产以及制造其他产品。而在信息化社会时代，很多组织的业务线实现计算机化，质量管理等流程化管理模式也由此兴起。

到了 20 世纪 90 年代初，美国著名企业管理大师迈克尔 • 汉默（Michael Hammer）与 CSC 咨询集团的总裁詹姆士 • 钱皮（James A. Champy）在《企业再造》（*Reengineering the Corporation*）一书中提出业务流程管理（Business Process Management，BPM）理论，BPM 开始引领新一轮管理革命的浪潮。简单地讲，业务流程管理可以分为两部分：一是改善、固化与优化业务流程，保障业务流程的最优化，使得各业务流程能够有效运转与衔接；二是实现业务流程的自动化，通过业务自动化保证业务流程的合规性、准确性与高效性。前者用以实现流程的效能设计，后者则用以实现业务流程的高效运转。作为一种战略方法，BPM 提倡以规范化地构造端到端的卓越业务流程为中心，以持续地提高组织业务绩效为目的，自提出起便成为了管理和 IT 融合中最有价值的研究方向与最热门的讨论话题，当年的美国行业巨头也纷纷开始在企业管理的改造与应用上推行该理论，企业的运营因此获得了卓有成效的变化。

当计算机应用于生产制造之后，信息与自动化的结合彻底引发了信息革命，更多的由计算机所主导的自动化技术开始在企业流程运营管理中大量运用，企业也随之进入了业务流程自动化（Business Process Automation，BPA）的时代。BPA 也被称为业务自动化或数字转换，是复杂业务流程的技术支持的自动化。它可以简化业务流程、实现数字化转型、提高服务质量、改善服务交付或控制成本，包括集成应用程序，重组劳动力资源以及在整个组织中使用软件应用程序。通俗点说，BPA 就是通过使用软件和不同的应用程序集成来自动执行重复业务流程的一种方法。近年来，信息技术与自动化技术不断融合，奠定了企业经营流程自动化技术高速发展的基础。

BPA 存在的主要作用，首先是帮助企业制定业务自动化运行策略，然后再通过移动的解决方案实现业务自动化。所以，自动化是 BPA 的重点。根据能够完成任务的复杂程度，自动化分为四种类型，即基本自动化、流程自动化、集成自动化与人工智能自动化，这四种类型也标志着自动化从简单到复杂的进化过程。随着复杂程度的不断提高，自动化能够帮助企业解决的问题也越来越多。最复杂的人工智能自动化，能够做到像人一样进行决策，可以根据数据的学习和不断分析来决定如何处理数据。甚至，可以做到帮助人们探寻、建议和优化工作流程，做到最大程度的自动化。在这四种类型中，流程自动化与机器人流程自动化的关系最为紧密。BPA 是指导企业自动化的策略方案，而 RPA 是帮助企业实现自动化的重要工具。

作为 BPA 的一个新兴领域，RPA 是近几年发展比较迅猛的一种业务执行方式。在 RPA 概念出现之前，自动化工具已经存在多年，如 SAP ERP 中的自动化脚本 ABAP、Office 中的宏处理程序、操作系统中的脚本处理、Selenium 对于 Web 的自动化处理、QTP 等专业自动化测试工具。但由于技术的复杂度高、难度大，自动化工具的专业性低等原因，这类技术没有获得广泛的应用和推广。而 RPA 作为一款零代码开发工具，开发者只需要足够熟悉业务流程就可以完成自动化场景的开发，其原理是利用软件模拟人工手动操作鼠标、键盘等方式，自动执行工作上大批量、重复、机械的操作或步骤，例如数据的复制粘贴、上传 / 下载、跨系统迁移等。作为一款自动化软件工具，RPA 运行于现有系统顶层，非侵入“外挂式”部署，在不改变企业现有 IT 基础架构的前提下，将不同系统的数据进行提取及整合，免去系统接口整合成本，打通系统间数据壁垒。从 2019 年中国开启 RPA 元年到 2022 年，三年时间 RPA 已广泛应用于金融、电商、政企、电信等多个领域，这个速度比之前预计的要快。自 2019 年新型冠状病毒肺炎（Corona Virus Disease 2019，COVID-19）席卷全球，全国乃至全球的经济遭遇重创，世界经济陷入了百年未遇的深度衰退，众多行业面临瘫痪。各大企业、组织对自动化与智能化的需求越来越旺盛。现阶段，RPA 技术已经较为成熟，能够为企业、组织带来流程效率提升的确定性回报，RPA 已经成为投入增长最快的企业级软件之一。据 Gartner 预测，到 2023 年年底，90% 的大型和超大型组织将部署某种形式的 RPA。

在充分了解 RPA 的起源后，我们再深入 RPA 的内部，进一步剖析它的概念及发展历程。

1.2 RPA 的定义

当下，伴随着人口老龄化的问题越发严重，劳动力也越发短缺，人力成本日益上升，越来越多的企业无法再通过“人海战术”解决问题。中国社科院预测，到 2025 年，中国的人口红利将彻底消失。要实现经济的腾飞，中国必须力争在此之前完成发展方式的转变。另外，企业人工操作的效率和质量达到瓶颈。随着企业的逐年发展，“人海战术”除了增加企业人力成本之外，人的效率开始跟不上科技发展的速度，并且在实际操作中的错误率和成本也在提高。在这种情况下，企业纷纷寻找解决方案，希望通过数字化转型实现企业降本增效。

RPA 作为数字化转型的工具，是通过模拟并增强人类与计算机的交互过程，实现工作流程自动化的技术，已广泛应用在各个业务系统中，是未来办公创新和发展的趋势（如图 1-2 所示）。RPA 对于数字经济时代的价值，可以类比于机器人对于工业经济时代的价值。与日常生活中常见的“实体机器人”不同，RPA 本质上是一种能按特定指令完成工作的软件，通过模拟键盘、鼠标等人工操作来实现办公操作自动化，尤其擅长点击、复制、粘贴、输入等有固定规则且重复性较高的办公内容，而且比人类更高效、更敏捷、更准确。相对于人工操作，RPA 可以不间断、准确、高效地处理大量重复工作，并且实施成本低，维护成本依赖运行环境，整体成本比人工成本要低得多，具备高效低成本的优势。

与此同时，各类机构根据侧重点不同对 RPA 赋予了不同的定义。

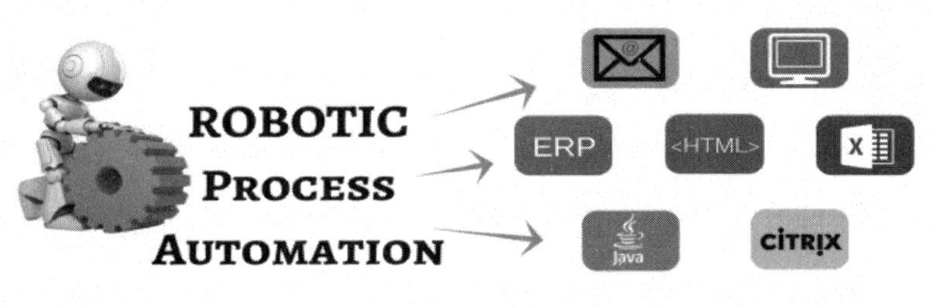

图 1-2　RPA 是未来办公创新和发展的趋势

电气与电子工程师协会（IEEE）认为，RPA 是通过软件技术来制定业务规则以及活动编排过程，利用一个或多个互不相连的软件系统协作来完成一组流程活动、交易和任务，同时需要人工对异常情况进行一些管理来保证最后的交付结果和服务。

机器人过程自动化与人工智能研究所（IRPA AI）认为，RPA 是一种技术应用模式，使机器人软件或机器人能够捕获并解释现有应用的信息，处理不同系统的操作等。

Gartner 在 2018 年 AI 技术曲线报告中指出：RPA 整合了用户界面识别和工作流执行的能力，它能够模仿人工操作电脑的过程，通过模拟鼠标和键盘来驱动和执行应用系统。有时候它被设计成应用到应用之间的自动化处理。

IBM 在 2017 年市场研究及远景趋势报告中指出：RPA 是利用软件来执行业务流程的一组技术，按照人类的执行规则和操作过程来执行同样的流程。RPA 技术可以降低工作中的人力投入，避免人为操作错误，处理时间将会大大降低，人类可以转换到更加高阶的工作环境中。

麦肯锡咨询公司认为，RPA 是一种可以在流程中模拟人类操作的软件类型，能够比人类更快捷、精准，不知疲倦地替代重复性工作，使人力投入到更加需要人类能力的工作中来。

基于以上不同机构对 RPA 赋予的不同定义，我们对 RPA 有了一个初步的了解，本书并无意重新定义 RPA，但我们要知道 RPA 到底可以实现哪些流程的自动化？前面我们已经提到了 RPA 与现实物理世界中常见的实体机器人差异，它是运行在计算机中的机器人程序，因此能够实现的流程必然要通过计算机来处理，而现实生活中人们的行为就无法利用 RPA 来代替，如领导在纸质文件上的手写签名、取回已打印的文件、将寄送的包裹交到快递人员的手中等。不过RPA 可以通过实现自动化的电子签名和校验来替代手写签名。如果企业还未实现无纸化办公，至少 RPA 可以做到将要打印的文件自动发送给打印机，并自动判断打印成功与否。虽然 RPA 不能亲自递交包裹，但是可以在快递公司的系统中自动下单，并自动化地检查快递物流的实时状态。

所以，如果在一个业务流程中，一部分步骤是人工的电脑操作，一部分是人在现实世界中的行为，那么可以肯定地说，RPA 只能自动化地替代人工的电脑操作，而对于人类的物理行为无能为力，不过这时那些拥有物理手臂和可以自动行走的机器人就可以派上用场了。

既然 RPA 是利用程序模拟人的操作行为，那么这些流程中的操作行为就必须要有明确的业务规则、明确的行为逻辑，才能转换成可执行的软件程序。目前 RPA 主要应用于商业领域，为企业用户服务。商业领域其实不像人们的日常生活，日常生活中大部分行为是受情感所支配的，如人们在“双十一”加满购物车，在各个网站上随意地浏览新闻。而在商业世界中，90% 的业务行为都是有逻辑规则可循的，尤其一线业务人员的操作过程，更需要严格遵守公司的操作规程。

RPA 应用领域主要包括财务会计、人力资源、采购、供应链管理等，如费用报销、单据审核、人员入职、开具证明、订单核对等流程。另外，并非所有能够实现自动化的流程，都要真正地实现自动化，如上面几个定义中所提到的，RPA 的目的是要处理那些重复执行且工作量大的流程环节。其实，这里讨论的是自动化的必要性，而不是 RPA 能否实现自动化的问题。

首先，需要考虑投入产出比的问题。因为使用 RPA 最原始的动力是替代人工劳动、降低人力成本。这部分工作通过人工操作是需要成本的，但是 RPA 的软件、实施和维护也需要成本，需要对比一下哪种方式成本更低。

其次，还要考虑业务灵活性的问题。RPA 一旦将业务流程和处理规则固化下来，也就意味着业务人员在业务办理中的自主控制力会降低，随之会带来业务灵活性和业务人员及时应变能力的问题。当然，我们还需要从效率、风险、安全、IT 建设周期等维度来判断一个流程是否需要自动化。

通常得出的结论是，那些重复执行且劳动量大的工作一定是人力相对密集的流程，越多的人执行这样的流程，规则越不会轻易调整，将这些流程进行自动化所带来的业务收益通常也会更大。这也就是为什么 RPA 首先应用于外包服务和企业内部共享中心的原因。

概言之，RPA 适用于那些具有明确业务规则、重复执行且业务量较大的、相对稳定的业务流程。

现如今人类正处于人工智能（Artificial Intelligence，AI）时代，社会生产力从原始社会、农业社会、工业社会的量变到人工智能的质变时代。AI 技术作为热门科学和各国重点发展的前沿技术，作为研究使计算机来模拟人的某些思维过程和智能行为（如学习、推理、思考、规划等）的学科，正处于飞速发展阶段。然而，AI 技术在大部分企业中的应用仍处于初步探索阶段，RPA 相对而言则更加务实，被视为企业提升效率与生产力的驱动力，也因此成为 AI 落地的前沿阵地和融合器，RPA 与 AI 的关系也比我们想象的更为紧密（如图 1-3 所示）。如果将 RPA 比作人类的双手，擅长执行基于明确规则、大批量且重复的工作任务，那么 AI 就可以称为人类的大脑，负责发出指令，使机器人具备思考与学习的能力。其中，计算机视觉（Computer Vision，CV）、自然语言处理（Natural Language Processing，NLP）、语音识别（Automatic Speech Recognition，ASR）等 AI 能力赋予机器人感知及认知能力；机器学习（Machine Learning，ML）、深度学习（Deep Learning，DL）等相关 AI 技术则教会机器人自主学习的能力。另外，还可以通过大数据分析增强 RPA 对非结构化数据的处理能力，增强 RPA 自我学习及对流程重塑的能力。

图 1-3　RPA 与 AI 相结合

有了 AI 技术的加持，各大厂商将大量智能化模块与 RPA 组合在一起后，发挥出了巨大潜能，比如，在财务核算、政务审批、工单处理等复杂的场景中，利用 OCR 技术可以完成文字自动识别，省去人眼观察图像的过程。一方面，提高了业务的处理效率，另一方面，降低了出错率。随着 AI 技术与 RPA 技术的进一步结合，更多自动化场景将被挖掘。

在此发展背景下，亚信科技推出 AISWare AIRPA（亚信科技机器人流程自动化平台），为用户提供简单、高效、灵活、智能的机器人流程自动化解决方案。AIRPA 在 RPA 的基础上，融合了 CV、NLP、ASR 等 AI 技术，使机器人具备智能认知、感知、决策的能力，从而实现智能化自动流程。AIRPA 面向全域提供跨平台、跨系统、跨应用的流程集成能力，完成可视化流程机器人设计、集中化任务调度管理及任务监控，旨在持续探究企业内部效率瓶颈和价值空地，推动流程智能化重塑，加速企业数字化升级。

近年来，随着企业对数字化转型的需求越来越旺盛，以 RPA 为代表的自动化转型技术得到市场广泛的认可，成为各行各业数字化转型的利器。据 Gartner 2021 年中国 ICT 技术成熟度曲线表明：RPA 作为技术热点，正处于高速发展中，且市场对机器人流程自动化的关注与兴趣仍处于高位。Gartner 认为，2021 年数字化转型仍然是企业高度优先的需求，CIO 必须构建一个可扩展、可组合的业务和 IT 流程自动化系统，而 RPA 可以结合先进的技术应用（如 iBPMS 或决策管理系统）来帮助企业实现超自动化，凭借无创集成、高效敏捷、可扩展性等特点，RPA 将在中国迈向更广阔的市场。

1.3 RPA 的发展历程

国内的 RPA 发展历程没有国外那么早，但是如果从“按键精灵”算起的话，RPA 的发展历程在不同资料中有很多不同的说法，但大体上可以归纳为以下 4 个阶段（如图 1-4 所示）：桌面自动化、机器人流程自动化、机器人流程智能化、机器人流程自主化。

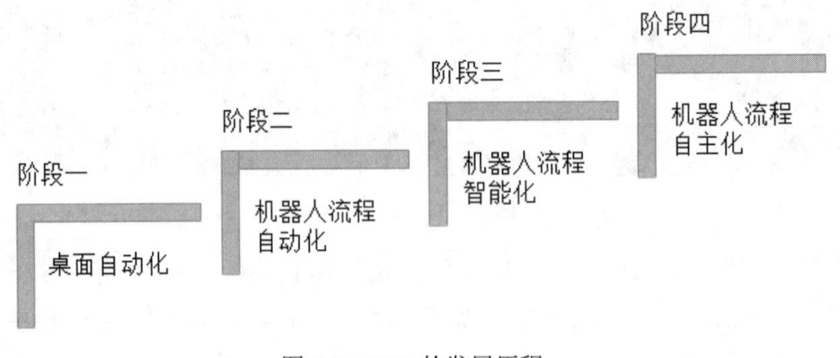

图 1-4　RPA 的发展历程

1.3.1　桌面自动化

桌面自动化指的是一种计算机应用程序，为员工提供一套预定义的活动编排，待员工发起执行与管理后才能获取自动化执行结果，整个过程中完成一个或多个自动化流程、任务的执行，我们可以将“桌面自动化”称为 RPA 的前身。这一阶段以 2001 年 7 月出现的一款名为“按键精灵”的软件为代表，它是一款模拟鼠标、键盘动作的软件，简单易用，通过部署在计算机桌面上进行工作，不需要任何编程知识就可以做出功能强大的脚本。与 RPA 一样，“按键精灵”也是基于抓屏技术与工作流程自动化技术开发而成，称得上是国内最早期的 RPA 产品。“按键精灵”推出后不久便深得游戏玩家的厚爱，大量玩家用这个软件升级刷怪，用各种脚本进行游戏常规的自动化操作。后来有人发现，这个软件还可以用于日常办公。就这样，“按键精灵”也成为了个人办公自动化的常用软件。

“按键精灵”具有脚本语句、录制键鼠操作、多界面编辑、脚本向导、命令库加密、云脚本储存、制作脚本、文献检索、内置资源库、自动收发邮件等功能，在日常工作中可以帮助员工更快执行任务、减少错误、提高处理效率。但同时也存在一些局限，由于“按键精灵”是按照像素记录屏幕的位置，因此很容易受到屏幕分辨率的影响，界面一旦发生变化就无法正常运行，无法在多台机器上完美的共用同一个流程，稳定性差，并且需要人为触发、控制，难以拓展。

1.3.2　机器人流程自动化

当下，尽管企业数字化转型是大势所趋，但中小企业由于资金、技术有限，积极性依然不高。不少中大型企业在推进数字化转型的过程中，受冗杂流程及系统集成限制等影响，效果并不明显。据埃森哲发布的《2021 中国企业数字转型指数研究》报告发现，目前仅有 16% 的中国企业数字化转型成效显著，此次研究抽样调查了 560 余家中国企业，覆盖高科技产品、电子零件与材料、汽车与工程机械、医疗医药、消费品、物流、传统零售业、化工建材、冶金等九大行业，大部分企业转型成果依然有限。随着科技的发展，一种相对简单、快捷、高效的自动化解决方案应运而生——机器人流程自动化。RPA 的低投入、工期短、非侵入等特性正好满足当前企业，尤其是中小企业经营的需求，可以让企业以最小投入达成业务流程优化，提升员工价值，实现降本增效，为企业实现数字化转型提供了新方向。

RPA 提出了流程优化、机器人管理、数字员工等更深层次的可以更大程度推动自动化的解决方案，实现了从传统单机运行的简单流程向大型多任务管理方式转变。RPA 主要由编辑器、控制器和运行器组成，具备基于流程的自动化处理能力，具备机器人的调度能力，甚至具备一定的高级分析能力，实现了机器人开发、集成、部署、运行和维护过程中的基本需求，能够编排工作内容，集中化管理、调度机器人、分析机器人的表现等。它可以与 ERP、BPM 等业务应用系统进行集成。与此同时，RPA 的可靠性也得到了大幅度的提升，能够从事更多、更复杂的流程，获得财务、IT、人事等领域市场的青睐。不同于桌面自动化，RPA 不仅可以部署在桌面上，还可以部署在服务器上，实现了7×24 小时全年无休的工作，并用业务流程代替了人机交互，释放了更大的增效降本可能性，缺点是不具备对非结构化数据处理的能力，因此适用的应用场景也比较有限。

1.3.3 机器人流程智能化

随着数字经济的发展，越来越多的企业依托“RPA+AI”技术赋能，从而加速数字化、智能化转型。身处数字化时代，企业的业绩、成果与企业处理信息的速度、准确度密不可分。将 RPA 与 AI 进行比较，二者之间仍然存在差异。RPA 是流程自动化，根据既定的规则完成整个业务流程，不需要做出任务判断或思考，而 AI 则倾向于像人类一样做出判断。两者的关系就像人的手和大脑。RPA 根据指令执行，而 AI 更倾向于发布指令。

在日常业务办理过程中，可能遇到各种纸质文件，比如发票、身份证复印件、各类申请书等。为了实现业务流程自动化处理，首先要将这些纸质文件转变为电子文件，比如利用相机拍摄成照片，或是使用扫描仪将纸质文件转变为扫描件，然后通过某种 AI 技术将电子文件转化为可以编辑的文字。这里所用到的 AI 技术就是光学字符识别技术（OCR）。OCR 可完成文本资料的扫描，然后对图像文件进行分析处理，获取文字及版面信息。通过 OCR 技术可实现发票、出租车票、火车票等常见的票据识别，结合 RPA 技术常用于财务报销填单、审单流程中的重复劳动自动化提升工作效率。同时由于财务场景容错性低、业务规则多，机器人能够保证稳定的工作状态，减少人工原因导致的错误。其次，比较常见的场景莫过于卡证识别，在企业资质审核及个人资质审核场景中，OCR 技术可用于自动识别身份证、驾驶证、银行卡、营业执照等常见的卡证。

然而，在实际应用中，只有文字识别远远达不到需求。通过 OCR 识别获取到的文本信息无法直接给予 RPA 机器人实现自动化业务处理，必须通过自然语言处理技术（NLP）将获取的非结构化数据整理成结构化数据，才能实现后续的业务流程处理。通过信息抽取技术可从文本数据中抽取特定信息，实现将“非结构化数据”转变为“结构化数据”，结合 RPA 技术常用于人力招聘简历筛选、业务稽核、风控数据采集等场景，协助业务人员完成文档关键信息的智能提取，快速处理业务文档，提高工作效率，将业务人员从重复机械的阅读、打字工作中解脱出来，实现人力资源价值最大化。其次，结合文本分类技术，可实现按照一定的分类体系或标准对文本进行自动分类标记，常用于合同分类、邮件分类、工单分类、票据分类等业务场景，解放人力，提高业务处理的时效性及准确性。

至此，RPA 也迈入了新的时代——机器人流程智能化时代。该阶段的 RPA 可以简单融合感知技术，尝试部分获取相关的外部知识，自动化处理目标文档中的非结构化数据，例如发票信息、电子邮件等。智能化时代的 RPA 通常部署在云端或虚拟机上，相对于传统的 RPA 解决方案，“RPA+AI”的解决方案借助 OCR、NLP 等常见的 AI 能力，保证了 RPA 在读取非结构化数据、保障任务准确率任务上更胜一筹。

1.3.4　机器人流程自主化

有了 AI 技术的加持，RPA 步入机器人流程智能化时代，RPA 的适用场景也得以拓展。但人类始终是不可替代的，在一些工作场景中我们常常会遇到需要判断与决策的问题，与 RPA 相比，人具有思考能力与创新能力，而 RPA 只会机械地按照设定好的规则完成既定的业务流程，如何让 RPA 具备和人类一样的决策、分析能力也成了需要思考的问题。

如果智能化的 RPA 再往前进一步，就达到了自主化 RPA 的要求，即通过将感知技术（语音、人机交互）、认知技术（智能决策）、RPA 技术相结合，打造出能够模拟人类进行业务决策和业务处理的自主化机器人。通过结合大数据分析类别特征识别与分类的能力，RPA 对非结构化数据的处理能力也进一步得到了增强。而机器学习作为决策分析的主要方法，与 RPA 融合，可以用于流程中的智能分析与决策。

虽然目前 RPA 已经被广泛使用，但 Gartner 建议下一步将 RPA 与人工智能和机器学习工具充分集成，以实现超自动化，减少人工干预。超自动化一词由 Gartner 在 2019 年提出，它是一个以交付工作为目的的集合体，由 RPA（机器人流程自动化）、LCAP（低代码应用平台）、AI（人工智能技术）、iBPMS（智能业务流程管理）等创新技术组成，从而帮助用户将一些流程更加复杂的非结构化数据业务实现自动化。人类设计了 RPA，但 RPA 仍是在人类的监督下自动完成的。这使人类能够进一步发展现有的和新的技能，追求新的职业机会，尝试新的想法，并从新的工作方式中受益。其次，为满足企业对流程的智能分析与决策的需求，RPA 步入新的阶段——机器人流程自主化阶段，该阶段的 RPA 结合了机器学习、流程发现、超自动化以及商业智能等一些核心技术，基于对业务流程的监控与分析，结合业务需求，自动建立分析模型，产出管理分析报告，并自动发现业务流程中可实现自动化的环节，从而进行优先级分析。自主化阶段的 RPA 主要包含三大特性：①增强员工参与能力：设法使企业中的每一个人都能够为自动化做出贡献，不仅是传统的 RPA 开发人员和测试人员，还包括各领域专家、业务分析师和业务用户。②具备自动化流程发现工具：可深入研究团队的工作方式，以便向用户展示哪些流程理应实现自动化。③高级分析功能：可基于对企业至关重要的业务效果来衡量和展示自动化的投资回报及其影响。

前面提到了桌面自动化、机器人流程自动化、机器人流程智能化和机器人流程自主化四个阶段关于 RPA 技术的演进趋势。不管处于哪个阶段的 RPA 技术，最主要解决的问题都是将业务流程尽量自动化，这个目标是始终不变的。每个阶段的技术都是基于上一阶段技术的累积，在当前阶段再结合其他技术一起应用而成长起来的，所以不能对每个阶段的自动化技术做互斥比较，更应该向下兼容比较。

1.4 RPA 的应用价值

RPA 技术及其前身技术诞生和发展的最大原因之一是人类对重复性劳动的厌恶，重复性的工作将人局限在一个狭小的空间内，无法实现自我价值。而随着 RPA 技术的进一步发展，人们似乎发现 RPA 可以用来做更多的事情，RPA 厂商以及业内的咨询机构也执着于论证 RPA 在企业自动化转型的过程中，究竟可以带来哪些价值，无论是其原生价值降本增效，抑或是与 AI 结合带来的注智赋能，又或者是打通数据业务壁垒。总而言之，RPA 对于企业的数字化转型来说，真真切切地存在着价值。综合业内厂商的落地效果和咨询公司所发布的业内分析报告，本节将对 RPA 的应用价值进行一一介绍。

1.4.1 提升企业工作效率

RPA 技术运用的前提在于用户完成了信息化系统的搭建，原始的纸笔是无法让 RPA 发挥价值的。信息化系统的建立使得流程和数据变得规范化，而针对某些特定的场景下，规范化意味着按照固定的规则进行不断的重复。而令企业感到痛苦的是，这类重复的业务操作往往还附带着其他问题，比如大批量。所以，屡见不鲜的场景是，现代化企业中仍然有一大批员工固定在自己的工位上日复一日地重复固定的鼠标单击、键盘输入等操作，枯燥但却熟练，这些人被戏称为“IT 卖油翁”。

而遗憾的事情是，就如同卖油翁如果活到今天，也无法比拟现代化流水线一样，人类对于业务操作的能力上限是天然存在的，比如，人类无法 7×24 小时持续工作；人类无法摆脱环境、心理等可观因素影响，时时刻刻保持最佳状态；人类无法一秒钟内完成十八个操作等等，而这些操作 RPA 技术可以轻松地做到。

因此，相较于人工操作，RPA 技术可以显著地提升此类业务环节的工作效率，这一点在许多 RPA 落地场景中都得到了事实的验证，据亚信科技不完全统计，效率平均可提升 5 ～ 20 倍，这对于存在密集的大批量重复业务的公司而言，是一个不错的选择。

1.4.2　降低成本

降低成本是 RPA 厂商宣传产品时不可能缺少的要素，因为其本身就是 RPA 技术的原生价值之一。而区别在于，RPA 行业内对于到底降低多少成本至今没有一个统一的结论，安永咨询公司称可以节省 50% ～ 70% 的成本，IDC 的报告显示可以节省 30% ～ 60% 的成本。

尽管 RPA 的用户一直在质疑，但好在大家质疑的只是节约成本的数字，对降低成本倒是没有太多问题。而在讨论 RPA 具体可以减少多少成本时，我们必须要从 RPA 落地的具体企业和场景进行分析。通常而言，我们需要考虑以下几个因素：人力节约成本、管理成本、采购成本、效益成本。

首先是人力节约成本，这一点与我们上面谈到的提升工作效率是密不可分的，工作效率的提升以及工作时间的增加，必然意味着在这一项业务操作上需要投入的人力成本降低了，这部分成本理论上是节约了的，但一些客户没有合理地安排员工去使用这部分节约的时间，从而导致这部分节约成本消失了，这是一些企业谴责 RPA 没有带来成本明显降低的原因。

其次是管理成本，RPA 技术的引进不是一件特别容易的事情，RPA 的前期学习培训、RPA 流程的设计，以及后期 RPA 流程的管理，是需要投入专人进行管理的，这部分成本的增加必须要纳入到企业的 RPA 引入考量计划中。

再次是采购成本，RPA 的产品及服务是必要的投入，这一点与管理成本一并构成了 RPA 技术引进的主要增加成本。

最后是效益成本，这一点主要是因为 RPA 的高效率带来的正面影响，在评估效益时，我们看到的不仅仅是明面上节约的人力成本，一项工作 2 天完成和半个月完成可能带来的影响完全不一致，尤其在一些金融性质的公司内，部分业务完全可以称得上时间就是金钱。但可惜的是，效益成本往往不是显性可见的，所以有时候 RPA 用户会下意识地忽略这一点。

1.4.3 提升流程的准确性和合规性

提升流程的准确性和合规性，其目的是尽可能地确保流程的正常运转和交付，避免流程运行过程中因不稳定因素导致浪费。一些特定行业的企业因其业务的特殊性，对员工操作的流程有着严格的要求和监察，典型的案例就是银行。

但人类员工在工作过程中，无论有意还是无意，都不可避免地会出现信息泄露、步骤缺失、操作错误等问题，部分显性的错误可能会被快速发现并且在付出了一定的代价后纠正，但也有一些隐性的问题会被掩盖，这些问题可能会持续地存在数年，直到某个契机引起的集中爆发——往往带来极为严重的后果。

而 RPA 可以很好地应对这一问题，RPA 作为一个流程机器人，完全按照既定的流程步骤一丝不苟地严格执行，不会进行任何多余或错误的操作，不会存在私心考虑自身利益，并且这些操作流程可以完全透明地展示在公司管理者面前，这让以保密性著称的金融内部业务都无法拒绝 RPA 的诱惑。

1.4.4 数据业务串联

企业从信息化走向数字化转型的过程中，不是所有的管理者都可以高瞻远瞩地看清每一步建设规划，因此不可避免地，一些企业在这个过程中会走一些弯路。而这些弯路也确实给后续的业务人员带来一些麻烦，比较典型的一种情况是，在企业信息化建设的过程中，因为各种客观因素导致同一个业务需要经过多个业务系统才能完成办理，甚至多个业务系统之间的数据和业务是割裂的，只能通过人工进行数据的搬运。

而至于为什么企业不主动打通这些业务系统，原因很复杂，最大的因素是打通的成本比较高，很多企业选择继续忍受慢刀子割肉，其次是建设业务系统的合作伙伴可能不是那么配合。在亚信科技接触过的项目中，甚至出现当时的建设公司已经倒闭的情况。而 RPA 为企业提供了一个新的选择：一个自动实现业务和数据串联的桥梁。

RPA 通过模拟人类员工的操作，可实现不同业务系统之间的数据搬运，业务串联，提升业务处理的连续性，加快数据运转速度的同时加快业务处理进程。

1.4.5　快速见效

与前几种应用价值相比，在谈论 RPA 的快速见效时，用户层面质疑的声音显得更大。这是因为，在引进 RPA 技术的时候，许多企业过于相信 RPA 厂商所宣传的易用性，从而导致心理预期过高，当他们发现引进 RPA 技术并不是即插即用，反而需要耗时耗力进行学习和维护时，这样的落差让他们无法理解 RPA 所谓的快速见效。

针对这一点，我们需要客观地进行分析，从目前行业主流厂商的产品来看，尽管各家 RPA 厂商都在费尽心思地降低产品准入门槛，但事实上的确很少出现完全不需要 RPA 厂商支撑就可以自己完成的 RPA 项目。因此，首先必须承认，在 RPA 的落地过程中，产品使用的培训是不可避免的环节，这一点看起来是对 RPA 快速见效的反向证明。但恰恰相反，如果企业把目光不只聚焦在产品使用培训上，而是放宽到使用培训后井喷式的流程开发和使用时，企业会发现，相较于最终达成的成果，前期必要的时间投入是物超所值的。

在亚信科技的某个政务项目中，前期使用培训历时半个月，在之后的一周时间内，集中开发了近 70 个流程，而这些流程所覆盖的工作如果通过系统改造或培训人手完成，所耗费的时间远不止三周。

同时，上述案例中提到了另一个维度的对比，那就是面向一项新业务时，新员工和 RPA 的上手速度。往往新员工在完成入职培训和工作熟悉之后至少是两个月后的事情，而 RPA 仅需要数个小时的开发。这也侧面验证了 RPA 的快速见效的价值。

1.4.6　注智赋能

在某些行业，AI 技术的运用已经相当常见了，但是在一些行业内，业务的智能化水平仍然不够高，比较典型的是面对一些半结构化数据和非结构化数据的处理时，人工处理尽管可以完成这一工作，但其带来的时间成本是显而易见的。

RPA 技术与 ASR、OCR、NLP、ML 等 AI 技术的融合，使得 RPA 技术在业务执行过程中具备了听、读、理解甚至思考的能力。当企业在采购 RPA 的同时，也通过 RPA 对与业务进行梳理，在相关业务流程中加入智能化处理，实现业务的智能化转型。而很多时候，这种看似微小的智能化应用却能引起企业层面对于业务智能化的重视，引起一系列链式反应，推动企业的数字化转型。

以上只是 RPA 注智赋能最基础的能力体现。随着 RPA 技术的广泛运用，一些 RPA 厂商开始将目光从流程后投向流程前。一般的 RPA 技术是协助处理已经发现问题的流程，但对于一些存在隐藏自动化价值的流程，RPA 技术是束手无策的，为了解决这个问题，流程发现应运而生。流程发现通过分析员工操作记录和工作流程，通过算法来识别具备高度自动化潜力的流程并将这些流程标注出来，这让大批 RPA 企业为之疯狂，因为这意味着，RPA 在已落地场景的基础上，又多出许多潜在机会。

而对于企业而言，流程发现也可以进一步推动数字化转型的进度，实现企业流程的深度优化，这对于双方而言，是一个双赢的选择。

1.5 RPA 的行业现状

RPA 行业时至今日已经历经三十年的发展，在人类追求工作自动化的不懈追求下，衍生出的诸如自动化脚本、VBA 宏编程等技术为 RPA 技术的出现与成熟奠定了基础，但 RPA 技术并非一出现就席卷各行各业，RPA 行业的从业者花费了大量的时间和精力，逐步促进了 RPA 技术的成熟、推动了 RPA 产品的落地。

2019 年，Gartner 公布了企业未来发展的十大关键技术，RPA 荣登榜首。同年 5 月，UiPath 获得 5.68 亿美元融资，估值高达 70 亿美元，一跃成为全球人工智能领域估值最高的初创企业之一。此后，RPA 行业开始收到资本市场的密切关注。同时，一方面，借助各行各业数字化转型的东风，RPA 初创企业如同雨后春笋出现，另一方面，RPA 赛道的持续火热吸引了许多玩家的目光，各种类型厂商的跨界积极参与形成了如今 RPA 行业百花齐放的局面。

而经过近 3 年的高速发展后，RPA 行业已经初具规模，行业格局也已初步形成，例如在行业玩家层面，国内 RPA 市场的参与类型众多，本土初创企业，“AI+RPA”企业、传统软件行业衍生转型、科技巨头跨界、国外行业龙头等各显神通，使得 RPA 行业的竞争日益激烈。又例如在落地行业层面，在银行、保险、证券、政务等对业务自动化存在较大需求的行业，在 RPA 技术成熟之前就已经存在自发性的自动化尝试，具备较好的自动化基础，RPA 技术如今也成功地在这些行业落地，并且实现了相当比例的业务覆盖。并且在上述行业的积累打磨下，RPA 迅速蔓延到了各行各业。

为了更好地了解当前 RPA 行业的现状，本书将从 RPA 典型玩家、RPA 典型客户、RPA 企业典型商业模式、RPA 企业运营建设等层面深入分析。

1.5.1　RPA典型玩家

RPA 技术兴起于国外，最早由 Blue Prism 于 2003 年发布了第一款 RPA 产品，其后 UiPath 和 Automation Anywhere 也紧随其后，发布了自己的自动化库。而国内 RPA 的萌芽则相对滞后，2011 年阿里巴巴因自身淘宝业务的运营、售后等业务自动化诉求推出了码栈（2018 年改名为阿里云 RPA），此后 2016—2017 年，国内接连出现了一批现阶段耳熟能详的 RPA 初创厂商，云扩、弘玑等企业均是这个期间的代表。2020 年至今，陆续又有新的参与者入局，如亚信科技、用友等传统软信企业基于业务衍生和战略转型等目的推出的 RPA 产品； 又如华为、苏宁等科技巨头的跨界尝试；又如达观数据、实在智能等基于 AI 技术实现“AI+RPA”的科技公司（如图 1-5 所示）。

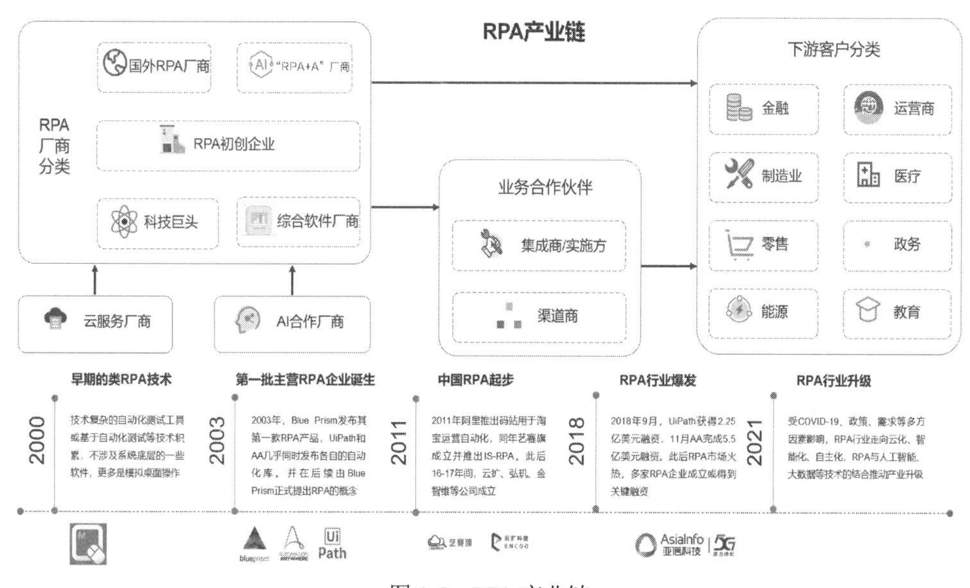

图 1-5　RPA 产业链

尽管国内 RPA 企业的起步较晚，但都幸运地赶上了 RPA 行业发展迄今的黄金时期，迅速地缩短与行业先驱之间的差距。国内 RPA 行业的迅猛发展也引起了各类咨询公司的关注，以 Forrester 为例，2021 年第四季度专门面向中国 RPA 市场发布了 *Now Tech_ Robotic Process Automation In China* 报告，文中将中国 RPA 市场分成了智能自动化平台、企业级 RPA 平台和以领域为中心的平台。同时，在综合参考了企业的产品能力、市场分布、聚焦行业、业绩营收等多个维度的表现，推荐了中国 RPA 市场的典型供应商如弘玑、来也、阿里巴巴、亿赛旗、亚信科技、华为等。

当然，除了 Forrester 以外，诸如 Gartner 的 RPA 魔力象限、IDC 的中国 RPA 厂商评估等国际一流的咨询公司所发布的 RPA 行业研究都或多或少地对当前行业内的 RPA 典型供应商进行了分析，本书将综合行业现状和各类行业咨询报告，对当前 RPA 行业市场内的典型供应商进行盘点，以供读者了解。

1．海外 RPA 厂商

（1）UiPath：2021 年 4 月，RPA 行业领军企业 UiPath 在美国上市，首日涨逾 23%，市值高达 358 亿美元，这是继 Zoom、Snowflake 等企服巨头成功上市之后，又一家企业级软件独角兽进入资本市场。而且，UiPath 是首家登陆美股市场且市值最高的 RPA 软件平台。

UiPath 作为最早的 RPA 企业之一，并非是一开始就专注于 RPA 产品的开发，UiPath 的 CEO 及联合创始人 Daniel Dines 曾在西雅图的微软公司工作五年，之后他返回罗马尼亚首都布加勒斯特，并于 2005 年创建了 DeskOver，开始为微软、IBM 等大型公司提供技术外包服务，这也是 UiPath 的前身。而后在 2011 年的一次技术合作中，一位印度客户向 Dines 展示了如何通过软件来模拟人类的工作操作，这让 Dines 发现了其中巨大的商机，于是彻底放弃了外包业务，专注于软件开发并构建了第一代自动化产品，也就是后来 RPA 行业内大名鼎鼎的 UiPath Studio 的前身。2014 年 DeskOver 更名为 UiPath，“UiPath”是该公司代码库中的一个技术术语，其业务重点是虚拟机器人和 RPA。

UiPath 为 RPA 行业的发展做出了不可磨灭的贡献，UiPath 在产品功能设计、产品用户体验、产品运营等多个层面的创新在让它获取巨大成功的同时，也为后续 RPA 企业提供了很好的思路，新生代的 RPA 厂商不乏效仿 UiPath 后获得成功的，也正是因为如此，Gartner、Forrester 等研究机构都将 UiPath 认定为行业无可厚非的领军企业。

据 UiPath 在 2021 年披露的数据，UiPath 拥有 7968 位客户，包括《财富》全球前十企业中的 80%，《财富》全球 500 强企业中的 63%，包括 Adobe、雪佛龙、DHL、安永、Uber 等。UiPath 年费超过 10 万美元的客户占其总收入的 75%，年费超过 100 万美元的客户占其总收入的 35%。

UiPath 已经拥有 89 家 ARR 超过 100 万美元的客户，这些客户占公司收入的 35%，ARR 整体规模保持 86% 的复合增长率，并在北美、欧洲、亚洲等地区设立 40+ 办事处，实现全球布局；覆盖消费、能源、金融、医药、科技、制造、公共部门等多个行业和领域。

（2）Blue Prism：Blue Prism（以下简称 BP）创建于 2001 年，是业内第一家 RPA 企业，也是第一个提出 RPA 概念的厂商，其业务诞生之初就为企业流程自动化提供咨询和软件开发服务。BP 最开始是在英国的银行业中孕育出来的产品，作为行业的先驱，BP 于 2008 年推出第一款数字劳动力“Blue Prism 3.0”，并制定了自己“企业级”的定位。当 RPA 行业的关注度还未如今日火爆时，BP 在 2016 年成功在伦敦上市，并在 2018 年就已经实现了 5520 万英镑的收入。

BP 专注于提供大型企业的自动化服务，或许受其出身背景影响，金融行业目前仍是 BP 的重点客户，此外在通信媒体、酒店、公共事业、零售业等行业同样深耕多年。Blue Prism 拥有众多世界 500 强企业客户，包括可口可乐、西门子、世尊国际酒店、Equinix、Fiserv、JohnLewis、日本航空、Milaha、Uniper 等 1300 多家企业客户。

2021 年，BP 爆出正在与美国私募股权公司 TPG Capital 和 Vista Equity 进行谈判，控股型金融 IT 公司 SS&C 上周也向这家英国软件公司提出了收购方案，2021 年 12 月 3 日，BP 最终以 12.43 亿英镑被金融巨头 SS&C 收购。尽管近年来 RPA 行业发生过了多起收购案例，但作为行业的鼻祖企业，消息还是震动了整个 RPA 行业，强大的资本入局，势必将对 RPA 赛道的发展进程实现进一步的催化。

（3）Automation Anywhere：Tethy Solutions（Automation Anywhere 的前身）于 2003 年在美国加州圣何塞成立，公司的 CEO 及联合创始人 Mihir Shukla 之前于硅谷任职，公司于 2005 年初次发布“Automation Anywhere v2.0”，并于 2010 年正式更名为 Automation Anywhere（以下简称 AA）。

2016 年起，AA 开始在 RPA 赛道持续发力，2016 年推出 Bot Insight，是业内首款针对机器人的分析解决方案，2017 年创建 AA University，旨在通过 RPA 培训和认证应对全球范围的自动化技能短缺现状，同年推出 IQ Bot，是业内首款基于流程智能优化目的打造的智能 AI 和 ML 解决方案，可以从人类行为中学习以改进流程自动化。2018 年，AA 携手全球领先的云公司（Amazon、Microsoft Azure、Google Cloud）率先在业内推出云战略，并在 2019 年分别与 Oracle 组建云端技术联盟以及与 Microsoft 进行智能自动化的战略合作后，推出 Automation 360，这是开创性的首款由 AI 驱动的云原生 RPAaaS 平台，这直接推动了全球 RPA 上云的进程。也因此，AA 与 UiPath 一样，都成为行业公认的 RPA 领军企业。

根据 AA 披露的数据，截至 2021 年，AA 在全球范围拥有 2100 家企业合作伙伴和超过 3200 家客户，在全球范围内部署了 280 万个机器人，并为其学员提供了 140 万次课程服务，并授予超过 176 000 个证书。

2．国内 RPA 厂商

（1）来也科技：来也科技成立于 2015 年，以 AI 技术起家，最初开发智能对话机器人，2019 年公司与奥森科技（创始人来自“按键精灵”创始团队）合并，打造 RPA 平台“UiBot”进军 RPA 市场，目前已经成为国产 RPA 领域的领军企业。

2022 年 4 月，来也科技宣布完成 C++ 轮 7000 万美元融资，过去三年，来也科技的收入持续保持 120% 的高速增长，已服务 200 多家中国五百强企业，200 余个政府部门及上千家中小企业，覆盖电力、银行、保险、通信、零售等多行业的企业客户；以及数字政府、公共医疗、高校职教在内的公共事业领域，深度服务了一批高质量客户，包括国家电网、南方电网、中国石油、中核集团、中国银行、中国建设银行、中国移动、中国电信、中国联通、首钢股份、紫金矿业、龙湖地产、伊利集团、中国生物、强生医疗、罗氏制药等。

（2）云扩科技：云扩科技成立于 2017 年 7 月，云扩创始团队基因根植于微软，拥有十余年桌面自动化、高性能计算技术背景及企业级软件产品和云服务的研发、商业化实践经验。云扩科技总部位于上海，目前在北京、深圳、杭州、西安、苏州、成都及日本东京等地均设有分公司及研发中心。

云扩科技为客户提供通用型解决方案（财务、人事、供应链、 IT）以及行业型解决方案（银行、能源、制造、零售）。其中银行业解决方案已在中国银行、交通银行、民生银行、华夏银行等头部机构落地；能源解决方案也已服务了国家电网、中广核等头部企业。

（3）弘玑 Cyclone：弘玑 Cyclone 成立于 2015 年，核心产品为 Cyclone 数字员工（人工智能融合 RPA 智能解决方案），主要可应用于逻辑性较强的商业流程，例如财务、人事、供应链、IT 等，目前已在业务流程外包（BPO）、金融、医疗、电信、制造等行业实现落地。

公司现在亚太地区、东欧、中东和非洲地区共拥有近 400 家客户，客户行业涵盖金融、电力、能源、医疗等领域，其中金融和电力是公司客户分布最多的两个行业。财务领域应用为 Cyclone 数字员工的一大亮点。根据公司官网，Cyclone 数字员工目前在财务相关领域的应用已颇为成熟，公司为企业提供包括个人所得税专项扣除机器人套装、上市公司财报自动化套装、自动化发票套装等财务领域解决方案产品，收获了包括中国农业银行、中国邮政储蓄银行、海尔集团等头部企业客户。

（4）亚信科技：亚信科技是中国领先的软件产品及相关服务提供商，致力成为 5G 时代大型企业数字化转型的使能者。亚信科技拥有丰富的大型 IT 软件产品开发和项目实施经验，并具有优秀的产品、服务、运营和集成能力。在 5G、人工智能、云计算、物联网、客户运营、业务支撑系统等领域具有很强的技术能力和众多成功案例。深耕市场 20 余年，客户遍及电信、金融、能源、交通、政务、邮政等行业，拥有丰富的客户资源，是值得信赖的合作伙伴。亚信科技将持续发展新客户、开创新业务、探索新模式，助力客户企业成功实现数字化转型。

亚信科技坚持“一巩固三发展”的战略，发力于“三新”业务的开拓，RPA

作为新业务探索的核心方向之一，是亚信科技近年来重点打造的拳头产品（如图 1-6 所示）。亚信科技机器人流程自动化平台目前已广泛应用于电信、政务、金融、邮政、能源等行业，其中电信和政务是目前亚信科技 RPA 收入最高的两个行业。依托亚信科技多年的大型 IT 软件产品开发和项目实施经验，亚信科技 RPA 在产品服务层面得到用户的一致认可。

图 1-6 亚信 RPA 产品门户

1.5.2 RPA典型场景

人类对于业务自动化的诉求几乎与“业务”这个概念同时出现，并持续地推动一代代的人为这个目标而努力。当然，不同的行业对于业务自动化的渴求程度并不一致，越是业务烦琐、操作机械重复的行业，对于自动化的需求就越强烈，比如金融、政务、制造等。

也因此，在 RPA 技术出现以前，一些行业就出现了自发的自动化探索，这一点从 RPA 行业发展中可以得到清晰的认识。然而不可否认的是，这些自动化的探索和努力都使得这些行业具备了较好的自动化基础，这使得后来 RPA 技术出现之后，在相关行业里率先取得突破并成功推广。Blue Prism 和银行的例子就是一个很好的佐证。

当然，时至今日，RPA 技术已经日趋成熟，运用 RPA 的行业也不仅仅是个别行业，RPA 已经在各行各业扎根，深入地融合到行业场景和业务中去，用业务自动化赋能千行百业。目前 RPA 典型客户行业分布如图 1-7 所示。

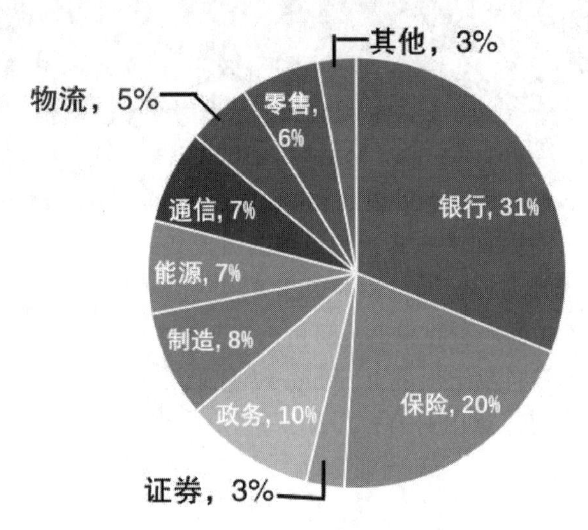

图 1-7　亚太地区行业 RPA 应用份额分布

从 RPA 行业应用的角度来看，目前集中在金融、政务、制造、能源、通信、物流、零售等行业。其中以银行、保险、证券为代表的金融类行业份额占比最高，达到 54%。这些行业一方面业务繁重，日常工作中充斥着机械重复的劳动，另一方面，这些行业具备较好的自动化基础，并且拥有较好的付费能力，这些都为 RPA 的发展提供了必要的支撑。

一家企业除了具备它所在行业的特有业务属性外，必然也存在脱离行业属性的通用业务，如财务、人资、IT 运维等。这就构成了 RPA 场景的另一个切入视角：通用应用。从应用领域来看，全球约有 35% 的应用是行业应用，剩余 65% 均为通用应用。应用领域份额占比如图 1-8 所示。

通用应用层面，占比最高的是财务领域应用，联想到行业应用排名第一的也是金融行业，可以理解为何许多 RPA 企业的第一桶金来自银行了。除财务应用以外，客服、采购、人力资源、IT 服务等都是企业使用 RPA 的主阵地。

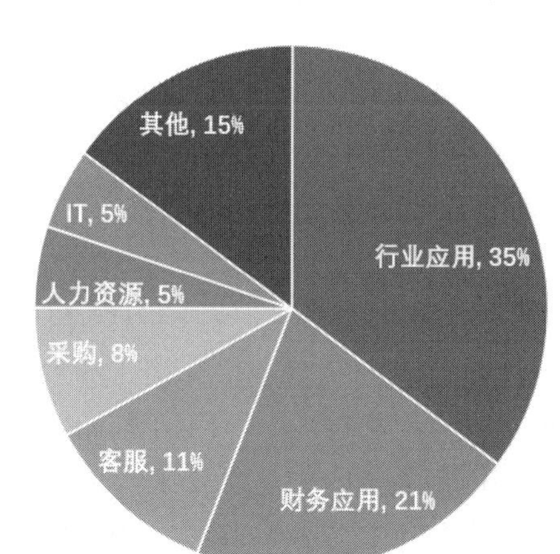

图 1-8　全球 RPA 应用领域份额

另外，我们仍需清晰地认识到，尽管 RPA 发展到今天，已经在上述多个行业或领域获得了些许成功，但距离全面胜利还有不小的距离。从发展阶段而言，目前国内 RPA 尚处于前中期，整体对于客户行业的渗透率不高，金融行业目前是渗透率最高的，整体预计也才 30% 左右，制造、零售、电信、政务等行业，随着数字化转型的进一步推进，财务、客服、人资、采购等场景应用较多，达到 25% 甚至 35%。然而，这些集中在头部的企业或部门，对于头部之外的其他企业或部门，数字化转型仍然比较缓慢，IT 基础设施建设的不完善使得 RPA 的渗透率较低。因此，对于 RPA 企业而言，今时今日仅仅是阶段性的胜利，对于整个市场而言，依旧任重而道远。国内各行业 RPA 渗透率和典型场景如图 1-9 所示。

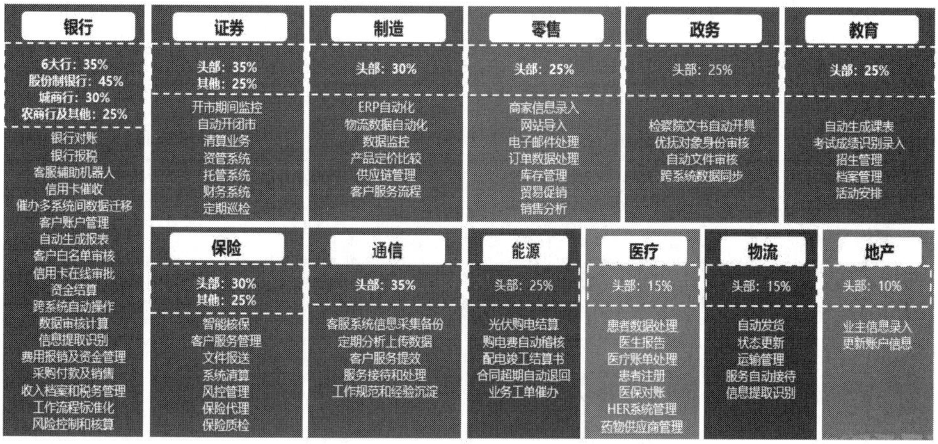

图 1-9　国内各行业 RPA 渗透率和典型场景

1.5.3 RPA典型商务模式

目前国内 RPA 的商业收入主要来源于两个部分：产品和服务。这也是当下 RPA 市场规模的主要构成部分。而当对 RPA 的商业模式进行更深入的分析时，可以从销售途径、付费内容、收费模式等多个维度进行阐述。

1．销售途径

目前 RPA 行业内的主要销售途径是厂商的直销和渠道代理。直销模式下 RPA 企业自己组建销售团队，直面终端客户提供产品及服务，这种形式下客户所能得到的厂家服务和支撑力度相对较好。而由于 RPA 是没有行业属性的通用能力工具，因此 RPA 可以赋能百业。但这也带来一个问题，以当前国内 RPA 企业的体量和实力，还无法覆盖所有行业的直销。因此，在这种情况下，渠道代理就是一个很好的选择。

渠道代理可以规避厂家对客户渠道的维护，并形成稳定的收入。很多头部企业会综合采用两种模式，即“直销 + 代理”的模式，这种模式下，直销团队负责头部客户，保质保量地服务，为渠道打造好标杆，渠道负责中小体量的客户群体。

2．付费内容

当前 RPA 企业的收入主要来源于产品和服务。产品包含传统的设计器、控制器、管理器三件套，除此外，NLP、OCR 等 AI 能力也常常以设计组件的形式作为产品一并销售，这也是目前国内 RPA 厂商最直接、最稳定的收费。

相较于海外的 RPA 同行，服务收费在国内市场虽然仍然存在，但相对占比比较低，因为国内的客户对于服务收费模式接受程度仍然不高。服务的内容本身以两类为主，分别是培训和实施。培训的原因是 RPA 虽然一直强调使用的便捷性，但在初次使用时仍有超出 90% 的用户无法独立完成业务流程设计，因此培训在 RPA 项目的交付环节中一向十分关键。其次是实施，从产品的部署到试点流程协助开发再到最终项目交付，在此环节中 RPA 厂商的实施服务支撑必不可少，因此通过人天投入或是项目整体结算等方式构成了 RPA 厂商的服务收入。

3．收费模式

RPA 产品的收费模式与传统的软件产品并没有太大差异，无论是订阅模式还是买断模式，都是相对常规的收费方法。从行业现状来看，头部企业在收费模式上倾向于订阅模式，但客户层面接受意愿不高，同时因为当前行业竞争的加剧，一次性交付的买断模式在目前行业成交项目内的占比不断提升。

1.5.4 RPA典型生态运营

RPA 企业相较于其他软件行业，更注重面向用户的生态构建。一方面是因为 RPA 目前的普及率仍然不高，生态的建设有助于 RPA 企业对外进行推广和宣传；另一方面则是因为 RPA 的产品使用客观上存在门槛，需要持续学习才可以达到最终的熟练掌握，而如果这个学习讨论的过程是用人力完成，那么对于 RPA 企业而言无疑是个沉重的负担，建设完善的 RPA 生态体系不仅可以通过提供线上的文档、培训等方式实现用户的自动学习，还可以建立企业与用户之间、用户与用户之间的黏性。

通过对 RPA 行业内的主流企业的分析，可以发现常见的生态建设和发展包含：知识库、培训认证、社区论坛、在线商店等模式。

首先是知识库，知识库是最常见也是代价相对最低的一种生态建设方案，RPA 企业将自身产品的使用手册、注意事项、开发案例等以在线文档的形式对自己的用户群体开放，用户在遇到开发问题时，可以通过翻看在线文档得到大部分问题的解答，这在一定程度上可以帮助 RPA 企业减少在售后上的投入。

其次是培训认证，培训认证的目的在于，当用户在学习 RPA 产品如何使用时，一方面需要有一个明确的学习路径，另一方面需要能够检验学习的成果。线上的培训认证体系很好地满足了用户这个诉求，通过文字课程和视频课程全方位地展示 RPA 的使用方式，使得用户学习成本大大降低，学习成效显著提升。但培训认证体系实际上的作用远不只于此，培训认证存在的前提是有一定的用户基础，且用户愿意进行产品的学习和认证，因此培训认证背后实际上包含了产品的品牌建设和客户认可，这也是为什么 Gartner 等咨询公司在进行 RPA 企业能力评估的时候，会将企业的培训认证用户和开发合作伙伴作为一项重要的评估内容。

社区论坛则是加强用户黏性和提升产品影响力的又一项举措，与培训认证类似，论坛的建设也必须建立在一定的用户基础上，论坛的建设给用户之间创建了沟通互动的渠道，久而久之会形成厂商与用户之间的良性循环。

在线商店相较于前几种生态建设方式显得更为特殊，一般来说，商店中提供的商品是组件、模板和流程，用户可选择适合的商品下载或购买。在 RPA 企业的角度，实际上是探索生态建设和产品盈利平衡的一种尝试，RPA 企业在这个模式中所扮演的是平台的角色，通过制定平台交易规则收取手续费用。当然，到目前为止还没有 RPA 企业成功地实现商店的真正商业化，但在可预见的未来，在线的交易模式将会为 RPA 企业创造新的收入来源。

第2章 企业级RPA平台的构成

本章重点向读者介绍目前行业内RPA平台最基本的架构组成，以及各部分——包括开发工具、控制中心和执行器——的功能，让读者对企业级RPA产品的功能形成全面的了解。

2.1 企业级RPA平台架构

企业对RPA平台的不同能力定位，决定了RPA不同的功能范围，例如辅助性RPA和认知性RPA对部署方式、AI能力、变更管理等能力的需求有很大的差异。对于RPA软件中到底应该具备哪些功能，是追求大而全还是小而精，业内尚未形成定论。但追根溯源，任何RPA平台都需要提供最基本的、自动化软件在开发、集成、部署、运行和维护过程中所需要的工具，RPA平台的总体设计上，通常包含三个主要组成部分：开发工具、控制中心和执行器。对于这三个组成部分，尽管不同的厂商对其叫法不同，但开发工具、执行器和控制中心这“三件套”，如今已成为RPA产品的标配。三者相互之间无缝协作，可以提供高性能、低成本和极致用户体验的端到端解决方案。

开发工具用于机器人脚本设计、开发、调试和发布。调度中心的作用是面向机器人全生命周期进行管理，帮助运行维护人员对机器人执行状态进行监控、维护和管理，同时具备连接后台数据库和存储日志等功能。执行器是真正完成自动化执行操作的机器人执行引擎，可以安装在物理机和虚拟机中。

开发工具、控制中心、执行器三者之间的关系如图2-1所示：开发工具由控制中心授权使用，在开发工具中完成的自动化任务有两种运行方式，一是上传到控制中心，由控制中心将自动化任务指派给执行器进行执行；二是直接通过执行器进行执行，最终执行器都会将执行状态返回控制器。

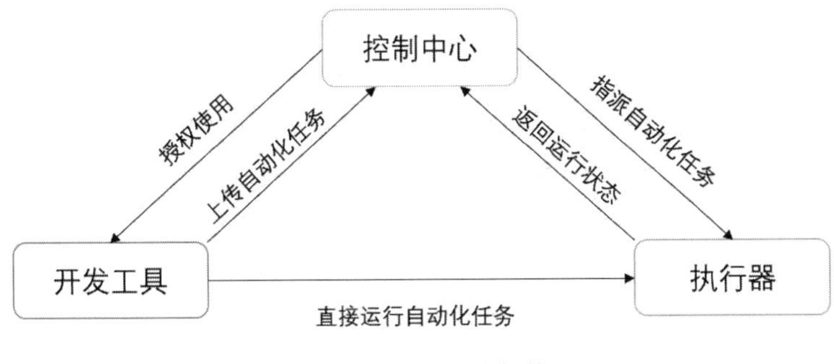

图 2-1　RPA 总体架构

2.2　开发工具

RPA 平台中开发工具是自动化流程的设计生产工具，其主要功能是制作机器人流程，内置众多组件和流程模板，可以满足用户日常办公的业务需要，通过自由组合组件，可以实现多种业务的流程自动化，涵盖大部分 RPA 应用场景。为满足专业开发人员的需求，开发工具提供与 Python、Java、C++ 等多种编程语言的交互。对于有特定需求的业务人员，开发工具还提供用户自定义封装组件的功能，可以对一些非通用的业务操作进行自动化封装。

2.2.1　开发工具定位

虽然不能直接通过开发工具了解机器人的所有能力，更不能判断出一个 RPA 产品的优劣。但是，通过开发工具大体可以了解到该产品所包含的 80% 左右的机器人能力。

开发工具的易用性、成熟度评判和应该具备的特性，可以参考以下标准：

- 易用性、界面友好性和用户接受程度。开发机器人流程和传统写脚本、写代码的方式区别就在于，机器人流程的开发更便捷，对于编程基础薄弱的业务人员而言更容易上手操作，业务人员容易理解机器人的程序脚本。
- 可以快速构建复杂机器人的开发工具，可以带来更好的用户体验。理想的RPA开发工具是让业务人员自主编辑机器人代码脚本，所以需要业务用户可以容易地读懂机器人代码的程序脚本，这样可以降低后期机器人的维护难度。

- 多种逻辑的组合能力，以及对复杂设计调用逻辑上的调试和单元测试的能力。用于适应各种不同的业务场景及系统软件。

目前 RPA 产品的流程展现方式大致包括三种，分别为流程视图（图 2-2）、可视化视图（图 2-3）和源码视图（图 2-4）。流程视图用于最初设计机器人时，对业务流程的梳理，将业务操作分割成小单元进行开发，其中包含所有的业务逻辑。可视化视图针对机器人流程开发人员，可以通过拖曳组件、修改模板、配置参数等进行流程开发。源码视图主要是针对计算机基础好的人，可以直接通过更改源代码进行流程开发，满足定制化的需求。总体而言，流程视图就是流程的总体框架，可视化视图和源码视图是具体的流程内容，且三者之间可以随意切换，可以满足不同能力层次的用户和不同复杂程度的业务场景。

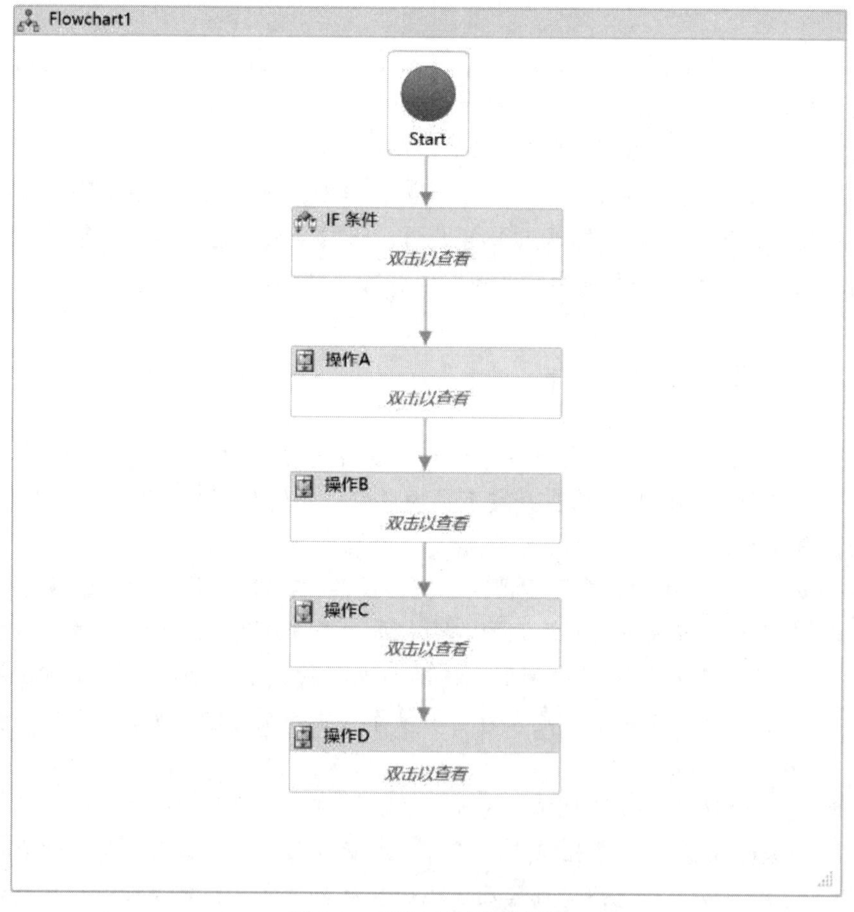

图 2-2　开发工具流程视图

图 2-3　开发工具可视化视图

图 2-4　开发工具源码视图

2.2.2　开发工具需具备的能力

为了更好地满足开发者对编辑器的易用性、灵活性以及所见即所得的需求，RPA 开发工具中通常会提供以下功能：

为了保证 RPA 的易用性，就需要开发工具具有可视化的组件拖曳和编辑能力。用户友好的开发工具制作机器人流程一定不是通过一行行的代码编写去实现，而是串联一些已经预制好的、可控的组件，这些组件具备可以实现部分流程操作自动化能力，从而实现整个流程的自动化。业务人员通过可视化的开发工具，把封装了部分业务操作的组件拖曳到编辑页面，无须再次开发程序，只需要复用软件中已经内置好的自动化模块，就可以实现业务流程自动化的效果。除了提供组件之外，通常好的一个开发工具需要有一些预制库，或者预构建的一些模板。这个也是为了更好地让开发者去复用这些能力，这些预制的库或者模板能够共享给更多的开发者去使用，而避免从头去构建完整的机器人模块。创建好的可视化 RPA 流程图可直接转换成由机器人执行每个步骤。

对于专业的开发人员或者非专业的业务人员而言，提升开发速度都是非常必要的，不光从操作封装成组件这个角度来讲，开发工具也需要提供自动化脚本录制的能力，可以更好地加快开发速度，对于没有编程基础的人，也更方便上手。RPA 开发工具还包括数据抽取等扩展功能，数据抽取功能可以在页面上进行结构化数据的抓取，对于表格数据等一键获取，方便数据在不同系统间的迁移，帮助便捷开发机器人流程。

机器人流程脚本的设计需要具备分层的设计能力。虽然 RPA 的脚本看起来是按顺序执行的，但为了更好地实现复用、体现设计者的设计思路，RPA 需要提供分层设计要求。因为真实的业务逻辑处理是比较复杂的，将一个完整的业务流程写在一个机器人的代码脚本里是不可能的，在制作机器人流程时通常需要进行机器人代码的一些脚本调用、复用，以及分层的逻辑时间、嵌套等能力。

机器人在实际执行和处理的过程中，本质上就是一种工作流。所以，开发工具中需要提供一套工作流编辑器，用于对流程图进行创建、编辑、检查和发布，流程图中包含了机器人的每个处理步骤，甚至还可以包含一部分需要人工去处理的步骤，即人机协同操作。这些流程步骤之间的衔接、跳转方式，在执行过程中需要条件判断，也需要进行一些循环操作。

机器人流程脚本必须具备调试的能力，跟其他编程语言一样，RPA 制作好的自动化脚本也是按步骤执行的，所以开发工具需要有单步执行，并对变量进行监控处理的能力，这样有助于开发者检查自己代码脚本的编写或者逻辑错误。机器人流程调试运行，执行开发者设定的一系列指令和决策，最终调试无误的流程可以发布到云端或者管理端。

支持开放性的公开标准，比如 Web Service 的标准、ISO 或者 IEEE 的一些标准，这些标准也是能够让 RPA 的开发工具更好地适用在市场上整体集成的能力。

RPA涉及的业务系统、需要处理的业务操作覆盖千行百业，不同用户都有自己独特的需求，面对用户无休止的功能需求，开发工具需要支持自定义、自封装组件。用户可以根据自己独特的需求，按照规定的操作文档来进行组件的封装，制定更适合自己业务操作的组件。例如，在特殊情况下需要连接数据库，或者连接某一类专用软件，比如SAP或者Oracle时，可能需要一些专门的所谓的连接器程序。这些连接器程序最好在编辑器中就预制好，从而避免开发者需要从头去做这样的事情。由于所需要连接的应用可能会很多，所以组件库在无法做到怎么丰富的情况下，就可以赋予用户自己封装组件的能力。

RPA除了可以模拟人的操作之外，还可以解决一些程序底层的交互问题，所以需要具备接口集成能力，类似API、Web Service、SOAP等服务接口的集成能力。同时，为了方便需求更复杂的用户使用，需要调用第三方的一些代码或脚本，比如VBS、JavaScript、Python、Java、C等一些程序开发好的套件和组件。

2.2.3 组成部分

通过开发工具，开发者可为机器人执行一系列的指令和决策逻辑进行编程。具体的开发工具由以下几部分组成：

- 机器人脚本引擎：内建脚本语言BotScript执行引擎，具备词法分析、编译、运行等计算机语言的标准组成组件。内置C++、Python、Lua，外置.NET适配器，实现其他语言与BotScript数据类型的双向自动转换。
- RPA核心架构：RPA产品的界面识别器，能识别Desktop Application、Web、SAP、Java等各种界面元素；能动态加载自定义识别器，配合抓取工具，可快速实现目标应用的选择与抓取。
- 图形用户界面：GUI（Graphical User Interface）是一种用户接口，通过IPC（Inter-Process Communication，进程间通信）与相应的引擎进行通信。在RPA产品中，GUI承担流程的编写、开发、调试工作。另外通过GUI与控制中心进行通信，结合HTTP与FTP协议实现流程的发布与上传。
- 录屏：用以配置软件机器人，就像Excel中的宏功能，记录仪可以记录用户界面（UI）里发生的每一次鼠标动作和键盘输入。当录制能力开启之后，业务人员只需要正常地操作一遍业务流程，录制器就可以把整个操作过程自动化地录制成RPA的代码和脚本，开发者只需要在此基础上进行优化和改善即可，避免了从头去编写，这样也会大大地加快机器人的开发速度。通过录屏可以自动记录业务操作人员在电脑上的动作，包括在主流浏览器、不同架构的业务系统间的操作，自动生成机器人流程。使用录制器还有一个作用是用于流程发现，具体的内容会在后续章节提到。

- 插件/扩展：为了让配置的运行软件机器人变得简单，大多数平台都提供许多插件和扩展应用，如提供对不同浏览器的支持。

2.3 控制中心

RPA 平台除了开发和运行机器人之外，还需要提供对机器人的管理能力。因为 RPA 机器人只能实现预置的固定操作，没有自我意识、不能实现自我控制，只能依靠人去管理。如果 RPA 平台没有控制中心，意味着每台执行器都需要人工监控管理，并没有真正实现解放劳动力的目的。所以控制中心的目的是管理员通过控制中心就可以实现对很多个机器人运行的管控，而不用进行一对一的管理。控制中心本质上是一个管理平台，主要用于软件机器人的部署与管理，包括开始 / 停止机器人的运行、为机器人制作日程表、维护和发布代码、重新部署机器人的不同任务、管理许可证和凭证等。控制中心的基本功能有：

- 调度能力：控制中心需要对具体执行的机器人任务进行调度，在调度过程中，控制器需要具备高可用、负载均衡、灾备等能力。对机器人任务的调度包括对执行时间的安排、队列的排序等，因为运行自动化任务时并不是强制某个机器人去执行，因此需要通过控制器做优先级控制或者动态的负载均衡的时候，可以将自动化任务自动地分配到某个空闲的执行器上。机器人队列的管理可以通过控制器预先设定好队列，队列里面可以预先安排不定数量的任务，还可以通过后边的运行随时往里去加载机器人运行的任务。这些任务放到队列之后，以对应的机器人的设备的资源池，按照流程的优先级，可以去调度空闲的机器人进行任务的分配。
- 监控能力：通过集中式的控制中心可以对很多机器人状态进行监控，并且对机器人进行远程的维护和技术的支持。主要是对机器人状态的实时跟踪和处理，以及对机器人执行过程的记录。当业务量激增的时候，如果原来的机器人资源无法满足原来的业务处理，需要有机器人自动扩展的能力，通过控制中心可以快速地增加一些机器人的数量，动态地调整机器人资源，满足业务上的快速变化。在很多业务场景中，执行器需要在虚拟机中多机器并行，控制中心需要对这块能力进行监控，提供并行的自动化执行处理能力。对于功能完善的厂家而言，可以提供开放式控制中心访问机制，在电脑和不同的移动设备上进行机器人的监控和管理，整个过程对业务人员可见。

- 安全管控能力：因为执行器是分散在各个终端去执行机器人任务的，并不能保证每个节点的安全性，因此需要提供安全控制。例如在文件传输时，需要加密，在机器人使用到一些业务用户的用户名口令时，做加密存储，进行安全的保管，让业务用户自己维护这些口令。需要自动保证这些用户安全，比如做时效性的更新，或者在制定安全的口令时交由某一类角色进行特定管理，而另一类用户是不能访问和使用的。机器人还需要具备认证、数字签名、对交易确认的能力，这些都需要控制中心做统一管理。
- 失败恢复能力：单点的机器人出现失败之后，需要把任务自动地转给其他的机器人，然后进行处理，避免流程的中断对业务造成影响，机器人可以自动进行任务的接管，并持续执行原来的业务流程。
- 报告或者分析能力：控制中心可以对SLA（Service Level Agreement，服务等级协议）、ROI（Return on Investment，投资回报率）等指标进行展示。ROI可以让我们知道我们管理的所有机器人是否按照当初对业务交付的协议要求，按时、按量地完成了任务。在完成任务之后，对ROI进行计算，得到投入产出比，就是如果采用人的方式，大概要多少的投入，但是运行这些机器人任务，带来的效率以及成本的节省大概是多少。随时能够产生这样的报告，也可以让最终用户能够感受到通过使用机器人，能够实实在在地为企业带来运营成本的降低。
- 资源管理能力：对于设备（客户端）资源的管理，也是远程配置能力，如果执行器和开发工具不是在同一台设备，需要到另外的远程设备执行，则需要对这些客户端进行管控，从而达到执行器和开发工具松耦合的状态。也可以查看客户端是否在线以及license到期时间等。
- 用户管理：控制中心需要对整个RPA平台上的用户、角色进行管理。提供完备的用户管理功能，可对每个用户进行权限设定，保证数据安全。提供类似于组织架构的功能，用户可以利用该功能定义 RPA 机器人的使用权限。

2.4 执行器

执行器就像一个计算机助手，随时待命执行编排好的流程，用来执行机器人流程，实现流程自动化，代替员工日常业务操作。为了保证开发与执行的高度统一，执行器与开发工具一般采用类似的架构。以机器人脚本引擎、核心架构为基础，辅以不同的 GUI 交互，满足终端执行器常见的交互控制功能。执行器可与控制中心通过 Socket 接口建立长连接，接受控制中心的调度，包括下发的流程执行、状态查看等指令。在执行完成时，进程将运行的结果、日志与录制视频通过指定通信协议，上报到控制中心，确保流程执行的完整性。

2.4.1 执行器的评判标准

对执行器的评判依据包括运行的稳定性、运行效率、执行器的兼容性、部署所占资源情况和可管理性。

稳定性即确保巡守机器人等需要长期待机的机器人，可以连续 24 小时在某一台设备上持续运行，遇到一些异常情况时，机器人需要迅速反馈，有良好的错误处理机制。

运行效率是指相同的代码程序在不同的执行器中表现出的性能是不一样的，也就是运行效率是不一样的。运行效率主要体现在对键盘操作的速度、在界面上查找对象或者元素的处理速度上等，这主要是由于不同的执行器底层的实现机制不同。

兼容性是指执行器能否跑在不同的操作系统上，比如 Windows、Linux、macOS。另外需要考虑执行器是必须运行在 Windows 的物理设备上，还是可以运行在 Windows 的虚拟端，即虚拟机（Virtual Machine）中，这将意味着机器人部署所占的资源不同。兼容性越高的机器人所需要的资源越少，可部署的能力就会比较强。

可管理性是指执行器运行起来之后，不是由执行器自己去完成管理和维护，必须要通过控制中心来完成。这种维系是双向的过程，首先需要执行器将运行的状态反馈给控制中心，在控制中心上能够及时地向管理员反映它的运行情况。同时，控制中心也可以发出指令，随时管理、调度、暂停或停止某个执行器的处理过程。

2.4.2 执行器的技术能力

基于执行器的功能和评判依据出发，执行器所需具备的技术能力有：

- 屏幕要素获取能力：屏幕抓取技术是一种在当前系统和不兼容的遗留系统之间建立桥梁的技术，由于RPA平台和业务系统没有做接口级的打通，所以必须从应用系统的展示层，也就是客户端或者浏览器端，通过执行器的机器人，发现和提取界面中的一些数据。这种功能类似网络中经常使用的一些爬虫软件，能够爬取网页端的一些信息。RPA的机器人还需要做到对客户端的一些处理，首先要在页面中找到对象，还可以对这个要素或者对象进行操作和处理，比如单击、双击、输入信息，或者对它选定进行其他的业务操作。虽然屏幕爬取信息的效率肯定会超过人类的手工操作，但也会受到种种限制，如现有系统和应用程序的兼容性问题、网站底层HTML代码的依赖度问题等。所以，RPA软件在这方面需要具备更多样的技术实现能力，以及更强的适应性，如基于界面控件ID和图像的识别技术等。
- 鼠标或键盘的模拟技术：这些模拟技术最早出现在类似游戏的外挂程序，或者自动化测试工具领域，是利用Windows操作系统提供的一些API访问机制，通过程序模拟出类似人工单击鼠标和操作键盘的技术。由于安全控制的问题，一些应用程序会防止其他程序对键盘和鼠标事件的模拟，所以RPA可以利用更底层的驱动技术实现了鼠标键盘事件的模拟。
- 支持工作流的处理能力：也就是执行器可以按照预定义好的工作流进行处理，可以对条件的分支判断、循环、节点跳转等进行处理。工作流技术可以将业务流程中一系列不同组织、不同角色的工作任务相互关联，按照预定义好的流程图协调并组织起来，使得业务信息可以在整个流程的各个节点中相互传递。RPA一般会提供从设计、开发、部署、运行到监控全过程类似工作流的支持能力。
- 部署能力：支持在不同的操作系统、物理机或虚拟机、本地的操作系统、远程桌面（Remote Desktop Protocol，RDP）和Citrix这种远程访问的客户端的部署。同时，执行器可以在同一个操作系统中，不同用户可以独立地运行机器人，甚至同一个系统的同一个用户中的机器人可以并行处理。
- 队列处理能力：可以把一些机器人的任务加载到队列里面，由不同的执行器组成资源池。资源池中会按照队列先入先出，或者队列优先级的顺序去队列里取到想要处理的任务，交到运行池里边某个空闲的机器人运行器进行处理。运行器处理完之后，又变成空闲状态，可以进行下一个任务的处理。这样就能完成机器人任务队列到运行池的高密度或者高访问特性的处理能力。另外，在机器人的处理过程中，执行器可以做成排队，例如顺序地发给机器人两个任务，机器人在不能够并行执行的情况下就要排队，第一个任务执行完之后，可以自动地运行第二个任务。

- 异常处理能力：当机器人处理发现问题数据的时候，能自动地记录日志、抓取到屏幕的异常情况，或者通知相应的维护人员进行发邮件，或者对处理的错误进行录屏等错误处理能力。
- 监控和故障追踪能力：当机器人运行器可以运行的时候，控制中心需要对这个机器人进行监控，机器人执行器可以自动地记录运行过程中所有日志的情况，用于后期的问题管理。
- 远程系统的解锁能力：当远程的桌面平台是锁定状态时，需要通过远程的机器人对屏幕进行解锁，但在运行完之后，要能自动地锁定。
- 画中画运行能力：打破传统自动化模式下用户和机器人“争抢”鼠标的难题，个人办公和流程运行互不干扰，大大提高了工作效率。通过画中画运行，流程可以在独立的Windows会话中运行，在画中画运行流程的同时，用户仍然可以在主会话中进行其他的操作。这个功能可以增强人机之间的协作，也可以提高资源的利用率。

第3章 RPA的关键技术

本章首先介绍常规的RPA产品所具备的技术能力，剖析RPA实现自动化的内在技术原理，主要包括五个自动化技术：界面元素定位技术、界面自动化技术、流程引擎技术、规模调度技术、定时计划技术。接着，从技术原理及技术应用两个角度详细介绍辅助RPA向IPA迈进的人工智能技术。依托以上所介绍的技术，亚信科技推出AISWare AIRPA机器人流程自动化产品，以RPA技术为核心，结合自研的AI技术，致力于为各行业客户提供智能的RPA机器人产品与解决方案，持续为客户创造价值，助力企业推进数字化转型。

AIRPA基于微软.NET Framework的Workflow Foundation开发，整合OCR、NLP等AI技术，能够以弱耦合，即不改变现有软件系统部署的形式跨系统执行，且实现零出错率。在技术上，RPA早已不是单个企业的定制化功能，事实上已经生长成融合AI技术、系统级的跨软硬件、多账户的服务。

- 环境：Windows；.NET 4.6.1以上。
- 编译：使用MSBuild编译源代码生成可运行的二进制文件。
- 目前支持系统组件：While循环、赋值、条件判断等；执行工作流文件及执行Python脚本等。
- AIRPA中可扩展UI自动化：Windows窗口、Swing窗口、IE浏览器、UI自动化。
- 浏览器自动化：IE、Chrome、Firefox浏览器。
- 应用程序集成：Word、Excel、CSV、Mail、数据库（SQL Server、MySQL、Oracle）、FTP、Python（Python 3）以及更多。

AIRPA服务平台包含以下逻辑组件：

- Presentation Layer、Data REST API Endpoints、Notification API、Web Application。
- Web Service Layer、REST API implementation。

- Persistence Layer、Elasticsearch、SQL Server。

设计体系结构和发布流有多种方法——考虑基础设施设置、对角色分离的关注等。在这个提议的模型中，开发人员可以构建他们的项目并对其进行测试。

现代 RPA 技术包含三大关键技术，屏幕抓取、业务流程自动化管理和人工智能。2000 年左右，随着一些企业对自动化的需求增多，出现了主营 RPA 产品的初创公司。首先是 Blue Prism 于 2003 年发布了其第一款 RPA 产品，然后 UiPath 和 Automation Anywhere 也相继发布了各自的自动化库。此后十多年时间，出现了很多 RPA 企业。RPA 行业的发展一直不温不火，因为 RPA 的快速部署、不破坏原生系统、投资更少的特点，逐渐成为众多企业解决业务流程自动化的重要数字化工具。

在人工智能影响下对自动化的需求逐渐增长，机器人流程自动化应用一般分为几个阶段，如图 3-1 所示。

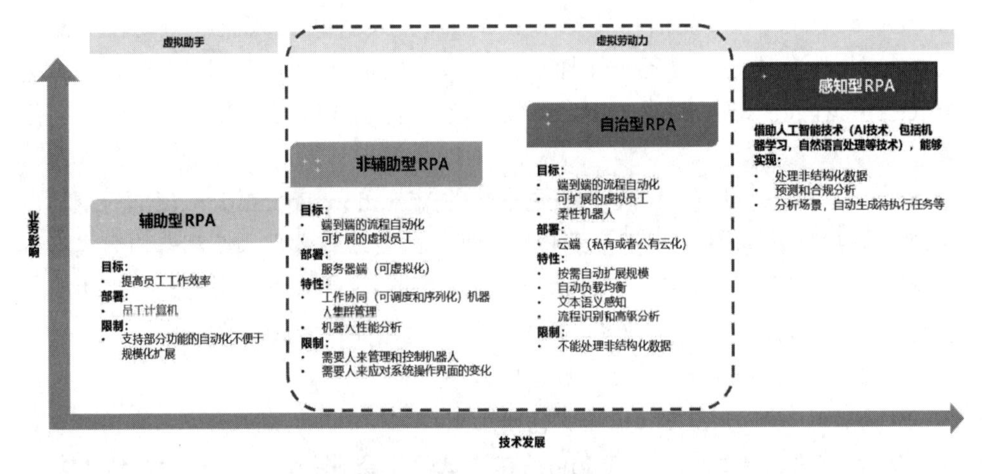

图 3-1　RPA 技术发展阶段

- 辅助型RPA：涵盖了现有的全部的桌面自动化软件操作，用以提高工作效率，部署在员工PC机上；缺点是不支持端到端的自动化和难以成规模应用。
- 非辅助型RPA：涵盖了目前机器人流程自动化的主要功能要求，实现端到端的自动化和成规模的虚拟劳动力，具有工作协调、机器人几种管理、机器人性能分析等功能，部署在虚拟机上；缺点是需要人工控制和管理RPA软件机器人的工作。
- 自治性RPA：涵盖了目前机器人流程自动化最期望的主要功能要求，实现端到端的自动化和成规模多功能虚拟化劳动力，弹性伸缩，动态负载均衡，情景感知，高级分析和工作流等功能，部署在云服务器（虚拟机）上，缺点是无法处理非结构化数据。

- 感知型RPA：涵盖了未来机器人流程自动化（下一代RPA软件机器人）需要涵盖的功能要求，使用人工智能AI和机器学习等技术，实现处理非结构化数据，预测规范分析，自动任务接受处理等功能。

现在 RPA 相关的开源框架有以下几种：

- Robot Framework：目前比较活跃的开源项目之一，是测试自动化和 RPA 的通用框架。与其他语言一样，它强调自然语言或人类可读的语言，以使其更易于使用。Robot Framework 还提供了一个 Web 演示和完整的文档。RPAPlus 实际试用后觉得这个框架可能更偏向于自动化测试。
- TagUI：由 AI Singapore 维护，是一个用于 RPA 的命令行界面，可以在任何主要的操作系统上运行。（这是开源 RPA 工具的一个常见特性，也是它与一些商业工具的区别之一）TagUI 使用术语和相关的“流程”概念来表示运行一个基于计算机的自动化流程，该流程可以按需完成，也可以按固定的时间表完成。（通过这种方式，TagUI 中的流可能被称为脚本或机器人）TagUI 强调其语言的简单或自然。贡献者 Ken Soh 在 2017 年发布的一篇介绍 TagUI 的媒体文章中写道：这使得 UI 自动化的快速原型化、部署和维护变得容易，无论你是否是开发人员。TagUI 有丰富的在线文档。TagUI 的界面是纯命令行， RPA 之家 for Python 以前叫作“TagUI for Python”，这是一个用于 RPA 开发的 Python 包。RPA for Python 是在 TagUI 上构建的，因此有了最初的名字。它拥有网站自动化、计算机视觉自动化、光学字符识别和键盘鼠标自动化等基本功能。Python 中命令行 pip install rpa 即可安装。
- OpenRPA：基于 Windows Workflow Foundation 作为框架。WF 被 UiPath 和许多国内 RPA 团队应用。
- Automagica：自动化能力实现是基于 Python，独立开发了一个云端应用平台，可以实现网页端的编码。
- Task：强调易用性和无代码或低代码。Task 是一个免费的开源工具，它承诺了同样的功能：无须编写代码就可以自动执行任务。它的功能之一是屏幕记录器，记录用户基于计算机的操作，然后将这些步骤转换成可重复的脚本（也称为 RPA bot）。它还包括一个“看到什么就得到什么”的“bot设计器”，其中包含一个用于无代码 RPA 开发的标准命令菜单。

3.1 界面元素定位技术

人对界面元素的定位完全通过视觉发现，大脑分析完成，例如弹出一个登录界面，立马知道哪个是登录按钮，哪里填用户名密码。但是机器要自主完成这看似简单的操作就不是那么容易了，机器自主完成的前提是需要定位到目标元素，也就是所谓的元素拾取。后续的操作都必须建立在定位到元素的基础上，所以元素的拾取技术是各大 RPA 厂商相互竞争的核心技术之一，如果在这方面有专利也就意味着在 RPA 这个游戏里有不可替代的优势。下面基于自己的理解及相关实践经验来分析元素识别的相关技术。

- 侵入式元素定位：主流的前端开发框架jQuery、Angular、Vue等都封装了获取元素句柄的方法，比如jQuery提供的 $（"#targetId"）便可获得id="targetId"的元素的句柄，有了元素句柄自然就能为所欲为。关键是如何获得这种权限，通常针对指定的目标对象（Web网站），通过一些特殊的方式在指定界面中注入一段js代码，不仅能定位元素还能调用js方法。由于这种方法过于粗暴，故称为侵入式方式（当然，更有甚者直接用WebView劫持整个目标网站，这里不展开）。通过上面的描述可以发现，这种侵入式的方式需要针对特定的网址做对应的操作，太过烦琐，不具有普遍性，而RPA是一种通用的技术。所以这种技术RPA并不采纳。
- DOM结构分析：H5布局结构，任何一个元素节点都有一条唯一的路径可触达。或是通过该元素的属性，如id、class、 type等来唯一定位特定的元素。

WPF（Windows Presentation Foundation），是微软公司推出的基于 Windows Vista 的用户界面框架，属于 .NET Framework 3.0 的一部分。它提供了统一的编程模型、语言和框架，真正做到了分离界面设计人员与开发人员的工作，同时它提供了全新的多媒体交互用户图形界面。且 WPF 有以下特点：

- 统一的编程模型：WPF提供的编程模型统一普通控件、语音、视频、文档3D等技术，这些媒体类型能够统一协调工作，降低了我们的学习成本。
- 与分辨率无关：WPF是基于矢量绘图的，因此它产生的图形界面能够支持各种分辨率的显示设备，而不会像WinForm等在高分辨率的现实设备上产生锯齿。
- 硬件加速技术：WPF是基于Direct3D创建的。在WPF应用程序中无论是2D还是3D的图形或者文字内容都会被转换为3D三角形、材质和其他Direct3D对象，并由硬件负责渲染，因此它能够更好地利用系统的图像处理单元GPU，从硬件加速中获得好处。

- 声明式编程：WPF引入一种新的XAML（Extensible Application Markup Language）语言来开发界面。使用XAML语言将界面开发以及后台逻辑开发很好地分开，降低了前后台开发的耦合度，使用户界面设计师与程序开发者能更好地合作，降低维护和更新的成本。
- 易于部署：WPF除了可以使用传统的Windows Installer以及ClickOnce方式来发布桌面应用程序之外，还可以将应用程序稍加改动发布为基于浏览器的应用程序。

WPF 窗体程序使用的 XAML 语言，是微软公司为构建应用程序用户界面而创建的一种新的“可扩展应用程序标记语言”，提供了一种便于扩展和定位的语法来定义和程序逻辑分离的用户界面。

开发语言会将常用功能以类的形式封装，开发人员根据自己的业务需求，也会封装满足自身业务需求的类，如何有序组织这些类？一方面，便于开发人员准确调用；另一方面，编译器可以有效识别具有相同命名的类，就引入了命名空间，简单地说，是通过类似树状结构来组织各种类，是一种较为有效的类名排列方式。

WPF 中的数据绑定，必须要有绑定目标和要绑定的数据源。绑定目标可以是继承自 DependencyProperty 的任何可访问的属性或控件，例如 TextBox 控件的 Text 属性。数据源可以是其他控件的属性，可以是对象实例、XAML 元素、ADO.NEt Dataset、XML 数据。微软针对 XML 绑定与对象绑定，提供了两个辅助类 XmlDataProvider 和 ObjectDataProvider。

WPF 的数据绑定跟 ASP.NEt 与 WinForm 中的数据绑定有什么不同呢？ 最大不同就是 WPF 使用 {Binding …} 这一语句。

Binding 是用来实现界面控件的属性与后台数据之间的绑定，通过这种形式将前台界面与后台数据联系在一起达到界面与数据耦合的目的。WPF 绑定引擎从 Binding 对象获取有关以下内容的信息：

- 源对象和目标对象。
- 数据流的方向。通过设置 Binding.Mode 属性来指定该方向。
- 值转换器（如果存在）。可以通过将 Converter 属性设置为用来实现 IValueConverter 的类的一个实例，指定值转换器。

Binding 可以通过 XAML 语句实现界面与数据的耦合。如果把 Binding 比作数据的桥梁，那么它的两端分别是 Binding 的源和目标。数据从哪里来哪里就是源，Binding 是架在中间的桥梁，Binding 目标是数据要往哪儿去。一般情况下，Binding 源是逻辑层的对象，Binding 目标是 UI 层的控件对象，这样，数据就会源源不断地通过 Binding 送达 UI 层，被 UI 层展现，也就完成了数据驱动 UI 的过程。

而 XAML 和 .NET 其他语言一样，也是通过命名空间有效组织起 XAML 内部的相关元素类，这里的命名空间与 .NET 中的命名空间不是一一对应的，而是一对多，一眼望去，都是“网址”，这里的网址，是遵循 XAML 解析器标准的命名规则，而不是真正的网址。

xmlns：x=http：//schemas.microsoft.com/winfx/2006/xaml

对应一些与 XAML 语法和编译相关的 CLR 名称空间，例如：

<Style x：key="buttonMouseOver" TargetType="{x：Type Button}">

这里的 xmlns 和 xmlns：x 的区别在于 x 作为别名，在应用时，以前缀形式出现，而 xmlns 作为默认命名空间，不使用前缀标识的元素，来自该命名空间。

XAML 命名空间的语法：xmlns［：可选映射前缀］=" 命名空间描述 "

注意：没有加可选映射前缀的 xmlns 是 WPF 默认的命名空间，一个 xaml 文件只能有一个默认的命名空间。一个完整的 xaml 文件，必须具备两个命名空间。

AIRPA 中表示元素定位的叫作选择器（Selector），并且提供了一个类似网页浏览器调试器中选取元素同样所见即所得方式的 UiExplorer，Selector 实际上就是一些 XML 标签，从上到下、由前到后表示所定位元素的结构。标签内的属性用于区分元素特征。一般表现形式如下：

```
<wnd app='applicationframehost.exe'
   appid='Microsoft.WindowsCalculator_8wekyb3d8bbwe!App'
   title='计算器'/>
<wnd cls='Windows.UI.Core.CoreWindow' title='计算器' />
<wnd ctrlid='137' />
```

<wnd> 标签表示窗体和控件元素，唯一确定一个程序窗体通常只需要 app、cls、title 三个属性，具体到控件通过 ctrlid 属性来区分。

单击用户界面探测器（UiExplorer）中的指出元素程序（Indicate Element），Selector Editor 框内会显示选择器的详细信息，下方会有用于实际自动化操作的选择器 XML 表示方式。属性资源管理器（Property Explorer）面板会显示该窗体或元素所有的属性信息。

AIRPA 如何区分同一个程序的多个运行实例，如果你打开了多个计算器，它怎么知道你要操作的是哪一个？单凭 app、cls、title 说不够也可以说够也行。为什么会这么说？

首先从 RPA 的背后原理来说，能够操作调用软件的图形界面实际上是操作每个窗体以及当中的每个控件的句柄（Handle），以打开应用程序（Open Application Activity）计算器为例，每次打开的运行时窗体 Handle 值都是不一样的。如图 3-2 与图 3-3 所示是两次运行时调试。

属性资源管理器

aaname	计算器
aastate	可设定焦点
app	calculator.exe
AppPath	C:\Program Files\WindowsApps\Microso...
cls	Windows.UI.Core.CoreWindow
foreground	False
hasFocus	False
hwnd	0x1F07EC
isMDIChild	False
PID	16404
position	(2228, 212) - (2614, 743)
relativeVisibilit	True
role	window
subsystem	win32
text	计算器
TID	21496
title	计算器
visibility	0
wndExtStyles	0x280000
wndStyles	0x54000000

图 3-2　句柄属性 1

属性资源管理器

aaname	计算器
aastate	可设定焦点
app	calculator.exe
AppPath	C:\Program Files\WindowsApps\Microso...
cls	Windows.UI.Core.CoreWindow
foreground	False
hasFocus	False
hwnd	0x180E00
isMDIChild	False
PID	16404
position	(2826, 197) - (3212, 727)
relativeVisibilit	True
role	window
subsystem	win32
text	计算器
TID	16180
title	计算器
visibility	0
wndExtStyles	0x280000
wndStyles	0x54000000

图 3-3　句柄属性 2

可以看到的 Handle 值，计算器变量是保存打开后的程序，以供后面调用，类型是 Window。从运行机制上来看，app、cls、title、Handle 足够准确定位某一具体运行的窗体而且是必需的，这是前面说不够的原因。句柄可以理解为操作系统为窗体分配的虚拟内存地址，为每一个在操作系统上运行的软件赋予的一个身份。当然句柄也不仅仅是一个数值，它在 Windows 里面是一个有多个属性的结构体；句柄机制也不仅仅是在窗体程序上，操作系统内部很多运行资源都会用到句柄。在这里我们相对的只需要了解 RPA 相关的知识，这样理解句柄已经足够了。进一步说，每个窗体都有一个唯一的句柄标识，TID 可以理解每个控件基于所属窗体之上都有一个唯一的句柄值。因为句柄的存在，所以虽然我们从用户界面探测器（Property Explorer）能看到窗体有很多其他属性，比如进程相关的 pid，但都不适合用来区分进行 RPA 相关的操作。而这些属性与 app、cls、title 最大的区别在于它们都是由操作系统来管理的，作为应用层用户的我们不仅不便对它们进行管理也不需要对它们进行过多的关注。

在做 AIRPA 流程设计的时候，你在想打开哪个应用（App）要做什么：我标出它的标题（title）吧，这样我自己好区分；如果程序复杂一点，有个分类（Cls）属性再帮我做一下甄别更好；具体到操作哪个控件可以看看 ctrlid。接下来就是按照流程设计把一个个应用操作连接起来就是一个完整的 RPA 自动化操作了。

3.2 界面自动化技术

用户界面元素是指用于构建应用程序的所有图形用户界面部分，无论是窗口、复选框、文本字段还是下拉列表等。了解如何与用户界面元素交互能够更快、更容易地实施用户界面自动化。

可以从大多数应用程序中创建带有用户界面元素的自动化，包括 Universal Windows Platform 应用程序。

与用户界面的所有交互可以分为输入和输出。这种分类能帮助我们更好地理解在不同场景中使用哪些操作、何时使用这些操作以及这些操作背后的技术。当处理抓取时，这些操作也很有用。

- 输入操作：单击、文字输入、快捷键、右击、鼠标悬停、剪贴板操作等。
- 输出操作：获取文本、查找元素和图像、剪贴板操作。

输出或屏幕抓取方法是指那些用于从指定的用户界面元素或文档（如 .pdf 文件）中提取数据的活动。为了了解哪一个更适合自动化业务流程，我们来看看它们之间的区别，如表 3-1 所示。

表 3-1　抓取方法对比

能力方法	速度	准确度	后台执行	提取文本位置	提取隐藏文本	支持 Citrix
全文	10/10	100%	是	否	是	否
原生	8/10	100%	否	是	否	否
OCR	3/10	98%	否	是	否	是

默认方法是“全文”，它快速而准确，但与“原生”方法不同的是，它不能提取文本的屏幕坐标。这两种方法都只适用于桌面应用程序，但“原生”方法只适用于为了使用图形设备接口（GDI）呈现文本而构建的应用程序。

OCR 不是 100% 准确，但可用于提取其他两种方法无法提取的文本，因为它适用于包括 Citrix 在内的所有应用程序 Studio，默认情况下使用两个 OCR 引擎：Google Tesseract 和 Microsoft Modi（如表 3-2 所示）。

表 3-2　OCR 识别方法对比

能力方法	多语言支持	首选的区域大小	支持色彩反转	设置期望的文本格式	过滤允许的字符	最好使用 Microsoft 字体
Google Tesseract	可以添加	小	是	是	是	否
Microsoft Modi	默认情况下支持	大	否	否	否	是

尽管每个人似乎都在谈论 RPA，但关于 RPA 的工作方式以及软件架构和具体使用什么技术来实现的信息很少。不同的 RPA 产品使用的技术方案是不同的，有使用 .NET 的，有使用 Python 的，还有 C++ 的，当然也可以自己来开发编程语言，然后再构建、封装等，但这种创建 RPA 自定义活动是相当耗时的方法。如大家所见，大多数的 RPA 厂商都选择了使用 .NET 框架来开发自己的 RPA，而采用 .NET 框架来开发到底有哪些优点呢？

（1）.NET 互通性：由于计算机系统通常需要新的和旧的应用程序之间的互动，.NEt 框架提供访问实现的功能在新程序和旧程序之外执行。.NEt 环境访问 COM 组件中提供的 System.Runtime.InteropServices 与 System.EnterpriseServices 的命名空间的框架，使用的 P/Invoke 功能对其他功能的访问来实现。

（2）.NET 公共语言运行时引擎：作为执行引擎，.NEt 程序在 CLR 的监督下执行，以保证一定的性能，以及内存管理、安全性和异常处理等领域的行为。

（3）.NET 语言的独立性：.NET Framework 引入一个通用类型系统（CTS）。CTS 规范定义了所有可能的数据类型和 CLR 支持的编程结构，以及通用的语言基础结构 （CLI）规范。由于这一特性，.NET Framework 的支持类型和对象实例库以及应用程序之间可以使用数据进行交流。

（4）.NET 基类库：基类库（BCL）为框架类库（FCL）的一部分，适用于 .NET Framework 的所有版本。BCL 提供了类封装的一些常用功能，包括文件的阅读和写作、图形渲染、数据库交互、XML 文档的操作等。它包括的类和接口集成了 CLR（通用语言运行时）的可重用类型。

（5）.NET 简化的部署：.NET 框架包括设计功能和工具，帮助管理安装的计算机软件，以确保它不会干扰以前安装的软件，并符合安全要求。

（6）.NET 安全：该设计解决了一些漏洞，如缓冲区溢出。此外，.NET 为所有应用程序提供了一个通用的安全模型。

（7）.NET 可移植性：虽然微软从来没有实施过除 Microsoft Windows 之外的任何系统上的完整框架，但它设计的框架并非与 Windows 平台强关联，而是通过跨平台模式适用于其他操作系统。微软提交了规范的通用语言基础结构（包括核心类库、通用类型系统和通用中间语言），使得 C# 语言和 C++ / CLI 语言完全符合 ECMA 标准和 ISO 标准。基于通用规范使得 .NET 可以在第三方平台创建兼容的框架和应用，从而实现跨平台使用。

正因有如此多的优点，所以本书介绍的 RPA 也是在 .NET 框架的基础上采用 C# 语言来开发，并且使用 Microsoft Visual Studio 2015（简称 VS）作为开发工具。使用微软的工作流 Windows Workflow Foundation（简称 WF）以及 Windows Presentation Foundation（简称 WPF）框架。

WF 是一个包含在微软 .NET Framework 3.0 命名空间中的通用的编程框架、引擎和工具，它可用于创建需要对外部实体的信号做出响应的交互式程序。交互式程序的基本特征是它会在执行期间暂停某一长短未知的时段，以等待输入。提供了完整的工作流系统，还提供了一套标准的活动、工作流持久化、工作流监控和追踪、规则引擎、工作流设计器以及项目开发模板。

C# 是一种新式编程语言，不仅面向对象，还类型安全。开发人员利用 C# 能够生成在 .NET 生态系统中运行的多种安全可靠的应用程序。C# 源于 C 语言系列，程序员可以很快就上手使用。

C# 是面向对象的、面向组件的编程语言。C# 提供了语言构造来直接支持这些概念，让 C# 成为一种非常自然的语言，可用于创建和使用软件组件。自诞生之日起，C# 就添加了支持新工作负载和新兴软件设计实践的功能。

多项 C# 功能有助于创建可靠且持久的应用程序。垃圾回收可自动回收不可访问的未用对象所占用的内存，可以为 null 的类型引用已分配对象的变量，异常处理提供了一种结构化且可扩展的方法来进行错误检测和恢复。Lambda 表达式支持函数编程技术，语言集成查询（LINQ）语法创建一个公共模式，用于处理来自任何来源的数据。异步操作语言支持提供用于构建分布式系统的语法。C# 有统一类型系统，所有 C# 类型（包括 int 和 double 等基元类型）均继承自一个根 object 类型。所有类型共用一组通用运算，任何类型的值都可以一致地进行存储、传输和处理。此外 C# 还支持用户定义的引用类型和值类型，C# 允许动态分配轻型结构的对象和内嵌存储。C# 支持泛型方法和类型，因此增强了类型安全性和性能。C# 可提供迭代器，使集合类的实现者可以定义客户端代码的自定义行为。

C# 强调版本控制，以确保程序和库以兼容方式随时间推移而变化。C# 设计中受版本控制加强直接影响的方面包括：单独的 virtual 和 override 修饰符，关于方法重载决策的规则，以及对显式接口成员声明的支持。

C# 程序在 .NET 上运行，而 .NET 是名为公共语言运行时（CLR）的虚拟执行系统和一组类库。CLR 是 Microsoft 对公共语言基础结构（CLI）国际标准的实现。CLI 是创建执行和开发环境的基础，语言和库可以在其中无缝地协同工作。

用 C# 编写的源代码被编译成符合 CLI 规范的中间语言（IL），IL 代码和资源（如位图和字符串）存储在扩展名通常为 .dll 的程序集中，程序集包含一个介绍程序集的类型、版本和区域性的清单。

执行 C# 程序时，程序集将加载到 CLR，CLR 会直接执行实时（JIT）编译，将 IL 代码转换成本机指令。CLR 可提供其他与自动垃圾回收、异常处理和资源管理相关的服务，CLR 执行的代码有时称为“托管代码”（而不是“非托管代码”），被编译成面向特定平台的本机语言。

语言互操作性是 .NET 的一项重要功能。C# 编译器生成的 IL 代码符合公共类型规范（CTS），通过 C# 生成的 IL 代码可以与通过 .NET 版本的 F#、Visual Basic、C++ 或其他 20 多种与 CTS 兼容的任何语言所生成的代码进行交互。一个程序集可能包含多个用不同 .NET 语言编写的模块，且类型可以相互引用，就像是用同一种语言编写的一样。

除了运行时服务之外，.NET 还包含大量库。这些库支持多种不同的工作负载，它们已整理到命名空间中，这些命名空间提供各种实用功能，包括文件输入 / 输出、字符串控制、XML 分析、Web 应用程序框架和 Windows 窗体控件。典型的 C# 应用程序广泛使用 .NET 类库来处理常见的“管道”零碎工作。

AIRPA 的界面自动化技术（UIA）使用了微软的 UIAutomation，基于 .NET 框架。微软的 Windows 自动化开发技术（Windows Automation API）整合了 MSAA 和 UIAutomation 两种技术，将二者放在一起从更高的级别来描述微软 Windows 未来界面自动化的愿景。

早期的 Windows 自动化技术基于消息机制的操作系统，操作系统将来自键盘、鼠标之类外设的事件经过处理转化成 Windows 识别的消息传递给窗口和控件，然后由窗口和控件进行事件处理，如判断是单击还是双击、是左键还是右键，等等。所以最早的 Windows 自动化技术是通过调用系统的 API 如 FindWindow/FindWindowEx/EnumWindows 等获取控件或者窗口的句柄，通过 SendMessage、PinkMessage 等函数向这些句柄发送消息实现模拟鼠标、键盘操作，甚至借助钩子函数来进行自动化，但是这种开发方式效率太低，封装的成本太高，涉及太多系统底层的 API 调用，需要非常熟悉操作系统才能进行。

之后微软推出的自动化技术便是 MSAA（Microsoft Active Accessibility），MSAA 是基于 COM 的通信方式，通过控件和窗口（窗口也是控件的一种）实现 IAccessible 接口暴露控件的属性和信息（如文本框的文字、窗口的标题），自动化测试程序访问该接口获取控件的属性并进行操作。MSAA 相对 Windows

API 的方式更容易使用，不再需要周转于那些低级烦琐复杂的 API，使得控件的树层次不一定非要对应于控件句柄的层次了，比如对于像 Excel 单元格这样的自绘制控件，可以为每个单元格实现 IAccessible 接口，从而使得操作单个单元格成为可能，只使用 Windows API 则无法实现这样的功能（因为单元格并不是一个标准独立的控件）。MSAA 技术使得大规模的界面自动化成为可行性选择，由此基于该技术也诞生了一批著名的商业自动化测试工具如 QTP、SilkTest 等。

但是 MSAA 的缺点也随着 Winform 的出现而越来越明显。Winform 的出现使得控件拥有更多的属性和接口，Winform 也支持自定义更复杂的控件，而 MSAA 通过 IAccessible 接口暴露出来的信息和操作接口是有限的，不能满足日益复杂的控件自动化需求，MSAA 这一技术最早的定位其实并不是自动化，而是微软为了方便更多残障人士（色弱、失明、聋哑人士等）使用其操作系统和程序而设计的，其最早的应用是放大镜，通过放大镜当鼠标移到按钮或者文本框上时，放大镜会自动将鼠标定位的空间文本信息放大显示。

而 WPF 的出现使得 MSAA 的局限性更加突出，UIA 便应用而生，从 .NET 3.0 开始便包含了 UIA 类库，UIA 从一开始的设计就是要从原生上支持 WPF 自动化以及完美支持 Winform，当然从兼容性的角度考虑，UIA 也通过代理的方式对那些旧的实现了 IAccessible 接口的控件调用 MSAA 进行自动化，可以看出 UIA 基本上覆盖了所有的 Windows 界面互动的自动化需求，UIA 通过 provider 和 Control pattern 的方式为控件实现自动化接口，通过这样的方式，对于用户自定义控件也很容易实现自己的自动化接口。UIA 是基于 .NET 的技术，而 C# 这样的面向对象编程语言又为使用 UIA 进行自动化开发提供了更好的编程体验。

（1）侵入式元素操作：这块基本与侵入式元素定位类似，注入 JS 代码就相当于开挂了，基本的界面操作都不在话下。

（2）WIN API：这里以元素赋值为例来介绍这个过程。

①前端发起设置属性的指令，比如封装了一个叫 setText（msg，path，other）的方法：

- msg：需要赋值内容。
- path：定位元素相关的信息，即上面提到的元素拾取的位置路径等。
- other：其他辅助的参数。

②通过自定义的解析方法处理 setText 中的参数，使其满足 USR32.DLL 中对应 API 的参数要求，通常赋值调用的是 int SendMessage（IntPtr Hwnd，uint wMsg，IntPtr wParam，string lParam）。

- IntPtr Hwnd：其窗口程序将接收消息的窗口的句柄，用于标识指定的元素，setText()中的Path最终需转换成对应的Hwnd。

- uint wMsg：指定被发送的消息。
- IntPtr wParam：指定附加的消息指定信息。
- string lParam：指定附加的消息指定信息。

（3）剩下就是在 WIN API 内部实现了，深入到 WIN 底层就不去纠结了。

3.3 流程引擎技术

MVVM 是 Model-View-ViewModel 的简写，这种模式的引入就是使用 ViewModel 来降低 View 和 Model 的耦合，也可以说是降低界面和逻辑的耦合，理想情况下界面和逻辑是完全分离的，单方面更改界面时不需要对逻辑代码改动，逻辑代码更改时也不需要更改界面。同一个 ViewModel 可以使用完全不同的 View 进行展示，同一个 View 也可以使用不同的 ViewModel 以提供不同的操作。

Model 就是一个 class，是对现实中事物的抽象，开发过程中涉及的事物都可以抽象为 Model，例如客户。客户的姓名、编号、电话、住址等属性也对应了 class 中的 Property，客户的下订单、付款等行为对应了 class 中的方法。View 很好理解，就是界面。上面说过 Model 抽象，那么 ViewModel 就是对 View 的抽象。显示的数据对应着 ViewMode 中的 Property，执行的命令对应着 ViewModel 中的 Command。

在 WPF 的 MVVM 模式中，View 和 ViewModel 之间数据和命令的关联都是通过绑定实现的，绑定后 View 和 ViewModel 并不产生直接的依赖，具体就是 View 中出现数据变化时会尝试修改绑定的目标。同样 View 执行命令时也会去寻找绑定的 Command 并执行。反过来，ViewModel 在 Property 发生改变时会发个通知，意思大概是“名字叫 XXX 的 Property 改变了，你们这些 View 中谁绑定了 XXX 也要跟着变啊！”至于有没有 View 收到、是不是做出变化，ViewModel 也不关心。ViewModel 中的 Command 脱离 View 就更简单了，因为 Command 在执行操作过程中操作数据时，根本不需要操作 View 中的数据，只需要操作 ViewModel 中的 Property 就可以了，Property 的变化通过绑定就可以反映到 View 上。这样在测试 Command 时也不需要 View 的参与，也就是所谓的数据驱动。

这样一来，ViewModel 可以在完全没有 View 的情况下测试，View 也可以在完全没有 ViewModel 的情况下测试。

AIRPA 流程引擎技术使用了 Microsoft Windows Workflow Foundation（WF）。WF 是一个可扩展框架，用于在 Windows 平台上开发工作流的解决方案。

Windows Workflow Foundation 同时提供了 API 和一些工具，用于开发和执行基于工作流的应用程序。Windows Workflow Foundation 提供单个统一的模型，以便创建跨越多个类别应用程序的端到端的解决方案，包括人力工作流和系统工作流。

Windows Workflow Foundation 是一个广泛且通用的工作流框架，并且从下到上、在每个级别都针对可扩展性进行了设计。基于 Windows Workflow Foundation 的解决方案，由得到 Microsoft .NET 代码支持且在宿主应用程序中运行的互连组件组成。就像在定制的环境中以可视方式创建 Web 页一样，您需要在可视设计器中制定特定工作流的步骤，并且添加代码隐藏工作流组件以实现规则并定义业务过程。

Windows Workflow Foundation 在构建工作流程时具有很强的优势。

（1）Windows Workflow Foundation 提供了一套高度抽象和可视化的商业处理模型，这套模型可以非常容易地使用和被理解，无论使用它的是开发人员或是商业领域专家。

（2）Windows Workflow Foundation 可以非常容易地改变与之相关的商业处理规则，并且不必重新编译。

（3）Windows Workflow Foundation 编程模型可以使开发人员建立一套可测试的内核集合，并且可以在多个程序中使用它们。

（4）Windows Workflow Foundation 是一个专门控制工作流的程序，它为开发工作流提供了框架、模型、工作流引擎、.NET 托管 API、运行库的服务以及与 Microsoft Visual Studio 集成的可视化设计器和调试器，可使用 Windows Workflow Foundation 来生成并执行同时跨越客户端和服务器端，可在所有类型的 .NET 应用程序内部执行的工作流。

（5）Windows Workflow Foundation 的核心是一组 Activities 活动，通常在宿主程序中被创建。它们通过工作流引擎来运行工作流程，管理工作流的状态，通过运行时服务与工作流进行通信。宿主程序可以是任何类型的程序，在开发工作流的项目时，首先在宿主程序中创建工作流引擎，然后在引擎中加载各种所需的服务，最后通过引擎启动指定的工作流并且生成工作流的实例。

宿主程序与工作流之间进行数据交换是通过通信 Service 服务，另外也可自行设计通信信道，定义一些接口，使宿主程序与 Windows Workflow Foundation 中一些特殊的 Activity 活动采用事件传递参数的形式进行通信，来交换数据；同时还可以通过外部事件以及持久化等方式实现通信。当一个工作流实例运行时，可以伴随其运行许多服务，这些服务均采用可插式调用，即这些服务是为了满足不同的工作流运行实例的需求，从而伴随实例运行的。

加载工作流持久化服务（Persistence Service）可以将工作流实例从工作流引擎中移出，存入持久性介质，以及从介质中将实例载入工作流引擎中。Workflow Persistence Service 类是使用数据库对工作流状态进行持久化的服务，实例使用 Unload 方式通过加载到引擎中的 Workflow Persistence Service 服务，完成实例的内存移出与保存到数据库的操作，引擎使用 GetWorkflow 方法，可通过 Workflow Persistence Service 服务将存于数据库中的实例加载并返回，实例使用 Load 方法可触发引擎的 Workflow Loaded 事件。

跟踪工作流及节点状态是工作流平台的核心功能 Windows Workflow Foundation 提供的 Tracking 服务用以跟踪工作流的执行状态，工作流执行过程中会有各种状态的改变，Tracking 能将这些状态改变信息记录到数据库并提供查询端口。另外在封装类中还实现了对自定义服务的加载，同时负责工作流引擎的启动，并保证工作流引擎的唯一性。

在开发工作流的系统时，Windows Workflow Foundation 使程序语义的声明性且准确性增强，方便用户为接近实际进程的应用程序建模，并将 Windows Workflow 嵌入运行时服务器。进程越复杂，为其设计和实现的流程就越简单，进程动态更改越容易，用户需要编写和维护的代码数量就越少。Windows Workflow Foundation 运行时为工作流的程序提供了托管执行环境，还为程序提供了持续时间、可靠性、挂起 / 恢复、事务以及补偿特征。

（1）WWF 的编程包括三个大方面：顺序工作流、状态机工作流和自定义活动。传统的编程语言是针对短期运行应用程序的，缺乏持久化和抗中断的功能支持。WWF 是一个框架，不是一种语言。它对工作流应用程序有深刻的认识，提供了各种手段来处理持久化、中断补偿、故障恢复等功能。

（2）WWF 同时具有灵活性和可扩展性。可以直接用代码定义工作流，也可以用外部的定义语言去定义，或同时使用两者。可以用自己的自定义活动来实现自定义的工作流模式，以到达可重用的目的。

（3）WWF 支持模型驱动的开发，提供了可视化的设计工具，并隐藏了一些系统级的功能，如事务、状态管理和并发控制，是开发者可以专注于业务模型。

（4）WWF 中的工作流和活动。工作流是一组相关的活动的集合。活动是 WWF 中可建模、可编程、可重用、可执行的原子单位。WWF 提供了一组丰富的活动库，来构建你的工作流。

（5）WWF 的工作流应用程序。一个应用程序必须做以下步骤，才能使用 WWF：

①创建一个 WorkflowRuntime 类的实例。它代表了工作流引擎。

②为运行时引擎配置服务。

③启动引擎。

④使用引擎来创建和管理工作流。

当工作流运行时，引擎使用大量的可插拔的服务来处理持久化、事务、线程、跟踪和计时器等任务。

你可以通过配置这些服务来扩展和修改运行时引擎的行为，也可以创建自定义的服务来提供另外的功能。

流程引擎执行过程中需要使用到进程间通信 IPC（Inter-Process Communication），即指在不同进程之间传播或交换信息，两个进程的数据之间产生交互。IPC 的方式通常有管道（包括无名管道和命名管道）、消息队列、信号量、共享存储、Socket、Streams 等。其中，Socket 和 Streams 支持不同主机上的两个进程 IPC，这里将介绍管道的使用。

管道，通常指无名管道，是 UNIX 系统 IPC 最古老的形式。它是半双工的（即数据只能在一个方向上流动），具有固定的读写端。它只能用于具有亲缘关系的进程之间的通信（也是父子进程或者兄弟进程之间）。它可以看成是一种特殊的文件，对于它的读写也可以使用普通的 read、write 等函数。但是它不是普通的文件，并不属于其他任何文件系统，并且只存在于内存中。

当一个管道建立时，它会创建两个文件描述符，一个为读而打开，另一个为写而打开。要关闭管道只需将这两个文件描述符关闭即可。

3.4 规模调度技术

AIRPA 任务调度框架的设计目标：计算任务通常分为两个大的类别，即以守护进程形式运行的长时间任务和以批处理形式运行的短任务，前者资源的使用率变化幅度小，而后者资源使用率变化大。主要是针对计算密集型的场景，即以批处理形式运行的数据处理任务。

调度系统的核心目标：快速准确地为任务匹配合适的计算资源。但快速和准确这两个目标会产生矛盾，即必须在二者间权衡。尤其是在交互式调度场景下，只追求准确度而忽视效率会使得调度失去意义。

调度系统的本质是为计算任务匹配合适的资源，使其能够稳定高效地运行，而影响应用运行的因素非常多，比如 CPU、内存、网络、端口等一系列因素都会影响应用运行的表现。与此同时，整个计算集群的资源使用情况是动态变化的，大量的应用被创建、销毁和迁移，调度决策的过程如果不够快，那么实际运行时面对的资源情况可能与决策时千差万别，如图 3-4 所示。

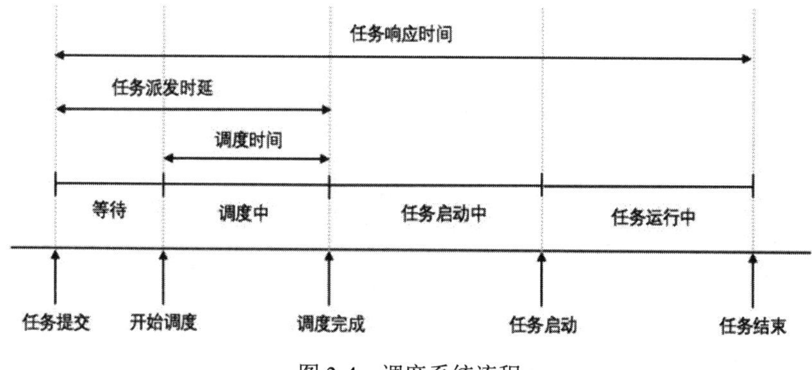

图3-4　调度系统流程

计算任务的调度不仅要考虑资源本身的状况，还要结合任务本身的优先级来考虑抢占式调度的情景。比如系统出现异常，临时增加诊断性任务，就必须以高于其他任务的优先级来运行。有资源抢占就涉及任务驱逐、重调度等情况，这里面会涉及驱逐相关的算法策略、调度流程的复用等。

调度本身并不是一个新的概念，个人计算机可以有多个 CPU 核，每个核运行一个进程，但同时运行多达几百个进程。调度程序是操作系统的一部分，它把进程分配给 CPU 内核以在短时间内运行。

对于大规模的计算集群也一样，应用程序由群集上的多个任务（通常在不同的主机上）组成。集群调度程序基本上必须解决：

- 多租户：在群集上，许多用户代表多个组织启动了许多不同的应用程序。集群调度程序允许不同的工作负载同时运行。即调度时必须考虑应用发起者的身份，根据身份将任务分发到与用户身份对应的资源上。
- 可伸缩性：集群调度程序需要扩展到运行许多应用程序的大型集群。这意味着增加群集的大小应该可以提高整体性能，而不会对系统延迟产生负面影响。调度程序需要确保在计算集群规模非常大的时候，依然可以高效地提供调度服务。

YARN 使用队列（Queue）在多个租户之间共享资源。当应用程序提交给 YARN 时，调度程序会将它们分配给队列。根队列是所有队列的父级。所有其他队列都是根队列或另一个队列（也称为分层队列）的子节点。队列通常与用户、部门或优先级相对应。Application Master 跟踪每个任务的资源需求并协调容器请求。这种方式允许更好的扩展，因为 RM/ 调度程序不需要跟踪在集群上运行的所有容器。

在 YARN 支持的调度程序中，公平调度（Fair Scheduler）是一个受欢迎的方式。在最简单的形式中，它在集群上运行的所有作业中公平地共享资源。

Firmament 通过对调度算法的优化使得大规模计算集群的任务调度可以很好地在性能和准确之间找到平衡。Firmament 的设计出发点主要有如下两个：

- 良好的决策很重要：对于关键服务应用程序，单个糟糕的调度决策可能会产生重大影响。
- 灵活的策略是关键：不同的用户和应用程序具有不同的调度需求，因此根据工作负载定制调度策略非常重要。

既要保证单个决策的准确性，又要保证调度策略的灵活性，这对于调度程序的性能提出了很高的要求，而 Firmament 基于流图的决策模式能够有效解决这个问题。这个调度程序的核心来自 Google 的开发者，开发语言为 C++，目前作为一个开源项目，大家都可以共享自己的代码。Firmament 主要有以下三个特性：

- 通过对图进行最小成本优化，Firmament 根据调度策略为每个任务或容器找到最佳位置。
- 通过自定义底层图形并通过回调接口设置其边缘成本，用户可以自定义 Firmament 以应用自己的策略。
- Firmament 的增量最小成本，最大流量解算器甚至可以在 Google 规模（12k 机器）上做出快速的亚秒级调度决策。最重要的一点：Firmament 是全开源的。

Firmament 既可以独立工作，也可以在集群管理器中工作，如 Kubernetes 这样的容器管理集群，开源项目 Poseidon 正是出于这样的目的，将 Firmament 引入容器管理集群。

目前 Firmament 通过与容器管理集群结合，大幅度提升容器应用的调度管理能力，解决像 Kubernetes 原生调度器在 10K 节点时，性能急剧下降且对批处理作业任务支持不够完善的情况。Kubernetes 原生调度器采用的基于队列的模型，需要依赖队列的性能，而在任务调度失败后，又再次回到队列等待继续调度，在对于计算密集型的任务调度时，对优先级、资源状态的共享支持都有待提升。

Firmament 采用的流图机制，综合考虑了很多种影响调度结果的因素，比如 Rack、AZ、Region 等，甚至包括 SSD 硬件属性，综合这些因素考虑最小的成本、最大的流量来决定最终的调度结果。

Firmament 可以理解为独立的核心算法模块，功能与原来的默认 scheduler 相同，都是根据目前资源情况，给出最佳的调度结果。Firmament 本身由一系列的复杂算法组成，但对于 Posedion 来说，这些细节可以不必关心，只需要了解输入和输出的标准数据结构就好。

在具体使用的时候，Firmament、Poseidon 及 heapster 等模块都是以 Deployment 形式部署在 Kubernetes 集群中。在部署 Pod 的时候，我们知道

Kubernetes 支持多调度器机制，可以在 Pod 的定义中指定使用哪个调度器。

我们在这里选择 posedion 作为其调度器，那么就可以通过 Firmament 算法来更高效、精细地决策 Pod 在哪个节点运行更合适，值得一提的是，其他的 Pod 如果不适合这些调度机制，完全可以选择默认调度器，甚至自定义调度器，从而保证了平台的灵活性。

任务调度框架其实已经有很多，集中式和分布式都有，一时间难以决定孰优孰劣，毕竟调度和具体的业务场景息息相关。在未来，调度会更加精细化、更灵活，根据用户角色、业务类型、资源需求等一系列复杂的因素，结合历史调度情况综合给出最终的结论。有些类似梯度递减形式的机器学习模型可以开始应用在调度上，已经有一些公司在进行相关的探索，相信在未来大规模分布式调度会变得越来越重要。

3.5　通用定时计划技术

AIRPA 使用了 Quartz WPF 框架和 SqlLite 数据库框架。Quartz 是一个完全由 Java 编写的开源任务调度的框架，通过触发器设置作业定时运行规则，控制作业的运行时间。其中 Quartz 集群通过故障切换和负载平衡的功能，能给调度器带来高可用性和伸缩性。主要用来执行定时任务，如定时发送信息、定时生成报表等。

Quartz 框架的主要特点：

- 强大的调度功能，例如丰富多样的调度方法，可以满足各种常规和特殊需求。
- 灵活的应用方式，比如支持任务调度和任务的多种组合，支持数据的多种存储。
- 支持分布式集群，在被Terracotta收购之后，在原来基础上做了进一步的改造。

Quartz 框架的核心元素：Quartz 核心要素有 Scheduler、Trigger、Job、JobDetail，其中，Trigger 和 Job、JobDetail 为元数据，而 Scheduler 为实际进行调度的控制器（如图 3-5 所示）。

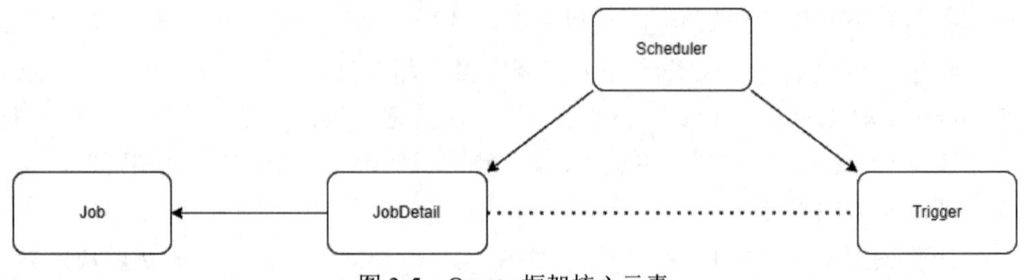

图 3-5　Quartz 框架核心元素

- Trigger：Trigger用于定义调度任务的时间规则。
- Job：Job用来定义任务的执行逻辑。
- JobDetail：JobDetail表示一个具体的可执行的调度程序，Job是这个可执行的调度程序所要执行的具体内容，另外JobDetail还包含了这个任务调度的方案和策略。
- Scheduler：实际执行调度逻辑的控制器（也可以理解为调度容器），可以将多个JobDetail和Trigger注册到Scheduler中，就可以通过Scheduler进行控制执行。

首先肯定是要执行的任务，这个任务就是具体的业务逻辑，比如定时发送。其次是调度中心，调度中心主要负责任务管理，会分配任务给执行器。最后就是执行器，执行器接收调度器分派的任务并执行。

通常情况下，一个定时任务的执行往往涉及下面这些角色：

（1）单机。

- timer：是一个定时器类，通过该类可以为指定的定时任务进行配置。TimerTask类是一个定时任务类，该类实现了Runnable接口，缺点异常未检查会中止线程。
- ScheduledExecutorService：相对延迟或者周期作为定时任务调度，缺点没有绝对的日期或者时间。
- spring定时框架：配置简单功能较多，如果系统使用单机的话可以优先考虑spring定时器。

（2）分布式。

- Quartz：Java事实上的定时任务标准。但Quartz关注点在于定时任务而非数据，并无一套根据数据处理而定制化的流程。虽然Quartz可以基于数据库实现作业的高可用，但缺少分布式并行调度的功能。Quartz 常见的集群方案如下，通过在数据库中配置定时器信息，以数据库悲观锁的方式达到同一个任务始终只有一个节点在运行。优点是保证节点高可用（HA），如果某一个几点挂了，其他节点可以顶上。缺点是同一个任务只能有一个节点运行，其他节点将不执行任务，性能低，资源浪费。当碰到大量任务时，各个节点频繁地竞争数据库锁，节点越多情况越严重。性能会很低下。Quartz 的分布式仅解决了集群高可用的问题，并没有解决任务分片的问题，不能实现水平扩展。

- TBSchedule：阿里早期开源的分布式任务调度系统。代码略陈旧，使用timer而非线程池去执行任务调度。众所周知，timer在处理异常状况时是有缺陷的。而且TBSchedule作业类型较为单一，只能是获取/处理数据一种模式。还有就是文档缺失比较严重。
- elastic-job：当开发的弹性分布式任务调度系统，功能丰富强大，采用ZooKeeper实现分布式协调，实现任务高可用以及分片，目前是版本2.15，并且可以支持云开发。由两个相对独立的子项目Elastic-Job-Lite和Elastic-Job-Cloud组成 。Elastic-Job-Lite定位为轻量级无中心化解决方案，使用jar包的形式提供分布式任务的协调服务。Elastic-Job-Cloud使用“Mesos + Docker（TBD）”的解决方案，额外提供资源治理、应用分发以及进程隔离等服务。基于Quartz 定时任务框架为基础的，因此具备Quartz的大部分功能使用ZooKeeper做协调，调度中心，更加轻量级任务的分片支持弹性扩容 ，可以水平扩展 ，当任务再次运行时，会检查当前的服务器数量，重新分片，分片结束之后才会继续执行任务失效转移，容错处理，当一台调度服务器宕机或者跟ZooKeeper断开连接之后，会立即停止作业，然后再去寻找其他空闲的调度服务器，来运行剩余的任务提供运维界面，可以管理作业和注册中心。elastic-job结合了Quartz非常优秀的时间调度功能，并且利用ZooKeeper实现了灵活的分片策略。除此之外，还加入了大量实用的监控和管理功能，以及其开源社区活跃、文档齐全、代码优雅等优点，是分布式任务调度框架的推荐选择（如图3-6所示）。
- Saturn：是自主研发的分布式的定时任务的调度平台，基于elastic-job 版本1开发，并且可以很好地部署到Docker容器上。优点是支持多语言开发，如Python、Go、Shell、Java、Php；管理控制台和数据统计分析更加完善。缺点是技术文档较少，该框架是2016年由研发团队基于elastic-job开发而来。

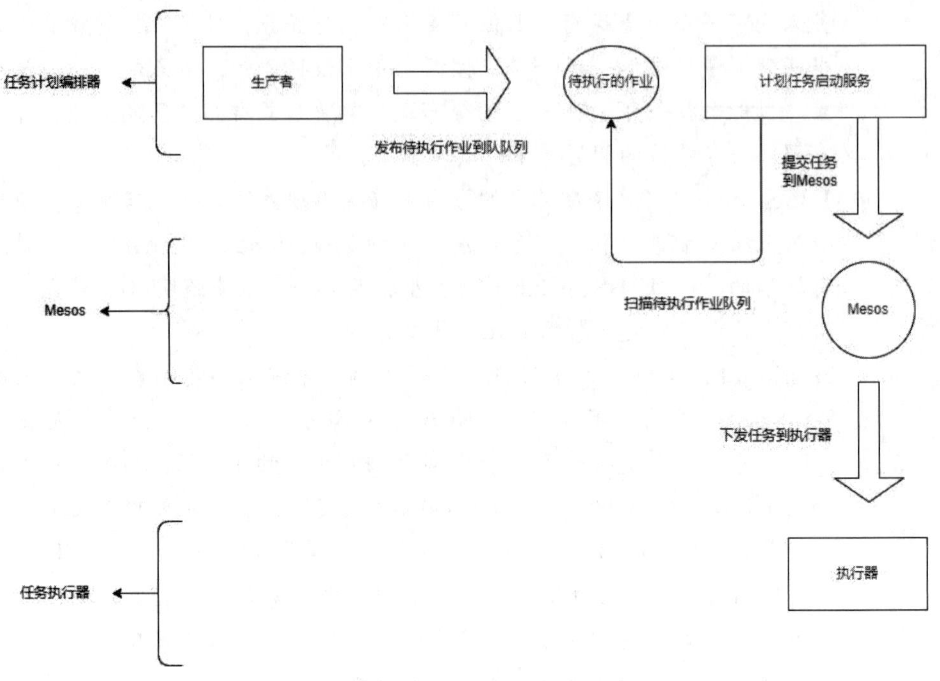

图 3-6　分布式任务调度框架

- xxl-job：是于2015年发布的分布式任务调度平台，是一个轻量级分布式任务调度框架，其核心设计目标是开发迅速、学习简单、轻量级、易扩展。由个人开源的一个轻量级分布式任务调度框架，主要分为调度中心和执行器两部分，调度中心在启动初始化的时候，会默认生成执行器的RPC代理。对象（http协议调用），执行器项目启动之后，调度中心在触发定时器之后通过JobHandle 来调用执行器项目里面的代码，核心功能和elastic-job差不多，同时技术文档比较完善。
- opencron：一个功能完善真正通用的Linux定时任务调度系统，满足多种场景下各种复杂的定时任务调度，同时集成了Linux实时监控，WebSSH，提供一个方便管理定时任务的平台。缺点是仅支持 kill任务、现场执行、查询任务运行状态等，主要功能是着重于任务的修改和查询。不能动态地添加任务以及任务分片。
- Antares：优点是一个任务仅会被服务器集群中的某个节点调度，调度机制基于成熟的 Quartz并行执行。用户可通过对任务预分片，有效提升任务执行失效转移弹性扩容，在任务运行时，可以动态地加机器友好的管理控制台。缺点是不能动态地添加任务，仅能在控制台对任务进行触发、暂停、删除等操作。文档不多，开源社区不够活跃。

此处列出了几个代表性的任务开源产品，如表 3-3 所示。

表 3-3　任务开源产品列表

feature	Quartz	Elastic-Job-Cloud	xxl-job	Antares	opencron
依赖	MySQL	jdk1.7+ ZooKeeper3.4.6+ maven3.0.4+ mesos	MySQL， jdk1.7+ maven3.0+	jdk1.7+ redis ZooKeeper	jdk1.7+ Tomcat8.0+
HA	多节点部署，通过竞争数据库锁来保证只有一个节点执行任务	通过 ZooKeeper 的注册与发现，可以动态地添加服务器。支持水平扩容	集群部署	集群部署	—
任务分片	—	支持	支持	支持	—
文档完善	完善	完善	完善	文档略少	文档略少
管理界面	无	支持	支持	支持	支持
难易程度	简单	较复杂	简单	一般	一般
公司	OpenSymphony	当当网	个人	个人	个人
高级功能	—	弹性扩容，多种作业模式，失效转移，运行状态收集，多线程处理数据，幂等性，容错处理，spring 命名空间支持	弹性扩容，分片广播，故障转移，Rolling 实时日志，GLUE（支持在线编辑代码，免发布），任务进度监控，任务依赖，数据加密，邮件报警，运行报表，国际化	任务分片，失效转移，弹性扩容	时间规则支持 Quartz 和 crontab，kill 任务，现场执行，查询任务运行状态
缺点	没有管理界面，以及不支持任务分片等。不适用于分布式场景	需要引入 ZooKeeper，mesos，增加系统复杂度，学习成本较高	调度中心通过获取 DB 锁来保证集群中执行任务的唯一性，如果短任务很多，随着调度中心集群数量增加，那么数据库的锁竞争会比较厉害，性能不好	不支持动态添加任务	不适用于分布式场景

- Quartz：调用API的方式操作任务，不够人性化；需要持久化业务QuartzJobBean到底层数据表中，系统侵入性相当严重。调度逻辑和QuartzJobBean耦合在同一个项目中，这将导致一个问题，在调度任务数量逐渐增多，同时调度任务逻辑逐渐加重的情况下，此时调度系统的性能将大大受限于业务；Quartz关注点在于定时任务而非数据，并无一套根据数据处理而定制化的流程。
- xxl-job：侧重的业务实现简单和管理方便，学习成本简单，失败策略和路由策略丰富。推荐使用在“用户基数相对少，服务器数量在一定范围内”的情景下使用。
- elastic-job：关注的是数据，增加了弹性扩容和数据分片的思路，以便于更大限度地利用分布式服务器的资源。但是学习成本相对高些，推荐在“数据量庞大，且部署服务器数量较多”时使用。

3.6　人工智能技术

如何能够高度自动化地处理规则明确、高重复性的流程，是 RPA 面临的重要挑战之一。随着人工智能技术的快速发展，AI 技术在多个方向与 RPA 合理有效地相结合，完成更复杂、更智能的业务流程。

人工智能于 1956 年首次提出，标志着人工智能这门新兴学科正式诞生。历经半个多世纪的发展，已成为一门广泛的交叉和前沿科学。人工智能技术的发展大致可分为三个阶段。第一个阶段（20 世纪 50 年代到 70 年代初）是集中诞生基础理论的阶段，也就是运算智能阶段，这个阶段奠定了人工智能发展的基本规则，它具备存储和计算的能力，并诞生了基本的开发工具，为日后人工智能的研发工具的升级开辟了先河。在这个阶段，技术的发展，尤其是算法的发展，成为推动人工智能进步的最大动力。达特茅斯会议之后，人们对算法程序和语言开发投入了极大热情，掀起了人工智能发展的第一波高潮。第二个阶段（20 世纪 70 年代中期到 90 年代中期）是数据推动人工智能更新迭代的阶段，可以说是感知智能阶段，这个阶段，可获得和分析的数据飞速增长，不仅磨炼和提高了计算的能力，使人工智能的大规模运算成为可能，并且也反过来倒逼数据的采集、清洗和积累，以及相应的软硬件基础设施的发展——这些都带动了大数据行业的腾飞。大企业在这个阶段发挥出了规模优势，成为了推动人工智能发展第二波高潮的主要动力。第三个阶段（21 世纪初至今）是情境推动人工智能深入到具体应用的阶段，亦即认知智能，随着人工智能技术的发展和数据积累，行业逐渐发现短期内通用智能和强人工智能是难以实现的，数据分布的情境化特性使得人工智能在特定情境下的垂直发展成为了可能。

总的说来，人工智能的目的就是让计算机这台机器能够像人一样思考。人工智能就其本质而言，是对人的思维的信息过程的模拟。对于人的思维模拟可以从两条道路进行，一是结构模拟，仿照人脑的结构机制，制造出“类人脑”的机器；二是功能模拟，暂时撇开人脑的内部结构，而从其功能过程进行模拟。现代电子计算机的产生便是对人脑思维功能的模拟，是对人脑思维的信息过程的模拟。根据是否能够实现理解、思考、推理、解决问题等高级行为，人工智能又可分为强人工智能和弱人工智能。弱人工智能是指不能制造出真正地推理（Reasoning）和解决问题（Problem_solving）的智能机器，这些机器只不过看起来像是智能的，但是并不真正拥有智能，也不会有自主意识。弱人工智能如今不断地迅猛发展，工业机器人以比以往任何时候以更快的速度发展，更加带动了弱人工智能和相关领域产业的不断突破，很多必须用人来做的工作如今已经能用机器人实现。强人工智能（Strong AI）观点认为有可能制造出真正能推理（Reasoning）和解决问题（Problem_solving）的智能机器，并且，这样的机器将被认为是有知觉的、有自我意识的。强人工智能在哲学上存在着巨大的争议，在技术研究上也面临着巨大挑战。目前强人工智能则暂时处于瓶颈，还需要科学家们的努力。

商业社会对流程自动化功能的期望与日俱增，将机器学习等 AI 技术运用到 RPA 中，将人工智能功能集成到产品套件中，以提供更多的自动化功能，已经成为未来 RPA 发展的主流趋势。AI 在 RPA 中的应用主要体现在如下几大核心技术方面。

（1）过程挖掘技术（ProcessMining）。

过程挖掘（数据挖掘与业务过程管理之间的桥梁）是一门相对年轻的学科，它一方面位于机器学习和数据挖掘之间，另一方面位于过程建模与分析中。过程挖掘的理念是通过从事件日志中提取出知识，从而去发现、监控和改进实际业务过程。过程挖掘技术能够从现代信息系统普遍产生的事件日志中抽取信息，该技术为各种应用领域中的过程发现、监测和改进提供了新的手段。

（2）光学字符识别（Optical Character Recognition，OCR）。

OCR 技术是指电子设备（例如扫描仪或数码相机）检查纸上打印的字符，通过检测暗、亮的模式确定其形状，然后用字符识别方法将形状翻译成计算机文字的过程，即，针对印刷体字符，采用光学的方式将纸质文档中的文字转换成为黑白点阵的图像文件，并通过识别软件将图像中的文字转换成文本格式，供文字处理软件进一步编辑加工的技术。

（3）自然语言处理（Natural Language Processing，NLP）。

NLP 技术是计算机科学领域与人工智能领域中的一个重要方向。它研究能实现人与计算机之间用自然语言进行有效通信的各种理论和方法。自然语言处理是一门融语言学、计算机科学、数学于一体的科学。因此，这一领域的研究将涉及自然语言，即人们日常使用的语言，所以它与语言学的研究有着密切的联系，但又有重要的区别。自然语言处理并不是一般地研究自然语言，而在于研制能有效地实现自然语言通信的计算机系统，特别是其中的软件系统。因而它是计算机科学的一部分 。自然语言处理主要应用于机器翻译、舆情监测、自动摘要、观点提取、文本分类、问题回答、文本语义对比、语音识别、中文 OCR 等方面。

（4）语音识别技术（Automatic Speech Recognition，ASR）。

ASR 技术的目标是将人类的语音中的词汇内容转换为计算机可读的输入，例如按键、二进制编码或者字符序列。与说话人识别及说话人确认不同，后者尝试识别或确认发出语音的说话人而非其中所包含的词汇内容。

（5）计算机视觉技术（Computer Vision，CV）。

CV 技术是计算机模拟人类的视觉过程，具有感受环境和人类视觉的功能。是一门涉及人工智能、神经生物学、心理物理学、计算机科学、图像处理、模式识别等诸多领域的交叉学科。机器视觉主要用计算机来模拟人的视觉功能，从客观事物的图像中提取信息，进行处理并加以理解，最终用于实际检测、测量和控制。机器视觉技术最大的特点是速度快、信息量大、功能多。

本节重点介绍光学字符识别技术、自然语言处理技术、语音识别技术和计算机视觉技术。

3.6.1 光学字符识别

光学字符识别（OCR）是将机器打印、手写文本（数字、字母和符号）扫描图像转换为机器可读字符流、纯文本（如文本文件）或格式化（如 HTML 文件）的过程。如图 3-7 所示，OCR 技术主要由下面几个部分组成。

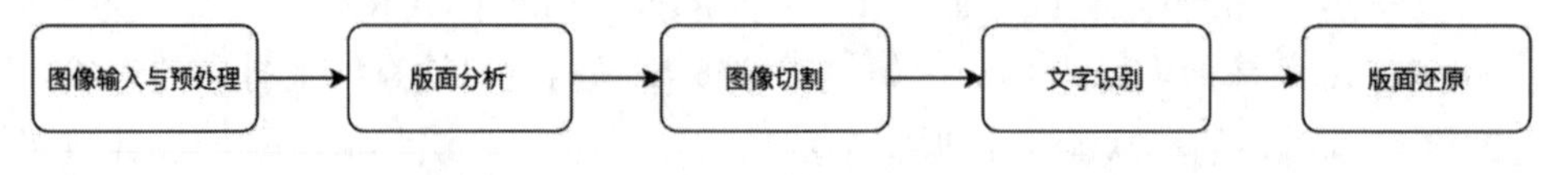

图 3-7　OCR 技术的组成部分

1．光学字符识别技术的概念

OCR 识别过程是一个由不同阶段组成的复合活动，必要步骤如下：

（1）图像输入：对于不同的图像格式，有着不同的存储格式，不同的压缩方式。

（2）图像预处理：针对图像成像问题进行修正，常见的图像预处理过程，包括几何变换、去除模糊、图像增强、二值化、噪声去除、倾斜校正等。

（3）二值化。摄像头拍摄的图片，大多数是彩色图像，彩色图像所含信息量巨大，对于图片的内容，我们可以简单地分为前景与背景，为了让计算机更快地、更好地识别文字，我们需要先对彩色图进行处理，只保留前景信息与背景信息，可以简单地定义前景信息为黑色，背景信息为白色，这就是二值化图了。

（4）噪声去除：对于不同的文档，我们对噪声的定义可以不同，根据噪声的特征进行去噪，就叫作噪声去除。

（5）倾斜校正：由于一般用户在拍照文档时都比较随意，因此拍照出来的图片不可避免地产生倾斜，这就需要文字识别软件进行校正。

（6） 版面分析：将文档图片分段落、分行的过程就叫作版面分析，由于实际文档的多样性、复杂性，因此，目前还没有一个固定的、最优的切割模型。

（7）字符切割：由于拍照条件的限制，经常造成字符黏连、断笔，因此极大限制了识别系统的性能，这就需要文字识别软件有字符切割功能。

（8）字符识别：这一研究，已经是很早的事情了，比较早有模板匹配，后来以特征提取为主，由于文字的位移，笔画的粗细、断笔、黏连、旋转等因素的影响，极大影响特征的提取难度。

（9）版面恢复：人们希望识别后的文字，仍然像原文档图片那样排列着，段落不变、位置不变、顺序不变的输出到 Word 文档、pdf 文档等，这一过程就叫作版面恢复。

（10）后处理、校对：根据特定的语言上下文的关系，对识别结果进行校正，就是后处理。

核心功能点简要总结如下：

- 图像预处理。
- 文字检测：检测文本所在的位置、范围及其布局，通常还包括版面分析和文字行检测等。文字检测的主要问题是哪里有文字，文字的范围有多大。文字检测采用的处理算法一般包括Faster-RCNN、Mask-RCNN、FPN、PANet、Unet、IoUNet、YOLO、SSD、DBNet、CTPN等。
- 文字识别：在文本检测的基础上，对文本内容进行识别，将图像中的文本信息转化为计算机可识别和处理的文本信息。文字识别主要解决的问题是每个文字是什么。文字识别常采用的处理算法包括CRNN、Attention OCR、RNNLM、BERT等。主要的识别应用场景类型包括文档文字识别、自然场景文字识别、票据文字识别、证件识别等。文档文字识别可以将图书馆、报社、博物馆、档案馆等的纸质版图书、报纸、杂志、历史文献档案资料等进行电子化管理，实现精准地保存文献资料。自然场景文字识别自然场景图像中的文字信息如车牌、广告干词、路牌等信息。对车辆进行识别可以实现停车场收费管理、交通流量控制指标测量、车辆定位、防盗、高速公路超速自动化监管等功能。票据文字识别可以对增值税发票、报销单、车票等不同格式的票据进行文字识别，可以避免财务人员手动输入大量票据信息，如今已广泛应用于财务管理、银行、金融等众多领域。证件识别可以快速识别身份证、银行卡、驾驶证等卡证类信息，将证件文字信息直接转换为可编辑文本，可以大大提高工作效率、减少人工成本，还可以实时进行相关人员的身份核验，以便安全管理。

- 文本抽取：从文字识别结果中抽取出需要的字段或要素。文本抽取常采用的处理算法包括CRF、HMM、HAN、DPCNN、“BiLSTM+CRF”、“BERT+CRF”、Regex等。

2. OCR 场景识别及优点

OCR 应用领域广泛，在银行、交通、法律、医疗、保险、教育、供应链等行业有多种应用。早期 OCR 已经被用于邮件分拣、银行支票阅读和签名验证，此外，还可以被组织用于大量数据以打印形式存在的地方进行自动表单处理。OCR 的其他用途包括处理公共事业账单、护照验证、疾病记录、保险报告；用于答题卡识别、银行卡识别、停车位识别和自动车牌识别等；帮助盲人和视力受损的人阅读文本等。

以信用卡或银行卡卡号数字识别为例，识别出卡号序列。如图 3-8 所示，需要识别出银行卡序列号 4000 1234 5678 9010，这就要求 OCR 不仅需要识别出数字，还需要识别出数字对应的位置。

0123456789

图 3-8 数字模板及待识别的银行卡

光学字符识别的优点如下：

- 功能强大。可以以doc、.rtf、.txt（最简单的）、pdf等保存文件，OCR帮助转换为可读的文本。这些文件可以很容易地使用任何系统进行搜索和利用。
- 可编辑性。你可能想修改一份几年前写的旧合同，或者修改一份旧遗嘱。使用OCR将文件数码化后，可以轻松地用文字处理器编辑它，而不必键入整个文件。
- 可访问性。OCR扫描的文件在一个公共数据库上可以访问，这对银行来说尤其有用，因为银行可以随时随地查看客户以前的信用记录。另一个用途是让政府档案公开，这样你的土地和财产所有权记录或你祖父的出生证明可以在任何地方立即找到。
- 可存储性。数字化将存储所需的空间从整个房间（如果不是“房间”）减少到服务器上的字节，提高生产率，节约空间。
- 备份。与保留昂贵的纸质复本相比，数字备份可以制作得很便宜，而且可能是无限的。
- 可译性。现代OCR可以管理大量的语言，从阿拉伯语到印度语再到汉语。这意味着一种语言的论文可以被搜索、数字化和翻译成任何其他语言。因此，我们几乎可以消除对专业翻译的需求。

3．OCR 识别的发展趋势

光学字符识别一直在稳步发展，是一个发展迅速的技术领域，产生了许多强大的实际应用，已广泛应用于各种规模的项目中。光学字符识别仍然是一个活跃的科学研究和创造性工程领域，在现代 OCR 领域，我们可以发现以下主要的研究趋势：

- 自适应OCR对更广泛的打印文档图像进行稳健处理。具体表现在多脚本和多语言识别、泛字体文本、自动文档分割、数学符号识别等。
- 手写识别是一种成熟的OCR技术，必须具有非常强大的适应性。总的来说，它仍然是一个被积极研究的开放性问题，对于一些特殊的应用，如表格中手写文本的识别、个人支票笔迹识别、邮政信封和包裹地址阅读器、便携式和手持设备中的OCR等。
- 文档图像增强涉及选择并将适当的图像过滤器应用于源文档图像，以帮助给定的OCR引擎更好地识别字符和单词。
- 智能后处理对于提高OCR识别精度和创建健壮的信息检索系统具有重要意义，该系统利用智能索引和近似字符串匹配技术来存储和检索有噪声的OCR输出文本。
- 多媒体中的OCR是一个有趣的发展，它适应了光学字符识别技术，而不是印刷文档，如照片、视频和互联网。

3.6.2 自然语言处理

1．自然语言处理技术的概念

自然语言处理是指利用人类交流所使用的自然语言与机器进行交互通信的技术。通过人为地对自然语言的处理，使得计算机对其能够可读并理解，完成一种语言到另一种语言的翻译功能。自然语言处理技术使得人们可以用自己最习惯的语言来使用计算机，而无须再花大量的时间和精力去学习不很自然和习惯的各种计算机语言；也可通过它进一步了解人类的语言能力和智能的机制，促进人工智能的发展。

自然语言处理技术是以语言为对象，核心是语义分析自然语言处理的基本任务是基于本体词典、词频统计、上下文语义分析等方式对待处理语料进行分词，形成以最小词性为单位，且富含语义的词项单元。而且还涉及单词、词组、句子、段落所包含的意义，目的是用句子的语义结构来表示语言的结构。

语义分析指运用各种方法，学习与理解一段文本所表示的语义内容。一段文本通常由词、句子和段落构成，根据理解对象的语言单位不同，语义分析又可进一步分解为词汇级语义分析、句子级语义分析以及篇章级语义分析。词汇级语义分析关注的是如何获取或区别单词的语义，句子级语义分析则试图分析整个句子所表达的语义，而篇章级语义分析旨在研究自然语言文本的内在结构并理解文本单元间的语义关系。语义分析的目标就是通过建立有效的模型和系统，实现在各个语言单位（包括词汇、句子和篇章等）的自动语义分析，从而实现理解整个文本表达的真实语义。语义分析技术要点如下。

1）词语级语义分析

NLP 处理的最小单位是词。词汇层面上的语义分析主要体现在如何理解某个词汇的含义，主要包含两个方面：词义消歧和词义表示。词汇的歧义性是自然语言的固有特征。词义消歧根据一个多义词在文本中出现的上下文环境来确定其词义，作为各项自然语言处理的基础步骤和必经阶段被提出来。词义消歧包含两个必要的步骤：①在词典中描述词语的意义；②在语料中进行词义自动消歧。词义消歧主要面临如下两个关键问题：①词典的构建；②上下文的建模。

词义表示的一个思路是将其数字化，目前为止最常用的词表示方法是 one-hot 表示方法，这种方法把每个词表示为一个很长的向量。这个向量的维度是词表大小，其中绝大多数元素为 0，只有一个维度的值为 1，这个维度就代表了当前的词。这种表示方法存在一个重要的问题：任意两个词之间都是孤立的。随着机器学习算法的发展，目前更流行的词义表示方式是词嵌入（Word Embedding，又称词向量），将词转换成词向量。其基本想法是：通过训练将某种语言中的每一个词映射成一个固定维数的向量，将所有这些向量放在一起形成一个词向量空间，而每一向量则可视为该空间中的一个点，在这个空间上引入“距离”，则可以根据词之间的距离来判断它们之间的（词法、语义上的）相似性。

2）句子级语义分析

句子级的语义分析试图根据句子的句法结构和句中词的词义等信息，推导出能够反映这个句子意义的某种形式化表示。将整个句子转化为某种形式化表示，例如：谓词逻辑表达式（包括 lambda 演算表达式）、基于依存的组合式语义表达式等。语义分析通常需要知识库的支持，在该知识库中，预先定义了一序列的实体、属性以及实体之间的关系。

3）语境分析

一系列连续的子句、句子或语段构成的语言整体单位，在一个篇章中，子句、句子或语段间具有一定的层次结构和语义关系，篇章结构分析旨在分析出其中的层次结构和语义关系。具体来说，给定一段文本，其任务是自动识别出该文本中的所有篇章结构，其中每个篇章结构由连接词、两个相应的论元，以及篇章关系类别构成。

4）自然语言生成

AI 驱动的引擎能够根据收集的数据生成描述，通过遵循将数据中的结果转换为散文的规则，在人与技术之间创建无缝交互的软件引擎。结构化性能数据可以通过管道传输到自然语言引擎中，以自动编写内部和外部的管理报告。自然语言生成接收结构化表示的语义，以输出符合语法的、流畅的、与输入语义一致的自然语言文本。早期大多采用管道模型研究自然语言生成，管道模型根据不同的阶段将研究过程分解为如下 6 个子任务。

- **内容确定：**需要决定哪些信息应该包含在正在构建的文本中，哪些不应该包含。通常数据中包含的信息比最终传达的信息要多。
- **文本结构：**确定需要传达哪些信息后，NLG 系统需要合理地组织文本的顺序。
- **句子聚合：**不是每一条信息都需要一个独立的句子来表达，将多个信息合并到一个句子里表达可能会更加流畅，也更易于阅读。
- **语法化：**当每一句的内容确定下来后，就可以将这些信息组织成自然语言了。这个步骤会在各种信息之间加一些连接词，看起来更像是一个完整的句子。
- **参考表达式生成：**选择一些单词和短语来构成一个完整的句子，需要识别出内容的领域，然后使用该领域（而不是其他领域）的词汇。

- **语言实现：** 最后，当所有相关的单词和短语都已经确定时，需要将它们组合起来形成一个结构良好的完整句子。

早期基于规则的自然语言生成技术，在每个子任务上均采用了不同的语言学规则或领域知识，实现了从输入语义到输出文本的转换。鉴于基于规则的自然语言生成系统存在的不足之处，近几年来，学者们开始了基于数据驱动的自然语言生成技术的研究，从浅层的统计机器学习模型，到深层的神经网络模型，对语言生成过程中每个子任务的建模，以及多个子任务的联合建模，开展了相关的研究，目前主流的自然语言生成技术主要有基于数据驱动的自然语言生成技术和基于深度神经网络的自然语言生成技术。

2．自然语言处理应用

自然语言处理应用的技术体系主要包括字词级别的自然语言处理、句法级别的自然语言处理和篇章级别的自然语言处理。其中，字词级别的自然语言处理包括中文分词、命名实体识别、词性标注、同义词分词、词向量等。句法级别的自然语言处理包括依存文法分析、词位置分析、语义归一化、文本纠错等。篇章级别的自然语言处理包括标签提取、文档相似度分析、主题模型分析、文档分类和聚类等。

1）中文分词

中文分词是计算机根据语义模型，自动将汉字序列切分为符合人类语义理解的词汇。分词就是将连续的字序列按照一定的规范重新组合成词序列的过程。在英文的行文中，单词之间是以空格作为自然分界符的，而中文只是字、句和段能够通过明显的分界符来进行简单的划界，唯独词没有形式上的分界符，虽英文也同样存在短语的划分问题，不过在词这层面上，中文比英文要复杂得多、困难得多。

中文分词方法经历的演变过程，主要有查字典、词频统计、统计语言模型。查字典，实际就是把一个句子从左到右扫描一遍，遇到字典里有的词就标识出来，遇到复合词就找最长的词匹配，遇到不认识的字串就分割成单字词。最少词数分词法、最大词数分词法，无法解决分词二义性问题。基于统计语言模型的分词，分词器由词典和统计语言模型两部分组成。加上的统计语言模型来解决分词的二义性问题，将汉语分词的错误率降低一个数量级。

中文分词以统计语言模型为基础，经过几十年的发展和完善，如今基本上可以看作一个已经解决的问题，比如常用 jieba 实现中文分词。

2）命名实体识别

命名实体识别（Named Entity Recognition，NER），又称作专名识别、命名实体，是指识别文本中具有特定意义的实体，主要包括人名、地名、机构名、专有名词等，以及时间、数量、货币、比例数值等文字，是自然语言处理中的一项基础任务。指的是可以用专有名词（名称）标识的事物，一个命名实体一般代表唯一一个具体事物个体，包括人名、地名等。NER属于从非结构化文本中分类和定位命名实体感情的子任务，其过程是从是非结构化文本表达式中产生专有名词标注信息的命名实体表达式。命名实体识别是信息提取、知识图谱、问答系统、句法分析、搜索引擎、机器翻译等应用的重要基础。

3）词性标注

词性标注也被称为语法标注、词类标注，是语料库语言学（corpus linguistics）中将语料库内单词的词性按其含义和上下文内容进行标记的文本数据处理技术。使用机器学习方法实现词性标注是自然语言处理的研究内容。词性标注的机器学习算法主要为序列模型，包括隐马尔可夫模型（HMM）、最大熵马尔可夫模型（MEMM）、条件随机场（CRFs）等广义上的马尔可夫模型成员，以及以循环神经网络（RNN）为代表的深度学习算法。此外，一些机器学习的常规分类器，例如支持向量机（Support Vector Machine，SVM）在改进后也可用于词性标注。词性标注主要被应用于文本挖掘（text mining）和NLP领域，是各类基于文本的机器学习任务。

4）同义词分词

由于不同地区的文化差异，输入的查询文字很可能会出现描述不一致的问题。此时，业务系统需要对用户的输入做同义词、纠错、归一化处理。同义词挖掘是一项基础工作，同义词算法包括词典、百科词条、元搜索数据、上下文相关性挖掘等。

5）词向量

词向量技术是指将词转化为稠密向量，相似的词对应的词向量也相近。在自然语言处理应用中，词向量作为深度学习模型的特征进行输入。因此，最终模型的效果在很大程度上取决于词向量的效果。一般来说，字词表示有两种方式：one-hot及分布式表示。分布式表示（word embedding）指的是将词转化为一种分布式表示，又称词向量，分布式表示将词表示成一个定长的稠密向量。

词向量的生成可分为两种方法：基于统计方法〔例如，共现矩阵、奇异值分解（SVD）〕和基于语言模型（例如，word2vec中使用的CBOW、Skip-gram等）。

6）依存文法分析

依存文法通过分析语言单位内成分之间的依存关系解释其句法结构，主张句子中的核心谓语动词是支配其他成分的中心成分。而它本身却不会受到其他任何成分的支配，所有受支配的成分都以某种关系从属于支配者。

以“发改委召开促进中小企业发展工作专题会”这句话为例，句子的核心谓语动词为“召开”，主语是“民航局”，“召开”的宾语是“会”，“会”的修饰语是“通用航空发展工作专题”。有了上面的句法分析结果，我们就可以比较容易地看到，是“民航局”“召开”了会议，而不是“促进”了会议，即使“促进”距离“会”更近。

7）词位置分析

文章中不同位置的词对文章语义的贡献度也不同。文章首尾出现的词成为主题词、关键词的概率要大于出现在正文中的词。对文章中的词的位置进行建模，赋予不同位置不同的权重，从而能够更好地对文章进行向量化表示。

8）语义归一化

语义归一化通常是指从文章中识别出具有相同意思的词或短语，其主要的任务是共指消解。共指消解是自然语言处理中的核心问题，在机器翻译、信息抽取以及问答等领域都有着非常重要的作用。

就拿常见的信息抽取的一个成型系统来讲，微软的学术搜索引擎会存有一些作者的档案资料信息，这些信息可能有一部分就是根据共指对象抽取出来的。比如，在一个教授的访谈录中，教授的名字可能只会出现一两次，更多的可能是“我”“某某博士”“某某教授”“他”之类的代称，不出意外的话，这其中也会有一些同样的词代表记者，如何将这些词对应到正确的人，将会成为信息抽取的关键所在。

9）文本纠错

文本纠错任务指的是，对于自然语言在使用过程中出现的错误进行自动地识别和纠止。文本纠错任务主要包含两个子任务，分别为错误识别和错误修止。错误识别的任务是指出出现错误的句子的位置；错误修正是指在识别的基础上自动进行更正。相比于英文纠错来说，中文纠错的主要困难在于中文的语言特性：中文的词边界以及中文庞大的字符集。由于中文的语言特性，两种语言的错误类型也是不同的。

英文的修改操作包括插入、删除、替换和移动（移动是指两个字母交换顺序等），而对于中文来说，因为每一个中文汉字都可独立成词，因此插入、删除和移动的错误都只是作为语法错误。由于大部分的用户均为母语用户，且输入法一般会给出正确提示，语法错误的情况一般比较少，因此，中文输入纠错主要集中在替换错误上。

10）标签提取

文档的标签通常是几个词语或者短语，并以此作为对该文档主要内容的提要。标签是人们快速了解文档内容、把握主题的重要方式，在科技论文、信息存储、新闻报道中具有极其广泛的应用。文档的标签通常具有可读性、相关性、覆盖度等特点。可读性指的是其本身作为一个词语或者短语就应该是有意义的；相关性指的是标签必须与文档的主题、内容紧密相关；覆盖度指的是文档的标签能较好地覆盖文档的内容，而不能只集中在某一句话中。

11）信息抽取

从给定文本中抽取重要信息，如时间、地点、人物、事件、原因、结果、数字、日期、货币、专有名词等，涉及实体识别、时间抽取、因果关系抽取等。

12）文本挖掘

包括文本聚类、分类、信息抽取、摘要、情感分析以及对所挖掘信息、知识的可视化和交互式的表达界面，基于统计机器学习。

13）文本相似度分析

文本相似度在不同领域受到了广泛的讨论，然而由于应用场景的不同，其内涵也会有差异，因此没有统一的定义。从信息论的角度来看，相似度与文本之间的共性和差异度有关，共性越大、差异度越小，则相似度越高；共性越小、差异度越大，则相似度越低。相似度最大的情况是文本完全相同。

相似度计算一般是指计算事物的特征之间的距离，如果距离小，那么相似度就大；如果距离大，那么相似度就小。度量文本相似度包括如下三种方法：基于关键词匹配的传统方法，如 N-gram 相似度；文本映射到向量空间，再利用余弦相似度等方法；深度学习的方法，如基于用户点击数据的深度学习语义匹配模型 DSSM，基于卷积神经网络的 ConvNet，以及 Siamese LSTM 等方法。

直接计算分词后的词向量相似度，不考虑词的权重等问题，效果会很差，这时候需要用到 TF-IDF 技术。TF 是词频（Term Frequency），IDF 是逆文本频率指数（Inverse Document Frequency），两者相乘构成 TF-IDF，用以评估一个字词对于一个文件集或一个语料库中的其中一份文件的重要程度。字词的重要性随着它在文件中出现的次数呈正比增加，但同时会随着它在语料库中出现的频率呈反比下降。

14）主题模型分析

主题模型分析（Topic Model）是以非监督学习的方式对文档的隐含语义结构进行统计和聚类，以用于挖掘文本中所蕴含的语义结构的技术。隐含狄利克雷分布（Latent Dirichlet Allocation，LDA）是常用的主题模型计算方法。

15）文本分类

按照特定行业的文本分类体系，计算机自动阅读文本内容并将其归属到相应类目的技术体系下。其典型的处理过程可分为训练和运转两种。即计算机预先阅读各个类目的文本并提取特征，完成有监督的学习训练，在运转阶段识别新文本的内容并完成归类。

文本分类的处理大致分为文本预处理、文本特征提取、分类模型构建等。常见的文本分类方法有贝叶斯、SVM 等传统机器学习方法；fastText、TextCNN 等深度学习方法。

16）文本聚类

文本聚类主要是依据著名的聚类假设：同类的文本相似度较大，而不同类的文本相似度较小。作为一种无监督的机器学习方法，聚类由于不需要训练过程，以及不需要预先对文本的类别进行手工标注，因此具有一定的灵活性和较高的自动化处理能力。

文本聚类已经成为对文本信息进行有效地组织、摘要和导航的重要手段。文本聚类的方法主要有基于划分的聚类算法、基于层次的聚类算法和基于密度的聚类算法。

17）机器翻译

输入一种语言，输出另外一种语言。根据输入媒介不同，可以分为文本翻译、语音翻译、手语翻译、图形翻译等。机器翻译最早基于规则，后来基于统计，到近年基于神经网络，发展至今。

18）情感分析

情感分析本质上还是分类问题，可通过机器学习的分类算法如 SVM、朴素贝叶斯等实现，也可通过深度学习的 LSTM 等网络实现。情感分析的应用主要有：①产品评价；②公共意见：分析消费者信心指数，股票指数等；③公共政策：看公众对候选人 / 政治议题的看法等；④预测：预测选举结果、市场趋势等。

19）对话系统

系统通过一系列的对话，跟用户聊天、回答、完成某一项任务。涉及用户意图理解、通用聊天引擎、问答引擎、对话管理等技术。为了体现上下文关联，需要具备多轮对话能力。同时为了体现个性化，要开发用户画像以及基于用户画像的个性化回复。

3．自然语言模型技术

自然语言处理面对语言的多样性、多变性、歧义性等处理场景的困难，产生了各种自然处理语言模型。

1）n-Gram

Gram 是一种统计语言模型，用来根据前（*N*-1）个 item 来预测第 *N* 个 item。习惯上，1-Gram 称为 unigram，2-Gram 称为 bigram，3-Gram 是 trigram。还有 Four-Gram、Five-Gram 等，不过 *N*>5 的应用很少见。常用的是二元的 Bi-Gram 和三元的 Tri-Gram。该模型基于这样一种假设，第 *N* 个词的出现只与前面 $N-1$ 个词相关，而与其他任何词都不相关，整句的概率就是各个词出现概率的乘积。从训练语料数据中，这些概率可以通过直接从语料中统计 N 个词同时出现的次数，得到 N 个概率分布。

2）隐马尔可夫模型

隐马尔可夫模型（Hidden Markov Model，HMM）是统计模型，它用来描述一个含有隐含未知参数的马尔可夫过程。从可观察的参数中确定该过程的隐含参数，每一个观测向量是由一个具有相应概率密度分布的状态序列产生，下一个状态的概率分布只能由当前状态决定，与之前的状态无关。

三个基本问题：

（1）给定一个模型，如何计算某个特定的输出序列的概率（前向—后向算法）。

（2）给定一个模型和某个特定的输出序列，如何找到最可能产生这个输出的状态序列（维特比算法）。

（3）给定足够量的观测数据，如何估计隐马尔可夫模型的参数（模型训练）。

- 模型训练：计算转移概率和生成概率。
- 有监督训练：人工标注。
- 无监督训练：鲍姆—韦尔奇算法。
- EM过程，期望值最大化，保证算法迭代到最优。

3）条件随机场

条件随机场是隐马尔可夫模型的扩展，是一种特殊的概率图模型，变量之间要遵循马尔可夫假设，即每个状态的转移概率只取决于相邻的概率。与贝叶斯网络不同的是，条件随机场是无向图。根据最大熵原则，希望找到一个符合所有边缘分布，同时使得熵最大的模型，就是指数函数。浅层句法分析：给定的是词、词性，要推导语法成分。条件随机场是一个非常灵活的用于预测的统计模型。对于给定的句子，进行分词、词性标记、命名实体识别和链接、句法分析、语义角色识别和多义词消歧。

4）RNN

第一个循环神经网络（Recurrent neural network，RNN）语言模型由Mikolov等于2011年提出，网络模型示意图如图3-9所示。RNN在处理序列数据时具有先天优势，其可以接受任何变长的输入。移动输入窗口时，由于RNN的内部状态机制从而避免了重复的计算。并且，在时间 t 由输入引起的内部状态变化，便揭示了这类时序信息，而RNN中的参数共享又进一步地减少了模型参数量。尽管RNNLM可以利用所有上下文进行预测，但是在训练时，模型很难做到长期依赖。因为RNN训练期间可能产生梯度消失或爆炸，从而使得训练速度变慢或参数值无穷大。

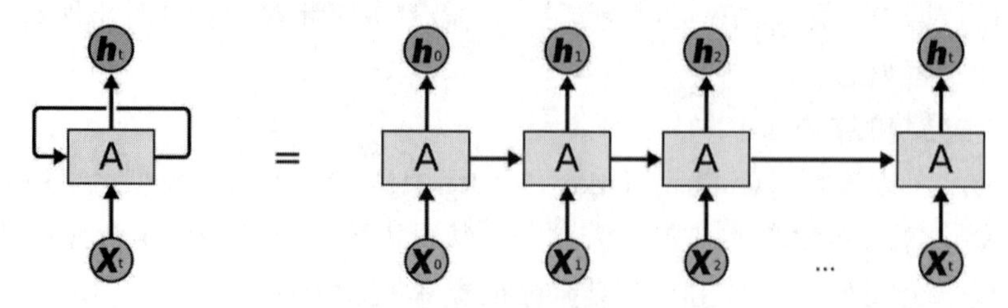

图 3-9　RNN 网络模型示意图

5）LSTM

2012 年，Sundermeyer 等首次将 LSTM 引入到语言模型中。LSTM（Long Short-Term Memory）也称长短时记忆结构，它是传统 RNN 的变体，与经典 RNN 相比能够有效捕捉长序列之间的语义关联，缓解梯度消失或爆炸现象，同时 LSTM 的结构更复杂，它的核心结构可以分为四个部分去解析：遗忘门、输入门、细胞状态、输出门，以控制信息流。

6）CNN

2014 年，Kalchbrenner 等首次将广泛应用于计算机视觉的卷积神经网络（CNN）用于自然语言处理，用于文本的卷积神经网络仅在两个维度上操作，其中滤波器仅需要沿时间维度移动。卷积神经网络的一个优点是它们比 RNN 更容易并行化，因为每个时间步的状态仅取决于本地环境（通过卷积运算）而不是像 RNN 中的所有过去状态。

7）注意力机制

注意力（Attention）机制的基本思想是避免试图为每个句子学习单一的向量表示，而是根据注意力权值来关注输入序列的特定输入向量。在每一解码步骤中，解码器将被告知需要使用一组注意力权重对每个输入单词给予多少“注意”。这些注意力权重为解码器翻译提供上下文信息。

Transformer 是 Google 团队在 2017 年提出的一种 NLP 经典模型，使用了 Self-Attention 机制，不采用 RNN 的顺序结构，使得模型可以并行化训练，而且能够拥有全局信息。和 Attention 模型一样，Transformer 模型中也采用了 encoer-decoder 架构，但其结构相比于 Attention 更加复杂。对于 encoder，包含两层，一个 Self-Attention 层和一个前馈神经网络，Self-Attention 能帮助当前节点不仅仅只关注当前的词，从而能获取上下文的语义；decoder 也包含 encoder 提到的两层网络，但是在这两层中间还有一层 Attention 层，帮助当前节点获取到当前需要关注的重点内容。

注意力机制是神经网络机器翻译的核心创新之一，广泛适用，并且可能对任何需要根据输入的某些部分做出决策的任务有用。现已被广泛应用于句法分析、阅读理解、单样本学习，并且在计算机视觉中也有较多应用。

8）Prompt Learning

随着计算机算力的不断增强，越来越多的通用语言表征的预训练模型逐渐涌现出来。2018 年前后，GPT 系列、ELMo、BERT、Transformer-XL、XLNet、ERNIE 等各种预训练模型相继出现，极大地推动了 NLP 的发展。这对 NLP 的实际应用非常有帮助，可以避免大量从零开始训练新的模型。对于大多数的 NLP 任务，构建一个大规模的有标签的数据集是一项很大的挑战。相反，大规模的无标签语料是相对容易构建的，为了充分利用这些无标签数据，我们可以先利用它们获取一个好的语言表示，再将这些表示用于其他任务。通过预训练，可以从大规模语料中学习得到通用的语言表示，并用于下游任务；提供了更优的模型初始化方法，有助于提高模型的泛化能力和加速模型收敛；还可以在一定程度上避免过拟合。

2021 年，各种关于 Prompt Learning 的研究十分火热。不对预训练语言模型改动太多，而是希望通过对合适 prompt 的利用将下游任务建模的方式重新定义。Prompt Learning 是指对输入文本信息按照特定模板进行处理，把任务重构成一个更能充分利用预训练语言模型处理的形式。在 Prompt Learning 中，我们需要对不同任务进行重构，使得它达到适配预训练语言模型的效果。

3.6.3　语音识别

语音识别（Speech Recognition）是以语音为研究对象，通过语音信号处理和模式识别让机器自动识别和理解人类的语音。除了传统语音识别技术之外，基于深度学习的语音识别技术也逐渐发展起来。语音识别技术主要包括特征提取技术、模式匹配准则及模型训练技术三个方面。

1．语音识别处理

1）总体描述

以输入的声音数据为处理对象，通过语音信号处理和模式识别让机器自动识别和理解人类的语言。语音识别本质上是一种模式识别，包括声音编码、特征提取、模式匹配、解码等基本功能。声音是模拟信号，声音的时域波形只代表声压随时间变化的关系，不能很好地代表声音的特征，因此，必须将声音波形转换为声学特征向量。有许多声音特征提取方法，目前普遍、有效的是梅尔频率倒谱系数 MFCC，它是基于倒谱的，更符合人的听觉原理。

语音识别基本的处理框架是编解码结构，如图 3-10 所示。编码模块对声音数据编码成一个特征向量，例如 128 维、256 维等。对输入语音数据全部完成编码，再做解码。解码就是通过声学模型、字典、语言模型对提取特征后的音频数据进行文字输出。

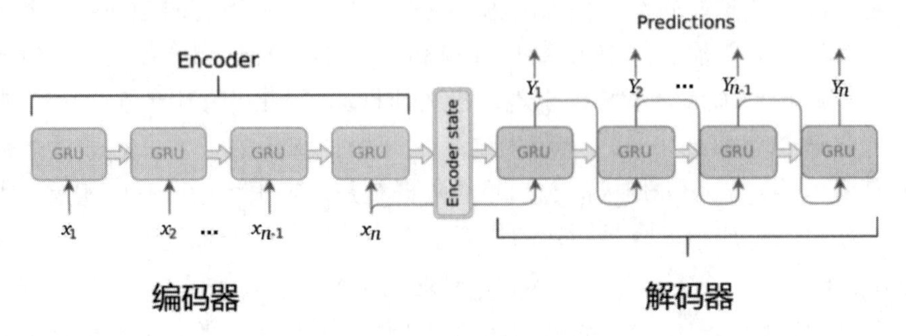

图 3-10　语音识别节本结构

传统的循环神经网络 RNN 早已出现。但是 RNN 中的循环连接，后一个序列依赖前一个序列的解码结果，使得训练和推理阶段不能做并行化计算，而且解码结果只与前一个解码结果相关，不能综合应用前文信息。具有长短期记忆的 LSTM 网络进行了信息过滤，通过参数决定什么样的信息会被保留，什么样的会被遗忘，它的优点在于当网络随时间反向传播时，能够通过循环连接学习序列信号中的时间相关性，然而存在由于反向传播导致的梯度消失或爆炸问题。

为了让计算机关注到声音数据中有价值的信息，引入 Attention 方法使用注意力机制进行声学帧和识别符号之间的对齐，随着自注意力机制的运用，语音模型实现了很好的性能，基于自注意力机制的 Transformer 模块被快速地应用到自动语音识别领域。

2）变声器

变声器的工作原理是通过改变输入声音频率，进而改变声音的音色、音调，转换语音特征，使输出声音在感官上与原声音不同，但是语音内容保持不变，再把转换后的语音特征转换成对应的语音信号。变声器示意图如图 3-11 所示。

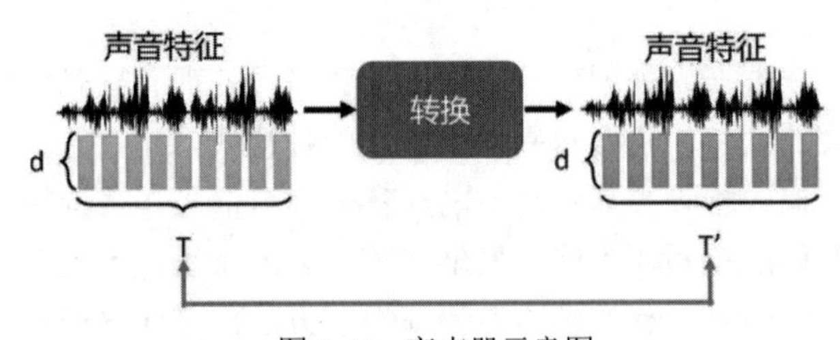

图 3-11　变声器示意图

语音转换的一般流程分为三步：①提取特征；②转换特征；③重新合成语音。提取特征常用的方法有 HNM（Harmonic Noise Model）、STRAIGHT（Speech

Transformation and Representation using Adaptive Interpolation of weiGHTed spectrum）等。提取出的特征中，最重要的是频谱包络（或由其导出的MFCC等），它表示发的是什么音；除此之外还有基频（表示音高）、语速等。

在转换特征这一步，大多数研究只专注于频谱包络特征的转换。对于基频，一般的系统只在数域中做一个简单的线性变换，让转换后的语音对基频的均值和方差与目标说话人匹配。语速等特征则很少有系统触及，一般的系统都是逐帧转换的，输入有多少帧，输出也有多少帧。

重新合成语音一般使用语音编码器（Vocoder）。传统的Vocoder合成出的音质往往较差，用WaveNet来合成语音，音质会有显著提高。

几种传统的语音转换方法。共同特征：源和目标说话人的身份固定；需要帧级对齐的训练数据。高斯混合模型GMM是传统方法中最主流的一种，用一个GMM去拟合输入特征与输出特征的联合分布，在转换时根据输入特征和GMM去推断输出特征。频率弯折法则采用把频谱包络特征沿频率轴进行伸缩变换特征：对训练数据中的输入、输出语音分别提取共振峰；从配对的输入、输出共振峰数据中，拟合一个分段线性的弯折函数；转换时，用弯折函数对语音的频谱包络进行伸缩。基于样例方法的思路是把语音的语谱图分解成许多基本单元的叠加：在训练时，把经过对齐的源、目标说话人的语谱图进行分解；在转换时，先把输入语音的语谱图用源说话人的词典分解，得到增益矩阵，再根据这个增益矩阵和目标说话人的词典合成转换后语音的语谱图。

新出现的几种语音转换方法，打破了训练数据需要帧级对齐等限制。生成对抗式网络GAN，是一种新兴的生成式模型。它的特点是，模型中除了有一个生成器以外，还有一个判别器：判别器的任务是判断一个数据是由生成器生成的，还是来自真实数据；而生成器的训练目标，则是要“骗”过判别器，让它无法分辨生成的数据与真实数据。自编码器用神经网络实现，它是这样一种模型：模型中含有一个编码器和一个解码器，编码器负责把数据的表层特征转换成隐表示，解码器负责从隐表示中恢复出表层特征。

3）语音分离处理

语音分离的目标是把目标语音从背景干扰中分离出来，输入为混合的声音，输出各个讲话者单独的声音。人类听觉系统能轻易地将一个人的声音和另一个人的区别开来。即使在鸡尾酒会那样的声音环境中，人们似乎也能毫不费力地在其他人的说话声和环境噪声的包围中听到一个人的说话内容。

根据传感器或麦克风的数量，分离方法可分为单声道方法和阵列方法。单声道分离的两个传统方法是语音增强和计算听觉场景分析（CASA）。语音增强方法分析语音和噪声的全部数据，然后经过带噪语音的噪声估计，进而对清晰语音进行估计。CASA 建立在听觉场景分析的感知理论基础上，利用聚类约束。

最近提出的方法将语音分离当作一个监督学习问题。监督语音分离算法可以大体上分为以下几个部分：学习机器、训练目标和声学特征。全卷积时域音频分离网络（Conv-TasNet），一个用于端到端时域语音分离的深度学习框架，如图 3-12 所示。Conv-TasNet 使用一个线性编码器来生成一个语音波形，该波形是为分离单个扬声器而优化的。通过对编码器输出、应用一组加权函数（掩码）来实现说话人声分离。然后，使用线性解码器将修改后的编码器表示反转回波形。

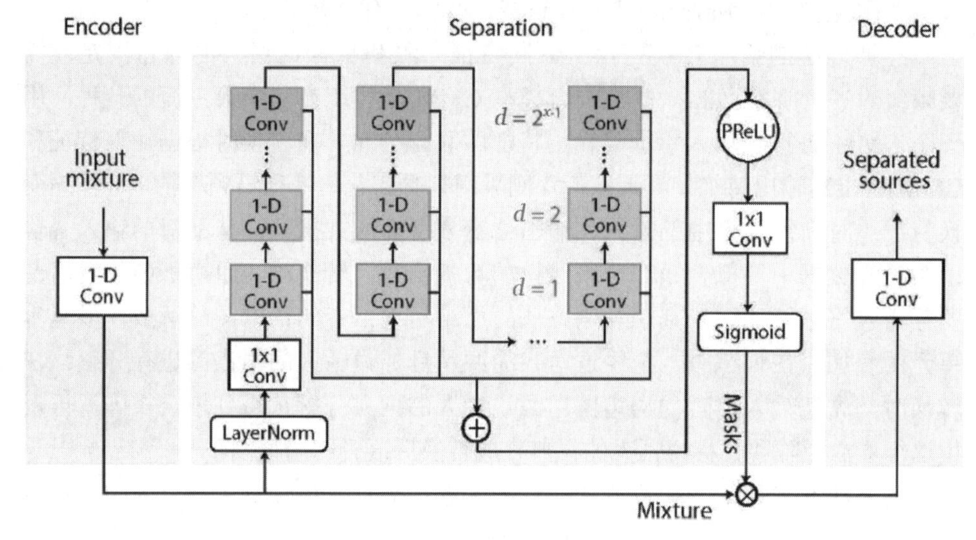

图 3-12　Conv-TasNet 架构图

4）语音合成处理

语音合成是通过机械的、电子的方法产生人造语音的技术，输入文本信息，输出声音信号。

2．语音识别技术

从语音识别算法的发展来看，语音识别技术主要分为三大类：第一类是模型匹配法，包括矢量量化（VQ）、动态时间规整（DTW）等；第二类是概率统计方法，包括高斯混合模型（GMM）、隐马尔可夫模型（HMM）等；第三类是辨别器分类方法，如支持向量机（SVM）、人工神经网络（ANN）和深度神经网络（DNN）等以及多种组合方法。

1）动态时间规整

语音识别中，由于语音信号的随机性，即使同一个人发的同一个音，只要说话环境和情绪不同，时间长度也不尽相同，因此时间规整是必不可少的。

DTW 是一种将时间规整与距离测度有机结合的非线性规整技术，在语音识别时，需要把测试模板与参考模板进行实际比对和非线性伸缩，并依照某种距离测度选取距离最小的模板作为识别结果输出。动态时间规整技术的引入，将测试语音映射到标准语音时间轴上，使长短不等的两个信号最后通过时间轴弯折达到一样的时间长度，进而使得匹配差别最小，结合距离测度，得到测试语音与标准语音之间的距离。

2）支持向量机

支持向量机是建立在 VC 维理论和结构风险最小理论基础上的分类方法，它是根据有限样本信息在模型复杂度与学习能力之间寻求最佳折中。从理论上说，SVM 就是一个简单的寻优过程，它解决了神经网络算法中局部极值的问题，得到的是全局最优解。SVM 已经成功地应用到语音识别中，并表现出良好的识别性能。

3）矢量量化

矢量量化是一种广泛应用于语音和图像压缩编码等领域的重要信号压缩技术。其基本原理是把每帧特征矢量参数在多维空间中进行整体量化，在信息量损失较小的情况下对数据进行压缩。因此，它不仅可以减小数据存储，还能提高系统运行速度，保证语音编码质量和压缩效率，一般应用于小词汇量的孤立词语音识别系统。

4）隐马尔可夫模型

隐马尔可夫模型是一种统计模型，目前多应用于语音信号处理领域。在该模型中，马尔可夫（Markov）链中的一个状态是否转移到另一个状态取决于状态转移概率，而某一状态产生的观察值取决于状态生成概率。在进行语音识别时，HMM 首先为每个识别单元建立发声模型，通过长时间训练得到状态转移概率矩阵和输出概率矩阵，在识别时根据状态转移过程中的最大概率进行判决。

5）高斯混合模型

高斯混合模型是单一高斯概率密度函数的延伸，GMM 能够平滑地近似任意形状的密度分布。高斯混合模型种类有单高斯模型（Single Gaussian Model，SGM）和高斯混合模型（Gaussian Mixture Model，GMM）两类。根据高斯概率密度函数（Probability Density Function，PDF）的参数不同，每一个高斯模型可以看作一种类别，输入一个样本 x，即可通过 PDF 计算其值，然后通过一个阈值来判断该样本是否属于高斯模型。很明显，SGM 适合于仅有两类别问题的划分，而 GMM 由于具有多个模型，划分更为精细，适用于多类别的划分，可以应用于复杂对象建模。目前在语音识别领域，GMM 需要和 HMM 一起构建完整的语音识别系统。

6）人工神经网络

人工神经网络在 20 世纪 80 年代末提出，其本质是一个基于生物神经系统的自适应非线性动力学系统，它旨在充分模拟神经系统执行任务的方式。如人的大脑一样，神经网络是由相互联系、相互影响各自行为的神经元构成，这些神经元也称为节点或处理单元。神经网络通过大量节点来模仿人类神经元活动，并将所有节点连接成信息处理系统，以此来反映人脑功能的基本特性。尽管 ANN 模拟和抽象人脑功能很精准，但它毕竟是人工神经网络，只是一种模拟生物感知特性的分布式并行处理模型。ANN 的独特优点及其强大的分类能力和输入 / 输出映射能力促成其在许多领域被广泛应用，特别在语音识别、图像处理、指纹识别、计算机智能控制及专家系统等领域。但从当前语音识别系统来看，由于 ANN 对语音信号的时间动态特性描述不够充分，大部分采用 ANN 与传统识别算法相结合的系统。

7）深度神经网络 / 深信度网络—隐马尔可夫

当前诸如 ANN、BP 等多数分类的学习方法都是浅层结构算法，与深层算法相比存在局限。尤其当样本数据有限时，它们表征复杂函数的能力明显不足。深度学习可通过学习深层非线性网络结构，实现复杂函数逼近、表征输入数据分布式，并展现出从少数样本集中学习本质特征的强大能力。在深度结构非凸目标代价函数中普遍存在的局部最小问题是训练效果不理想的主要根源。为了解决以上问题，提出基于深度神经网络（DNN）的非监督贪心逐层训练算法，它利用空间相对关系减少参数数目以提高神经网络的训练性能。相比于传统的基于 GMM-HMM 的语音识别系统，其最大的改变是采用深度神经网络替换 GMM 模型对语音的观察概率进行建模。最初主流的深度神经网络是最简单的前馈型深度神经网络（Feedforward Deep Neural Network，FDNN）。DNN 相比于 GMM 的优势在于：①使用 DNN 估计 HMM 的状态的后验概率分布不需要对语音数据分布进行假设；② DNN 的输入特征可以是多种特征的融合，包括离散的或者连续的；③ DNN 可以利用相邻的语音帧所包含的结构信息。

8）循环神经网络

语音识别需要对波形进行加窗、分帧、提取特征等预处理。训练 GMM 的时候，输入特征一般只能是单帧的信号，而对于 DNN 可以采用拼接帧作为输入，这些是 DNN 相比于 GMM 可以获得很大性能提升的关键因素。然而，语音是一种各帧之间具有很强相关性的复杂时变信号，这种相关性主要体现在说话时的协同发音现象上，往往前后好几个字对我们正要说的字都有影响，也就是语音的各帧之间具有长时相关性。采用拼接帧的方式可以学到一定程度的上下文信息。但是由于 DNN 输入的拼接帧数是固定的，学习到的是固定的输入到输入的映射关系，从而导致DNN对于时序信息的长时相关性的建模是较弱的。

考虑到语音信号的长时相关性，一个自然而然的想法是选用具有更强长时建模能力的神经网络模型。于是，循环神经网络（Recurrent Neural Network，RNN）近年来逐渐替代传统的DNN成为主流的语音识别建模方案。相比前馈型神经网络DNN，循环神经网络在隐层上增加了一个反馈连接，RNN隐层当前时刻的输入有一部分是前一时刻的隐层输出，这使得RNN可以通过循环反馈连接看到前面所有时刻的信息，这赋予了RNN记忆功能。这些特点使得RNN非常适合用于对时序信号的建模。

9）长短时记忆模块

长短时记忆模块（Long-Short Term Memory，LSTM）的引入解决了传统简单RNN梯度消失等问题，使得RNN框架可以在语音识别领域实用化并获得了超越DNN的效果，目前已经使用在业界一些比较先进的语音系统中。除此之外，研究人员还在RNN的基础上做了进一步改进工作，主要包含两部分：深层双向RNN和序列短时分类（Connectionist Temporal Classification，CTC）输出层。其中双向RNN对当前语音帧进行判断时，不仅可以利用历史的语音信息，还可以利用未来的语音信息，从而进行更加准确的决策；CTC使得训练过程无须帧级别的标注，实现有效的“端对端”训练。

10）卷积神经网络

卷积神经网络（CNN）早在2012年就被用于语音识别系统，并且一直都有很多研究人员积极投身于基于CNN的语音识别系统的研究，但始终没有大的突破。最主要的原因是他们没有突破传统前馈神经网络采用固定长度的帧拼接作为输入的思维定式，从而无法看到足够长的语音上下文信息。另外一个缺陷是他们只是将CNN视作一种特征提取器，因此所用的卷积层数很少，一般只有一层到二层，这样的卷积网络表达能力十分有限。针对这些问题，提出了一种名为深度全序列卷积神经网络（Deep Fully Convolutional Neural Network，DFCNN）的语音识别框架，使用大量的卷积层直接对整句语音信号进行建模，更好地表达了语音的长时相关性。

DFCNN直接将一句语音转化成一张图像作为输入，即先对每帧语音进行傅里叶变换，再将时间和频率作为图像的两个维度，然后通过非常多的卷积层和池化（pooling）层的组合，对整句语音进行建模，输出单元直接与最终的识别结果比如音节或者汉字相对应。

3．语音识别应用及发展

近期，语音识别在移动终端上的应用最为火热，语音对话机器人、语音助手、互动工具等层出不穷，许多互联网公司纷纷投入人力、物力和财力展开此方面的研究和应用，目的是通过语音交互的新颖和便利模式迅速占领客户群。目前，国外的应用一直以苹果的 Siri 为龙头。而国内方面，科大讯飞、云知声、盛大、捷通华声、搜狗语音助手、紫冬口译、百度语音等系统都采用了最新的语音识别技术，市面上其他相关的产品也直接或间接嵌入了类似的技术。总结语音识别技术发展方向如下：

- 更有效的序列到序列直接转换的模型。序列到序列直接转换的模型目前来讲主要有两个方向：一是CTC模型；二是Attention 模型。
- 鸡尾酒会问题（远场识别）。这个问题在近场麦克风并不明显，这是因为人声的能量对比噪声非常大，而在远场识别系统上，信噪比下降得很厉害，所以这个问题就变得非常突出，成为了一个非常关键、比较难解决的问题。鸡尾酒会问题的主要困难在于标签置换（Label Permutation），目前较好的解决方案有二：一是深度聚类（Deep Clustering）；二是置换不变训练（Permutation invariant Training）。
- 持续预测与自适应模型。能否建造一个持续做预测并自适应的系统。它需要的特点一个是能够非常快地做自适应并优化接下来的期望识别率；另一个是能发现频度高的规律并把这些变成模型默认的一部分，不需要再做训练。
- 前后端联合优化。前端注重音频质量提升，后端注重识别性能和效率提升。

3.6.4 计算机视觉

计算机视觉指用摄影机和计算机代替人眼对目标进行识别、跟踪和测量等机器视觉，并进一步做图像处理，用计算机处理成为更适合人眼观察或传送给仪器检测的图像（如图 3-13 所示）。在计算机眼中，图像是以数字矩阵的形式存储的，一张图片被分成了若干个小方格，但是小方格还没有足够小，随意取出一个方格放大，还有许多更小的方格，当小方格不能再小时的方格叫作一个像素点，像素点有对应的值，在计算机中像素点的值在 0 ～ 255 之间，数字越大表示这个像素点越亮，一张彩色的图片有 R、G、B 三个颜色通道，每个通道上像素点的值代表该通道上的亮度。一张图片的维度可以表示为［h，w，c］，其中 h 代表高度方向的像素点个数，w 代表宽度方向的像素点个数，c 代表颜色通道数。

计算机视觉的研究对象主要是映射到单幅或多幅图像上的三维场景，例如三维场景的重建，很大程度上针对图像的内容。长久以来，计算机视觉就是深度学习应用中几个最活跃的研究方向之一。因为视觉是一个对人类以及许多动物毫不费力，但对计算机却充满挑战的任务。深度学习中许多流行的标准基准任务包括对象识别以及光学字符识别。

图 3-13　计算机眼中的图像

计算机视觉是一个非常广阔的发展领域，其中包括多种多样的处理图片的方式以及应用方向。计算机视觉的应用广泛：从复现人类视觉能力（比如识别人脸）到创造全新的视觉能力。计算机视觉同样可以被看作是生物视觉的一个补充。在生物视觉领域中，人类和各种动物的视觉都得到了研究，从而建立了这些视觉系统感知信息过程中所使用的物理模型。另外，在计算机视觉中，靠软件和硬件实现的人工智能系统得到了研究与描述。生物视觉与计算机视觉进行的学科间交流为彼此都带来了巨大价值。

1．预处理

由于原始输入往往以深度学习架构难以表示的形式出现，许多应用领域需要复杂精细的预处理。计算机视觉通常只需要相对少的这种预处理。图像应该被标准化，从而使得它们的像素都在相同并且合理的范围内，比如［0，1］或者［-1，1］。将［0，1］中的图像与［0，255］中的图像混合，通常会导致失败。将图像格式化为具有相同的比例，严格上来说是唯一一种必要的预处理。许多计算机视觉架构需要标准尺寸的图像，因此必须裁剪或缩放图像以适应该尺寸。然而，严格地说，这种重新调整比例的操作并不总是必要的。一些卷积模型接受可变大小的输入，并动态地调整它们的池化区域大小以保持输出大小恒定。其他卷积模型具有可变大小的输出，其尺寸随输入自动缩放，例如对图像中的每个像素进行去噪或标注的模型。

数据集增强可以被看作一种只对训练集做预处理的方式。数据集增强是减少大多数计算机视觉模型泛化误差的一种极好的方法。在测试时可用的一个相关想法是将同一输入的许多不同版本传给模型，并且在模型的不同实例上决定模型的输出。后一个想法可以被理解为集成方法，并且有助于减少泛化误差。

其他种类的预处理需要同时应用于训练集和测试集，其目的是将每个样本置为更规范的形式，以便减少模型需要考虑的变化量。减少数据中的变化量既能够减少泛化误差，也能够减小拟合训练集所需模型的大小。更简单的任务可以通过更小的模型来解决，而更简单的解决方案泛化能力一般更好。这种类型的预处理通常被设计为去除输入数据中的某种可变性，这对于人工设计者来说是容易描述的，并且人工设计者能够保证不受到任务影响。当使用大型数据集和大型模型训练时，这种预处理通常是不必要的，并且最好只是让模型学习哪些变化性应该保留。例如，用于分类 ImageNet 的 AlexNet 系统仅具有一个预处理步骤：对每个像素减去训练样本的平均值。

2. 数据集增强

数据集增强的本质是人为地引入人视觉上的先验知识，可以很好地提升模型的性能，目前基本成为模型的标配。数据集增强的作用如下：

- 避免过拟合。当数据集具有某种明显的特征时，例如数据集中图片基本在同一个场景中拍摄，使用Cutout方法和风格迁移变化等相关方法可避免模型学到跟目标无关的信息。
- 提升模型鲁棒性，降低模型对图像的敏感度。当训练数据都属于比较理想的状态，碰到一些特殊情况，如遮挡、亮度、模糊等容易识别错误，对训练数据加上噪声、掩码等可提升模型鲁棒性。
- 增加训练数据，提高模型泛化能力。
- 避免样本不均衡。在工业缺陷检测方面，医疗疾病识别方面，容易出现正负样本极度不平衡的情况，通过对少样本进行一些数据增强方法，降低样本不均衡比例。

根据数据集增强方式，可分为两类：在线增强和离线增强。这两者的区别在于：离线增强是在训练前对数据集进行处理，往往能得到多倍的数据集；在线增强是在训练时对加载数据进行预处理，不改变训练数据的数量。离线增强一般用于小型数据集，在训练数据不足时使用，在线增强一般用于大型数据集。

比较常用的几何变换方法有：翻转、旋转、裁剪、缩放、平移、抖动。值得注意的是，在某些具体的任务中，当使用这些方法时需要主要标签数据的变化，如目标检测中若使用翻转，则需要将 gt 框进行相应的调整。比较常用的像素变换方法有：加椒盐噪声，高斯噪声，进行高斯模糊，调整HSV对比度，调节亮度，饱和度，直方图均衡化，调整白平衡等。

3．计算机视觉应用

计算机视觉可以分为以下几大方向。

1）分类与检索

图像分类，也称为图像识别，辨别图像是什么，或者说图像中的物体属于什么类别。图像分类根据不同分类标准可以划分为很多种子方向。比如根据类别标签，可以划分为：二分类问题，比如判断图片中是否包含人脸；多分类问题，比如鸟类识别；多标签分类，每个类别都包含多种属性的标签，比如对于服饰分类，可以加上衣服颜色、纹理、袖长等标签，输出的不只是单一的类别，还可以包括多个属性。

根据分类对象，可以划分为：通用分类，比如简单划分为鸟类、车、猫、狗等类别；细粒度分类，目前图像分类比较热门的领域，比如鸟类、花卉、猫狗等类别，它们的一些更精细的类别之间非常相似，而同个类别则可能由于遮挡、角度、光照等原因不易分辨。

根据类别数量，还可以分为：Few-shot learning，即小样本学习，训练集中每个类别数量很少，包括one-shot和zero-shot；large-scale learning，即大规模样本学习，也是现在主流的分类方法，这也是由于深度学习对数据集的要求。

图像分类任务的整体思路：收集数据并给定标签；训练一个分类器；测试并评估。机器学习很难对图像进行有效分类，存在的问题是区分不出主体和背景，通常使用深度学习对图像进行分类。

2）检测任务

目标检测通常包含两方面的工作，首先是找到目标，然后就是识别目标。目标检测可以分为单物体检测和多物体检测，即图像中目标的数量。常见的目标检测方法包括R-CNN系列，如R-CNN、Fast R-CNN、Faster R-CNN、Mask R-CNN；YOLO系列，从v1版本到v3版本，以及后续的v4、v5版本。

3）图像分割

图像分割是基于图像检测的，它需要检测到目标物体，然后把物体分割出来。图像分割可以分为三种：普通分割，将分属于不同物体的像素区域分开，比如前景区域和后景区域的分割；语义分割，在普通分割的基础上，在像素级别上的分类，属于同一类的像素都要被归为一类，比如分割出不同类别的物体；实例分割，语义分割的基础上，分割出每个实例物体，比如对图片中的多只狗都分割出来，识别出来它们是不同的个体，不仅仅是属于哪个类别。

4）超分辨率重构

图像重构，也称为图像修复（Image Inpainting），其目的就是修复图像中缺失的地方，比如可以用于修复一些老的有损坏的黑白照片和影片。通常会采用常用的数据集，然后人为制造图片中需要修复的地方。

5）超分辨率

超分辨率是指生成一个比原图分辨率更高、细节更清晰的任务。通常超分辨率的模型也可以用于解决图像恢复（Image Restoration）和图像修复（Image Inpainting），因为它们都是解决比较关联的问题。常用的数据集主要是采用现有的数据集，并生成分辨率较低的图片用于模型的训练。

6）图像生成

图像生成是根据一张图片生成修改部分区域的图片或者是全新的图片的任务。这个应用最近几年快速发展，主要原因也是由于 GANs 是最近几年非常热门的研究方向，而图像生成就是 GANs 的一大应用。

7）人脸识别

人脸方面的应用，包括人脸识别、人脸检测、人脸匹配、人脸对齐等，这应该是计算机视觉方面最热门也是发展最成熟的应用，而且已经比较广泛地应用在各种安全、身份认证等，比如人脸支付、人脸解锁。

8）自动驾驶

自动驾驶又称无人驾驶，是目前计算机视觉领域一个比较重要的研究方向，让汽车可以进行自主驾驶，或者辅助驾驶员驾驶，提升驾驶操作的安全性。计算机视觉在无人驾驶中起到了非常关键的作用，比如道路的识别、路标的识别、红绿灯的识别、行人识别等平常驾驶过程中需要注意的。另外还包括三维重建及自主导航，通过激光雷达或者视觉传感器可以重建三维模型，辅助汽车进行自主定位及导航，进行合理的路径规划和相关决策。

9）医学图像处理

常见的医学成像，比如 B 超、核磁共振、X 光拍片等。随着 AI 技术的发展，开始有一些 AI 诊断的功能，AI 根据图像的特征对相关疾病的可能性进行分析。

10）工业检测

工业领域计算机视觉也得到了充分应用，例如产品缺陷检测，设备故障检测，工业机器人姿态控制，利用立体视觉来获得工件和机器人之间的相对位置姿态。

此外，计算机视觉还应用在如下方面：图文生成（Image Captioning）、文本生成图片（Text to Image）、图片上色（Image Colorization）、人体姿态估计（Human Pose Estimation）、视频、3D 重构、问答、追踪等方向。

4．计算机视觉存在的挑战

计算机视觉的能力很强，在目标检测、识别等领域都取得了显著进展和巨大成功，但是计算机视觉任务并不容易，会遇到各种各样的问题。比如一个人脸识别任务，被拍摄者面对摄像头或坐在屏幕前人脸识别就比较容易；但是当遇到夜市或集会等密集环境，这种场景下人是流动的而且还会存在脸部遮蔽情况，要检测并识别人脸就变得很困难。计算机视觉任务主要存在以下挑战。

1）照射角度和光照条件

照明对物体有很大的影响。相同的物体会因光照条件的不同而看起来不同。照亮的空间越少，物体就越不可见。

2）形状改变

计算机视觉分析的主题不仅是一个固体目标，而且还可以变形和改变其造型。如图3-14所示，猫摆着不同姿势的图片。如果计算机视觉任务只被训练为发现趴着或正常行走的猫，它可能无法发现躺着、坐着或站着的猫。

图3-14　各种姿势的猫

3）部分遮蔽

物体会被其他东西遮挡住，这使得计算机视觉任务很难辨认这些物体的标志。如图3-15所示，在第一张图片中，猫脸和猫身体的大部分部位都被遮挡住了，仅露出四肢和尾巴。

4）背景混入

需要识别的物体可能会融入背景中，使其难以识别，从而造成干扰。计算机在人脸识别、图像分类等众多任务中，计算机视觉远超人类视觉。计算机视觉需要学习大量的数据，比如常见的遮蔽问题，只需要提供大量的遮蔽数据，并告诉计算机遮蔽框和物体标签，计算机就会学习处理这类遮蔽问题。研究人员查阅数据并根据其特征为数据添加标签，这些特征就是希望AI去理解的东西。就计算机视觉的任务而言，研究人员会收集成百上千张照片用于分析，加标签的数据已成为范例，据此训练AI进行分类或寻找规律。

图 3-15　遮蔽现象

3.7　亚信科技 AIRPA 产品

3.7.1　产品总体架构

AISWare AIRPA，亚信科技机器人流程自动化平台，致力于虚拟化数字员工的快速构建，能够简单、高效、灵活地针对企业和个人提供完整的机器人流程自动化、智能化解决方案。AIRPA 运用 OCR、NLP、CV 及语音识别等 AI 技术，实现非结构化数据的处理、预测规范分析、易变场景的自适应、任务自动分配和协作优化等功能，完成从流程自动化（RPA）到流程智能化（AI+RPA）的转变。

亚信科技机器人流程自动化产品包括以下几个部分（如图 3-16 所示）：

- AIRPA Studio 机器人设计器：提供图形化拖曳式流程设计器，实现可视化、组件化的RPA开发环境，通过自主、便捷、灵活的方式提高机器人开发效率，降低流程制作门槛。
- AIRPA Console 机器人管家：提供对组件、机器人安装包、执行节点资源进行管理，基于业务规则制订执行计划，并提供任务状态、任务执行结果等信息的统一管理、数据图表展示，实现可视化集中管控。
- AIRPA Engine 机器人执行引擎：基于执行计划，通过无侵入调度执行业务流程操作，实现与手工操作完全相同的方式访问业务系统，避免出现人为原因的失误，记录执行日志。
- AI Service 机器人智能服务：提供OCR、NLP、CV等开箱即用的AI服务能力，并以组件形式快速接入使用，赋能RPA智能化数据处理能力，同时支持对接用户自有的AI服务能力。AIRPA Discovery 流程探索发现：使用量化方法，从端到端的视角自动呈现流程真实状态。在部署RPA之前，帮助用户梳理、评估内部流程，筛选可以带来更高投资回报率的流程。

- AIRPA RPAaaS 自动化云：以“门户+商城”的方式，提供宣传展示、培训认证、机器人商店、社区论坛生态模块，提升产品市场竞争力。

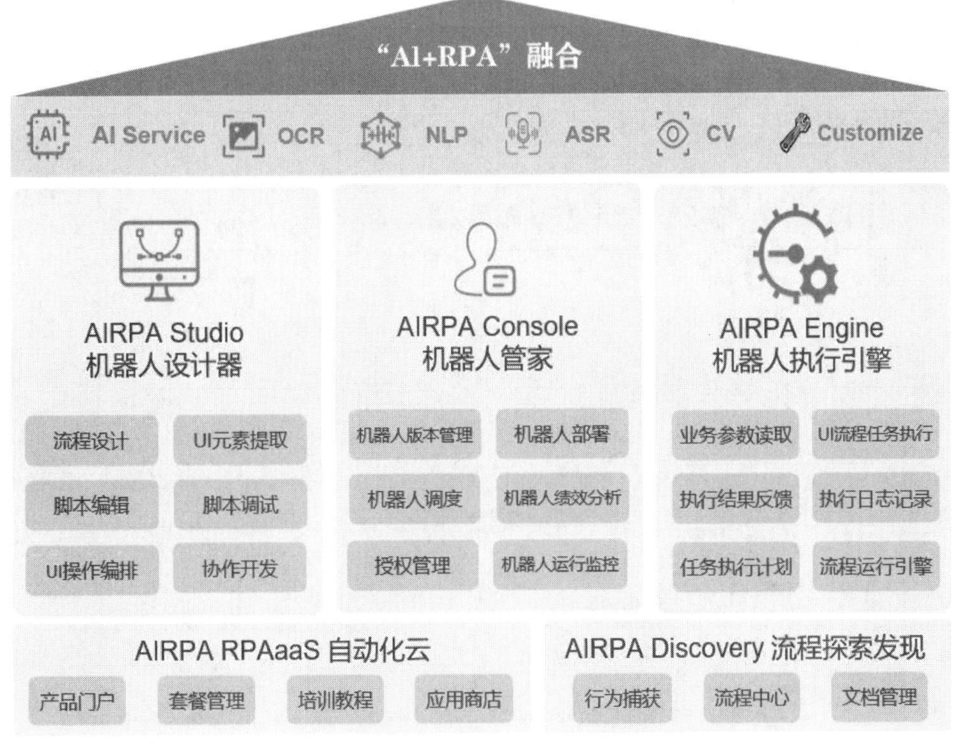

图 3-16 AIRPA 产品架构图

3.7.2 节～3.7.8 节将详细介绍以上几个部分内容。

3.7.2 机器人设计器

1. 机器人设计器概述

机器人设计器是可视化流程建模工具，支持业务用户自助学习使用，而无须任何编程知识基础。可通过拖放功能和内置的预定义控件库增强用户体验、加快学习过程。支持通过“录屏”方式记录用户在屏幕上的操作，并将其转换为逻辑步骤，以创建应用程序或基于 Web 的工作流程。机器人设计器界面简洁、操作友好，提供逻辑严谨、功能丰富的功能组件，提供可视化、组件化、流程化的一站式 RPA 开发环境。支持可视化编辑与程序语言编辑之间灵活转换，对开发编程、系统维护和用户操作要求较低，用户通过简单的“拖”“拉”“曳”方式就可以使用相关组件，从而提升机器人开发效率，非 IT 人员也可快速学习掌握，降低了使用门槛。设计器可以为机器人设计自动化流程，并将经过调试、确认无误后的流程发布于机器人管家，用于指挥机器人完成预设任务。

2．可视化开发模式

机器人设计器的图形化流程设计器界面包括工具栏、流程编辑区域、项目栏、组件栏、变量栏、属性栏、大纲栏、输出栏，如图 3-17 所示，下面具体介绍各部分的功能。

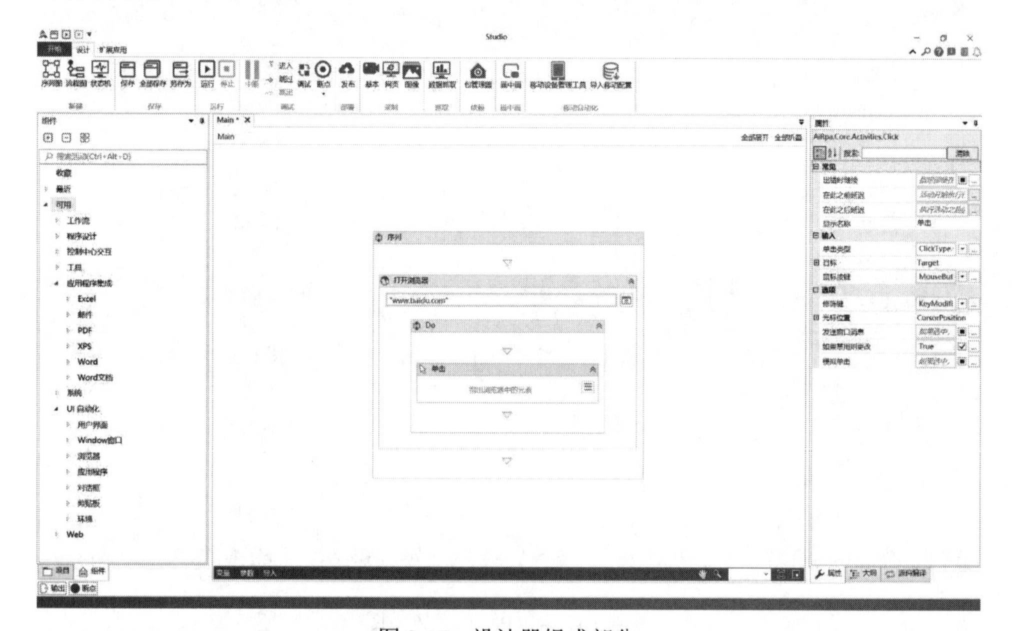

图 3-17　设计器组成部分

- **工具栏：** 展示常用的开发功能，如新建、保存、运行、调试、部署、录制、抓取、依赖、画中画以及移动自动化等功能。
- **流程编辑区域：** 流程编辑区域是设计器的重要组成部分，显示当前正在编辑的流程，将自动化组件拖曳至该区域。
- **项目栏：** 以树形结构的方式显示了当前创建的项目中包含的全部内容，可以通过双击相应流程文件打开该流程。
- **组件栏：** 包括丰富的自动化功能组件，比如工作控制流、浏览器、ERP 软件、业务系统、桌面程序、窗口、Excel表格、邮件、Java程序、文件操作、Word文档、WPS操作、CSV表格、键盘录入、鼠标单击、数据库、滚动截图、PDF文档、Zip文件、代码块、OCR组件、NLP组件等AI组件。可以通过搜索组件功能快速查找需求组件，提高使用人员配置自动化流程的效率。通过组件搜索框输入组件名称，可以很快找到对应的组件，比如鼠标相关的单击、双击等组件。搜索输入文本组件、搜索发送热键组件，搜索打开浏览器组件，并通过拖曳将查找到的组件放入流程序列中。

- **变量栏**：变量用于存储流程执行过程的临时数据，使用变量的主要目的是在流程中传递数据，比如从网页中获取到文本信息可以存入到一个变量中，进行处理之后，又被另外一个组件使用。变量栏可以在该配置文件下进行变量的创建与删除，并对变量的名称、类型、范围、默认值进行管理。
- **属性栏**：组件的输入和输出参数可以在属性区进行设置，组件参数会根据前后逻辑关系进行自动依赖，从而快速完成参数配置。
- **大纲栏**：大纲栏用于显示当前流程文件的层级结构，可以通过在大纲栏中选中某一组件来定位到编辑区域的组件，也可以通过在流程编辑区域选择组件来显示大纲中的组件。
- **输出栏**：显示流程执行时的信息、写入日志组件的输出信息等，可以对相关信息进行搜索。在输出栏中，可以通过单击标题栏的不同按钮来显示或隐藏不同日志级别的消息，例如测试、警告、信息、跟踪。右键单击消息，可以复制信息或查看信息详情。

制作好的流程可以使用VB语言进行编译，机器人设计器具备灵活的编译运行环境，随时可进行编译调试运行，并且支持从中间或者当前步骤进行调试，调试过程更加灵活。流程调试支持设计完成的流程在机器人设计器中运行，并支持断点设置、单步运行等功能。单步断点调试包括单步运行、断点设置、变量监视。在调试一个复杂的循环逻辑时，可以提前设置断点后单步运行，根据需求，查看变量监视窗口，遇到断点后程序会自动中断，中途也可以取消断点，继续运行。

3．流程管理

RPA项目在实施过程中往往会涉及众多的业务流程，开发人员需要根据业务需求对流程进行开发和管理。机器人设计器支持流程的创建、编辑、发布、迁移和版本管理。

流程项目是用于管理所有跟单个自动化任务相关的所有流程文件的集合，当用户需要创作一个定时处理财务部报销单的自动化流程，就可以创建一个流程项目，跟这个任务相关的所有子流程文件、依赖项等信息都会出现在这个项目中。流程项目是用户进行开发、发布以及部署给机器人运行的基本单位。通常情况下，每一个独立的工作任务都应该创建一个新的流程项目。为了便于用户查找，展示的项目文件支持用户进行搜索。

机器人设计器中内置运行环境，可以在机器人设计器中运行流程。除此之外，设计器内置直接运行、调试（Debug）、校验（Validate）、创建断点等运行工具（如图 3-18 所示），支撑机器人设计器可以轻松调试和测试自动化任务，或者从机器人设计器直接运行自动化以测试其功能。

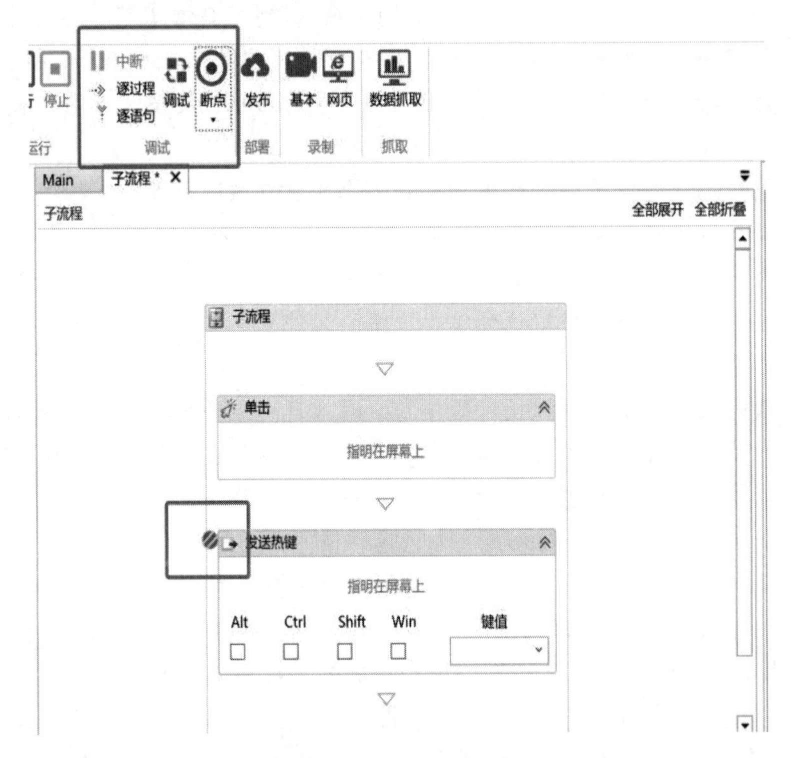

图 3-18　运行调试工具

当流程经过调试确认没有错误的时候，用户可以将设计完成的机器人流程 xaml 文件及其资源文件压缩，并部署到机器人管家。用户可以将最终版本的流程发布至机器人管家中，发布时可以自定义版本信息，同一个应用发布的多个版本之间互不影响。支持机器人流程功能描述、数据描述和版本。

除此之外，为了便于流程在不同环境下进行数据迁移，机器人设计器支持流程的导出和导入功能。用户可以将制作好的流程导出成特定类型的文件，在其他环境下导入流程文件后，就可以读取完整的流程信息。

4．模块化开发与流程模板

为了提升团队协作，提高代码复用率，机器人设计器支持模块化调用，例如需要实现抓取当日天气，并写入记事本的机器人，就可以将需要的功能封装为子模块，设置参数，作为子模块的输入和输出。当其他用户需要制作相同的机器人时，就可以在主模块中依次调用子模块，并通过配置变量来推动数据流动（如图 3-19 所示）。其次，在机器人的制作过程中可以将不同的功能设定为子流程，供主流程或其他流程进行调用，提高设计性、可读性，利于局部调试或修正。机器人设计器的流程包括序列图、流程图等多种形式，支持流程按顺序执行，也支持包含多个子流程执行，可以相互调用。

图 3-19　调用子流程

除此之外，为了帮助用户快速掌握机器人设计器的使用方式，帮助用户快速制作一个可用的自动化流程，AIRPA 产品内置了丰富的开箱即用流程模板，用户可以将预定义的流程模板拖放到其工作流程中，用于重新共享。同时支持将制作完成的 RPA 自动化流程进行转换，发布生成可加载的功能组件。方便用户复用已完成的自动化流程，并通过组件方式应用到自己制作的机器人中。

5．自动化能力

- **支持流程录制：**属于机器人设计器中的一个开发效率辅助功能，启动流程录制功能后，可以将人工操作Windows操作系统界面时候的键盘、鼠标操作都捕获并记录（如图3-20所示）。录制完成，按照之前录制的内容自动形成机器人设计器中的机器人流程图。机器人流程图稍作调试之后，便可以直接运行。具备对网页操作、邮件处理、桌面应用操作进行录制，录制结束自动生成自动化流程，并且支持长流程录制和单步录制。让使用者通过操作系统的动作，自动生成流程配置。进一步降低使用难度，提高工作效率。通过录制功能，免除了通过机器人设计器一步步配置组件和来回切换抓取页面元素等复杂操作。

图 3-20　流程录制

- **支持数据抽取**：数据抽取属于机器人设计器中的一个开发效率辅助功能，用户使用该功能定位网页中table（表格）内任意一个单元格，便可以自动识别该单元格所属table，并抽取table中的数据（如图3-21所示）。用户不必具备前端table相关技术知识，也不用在机器人中构建复杂的循环嵌套逻辑，就能快速抽取table中的数据到流程中。

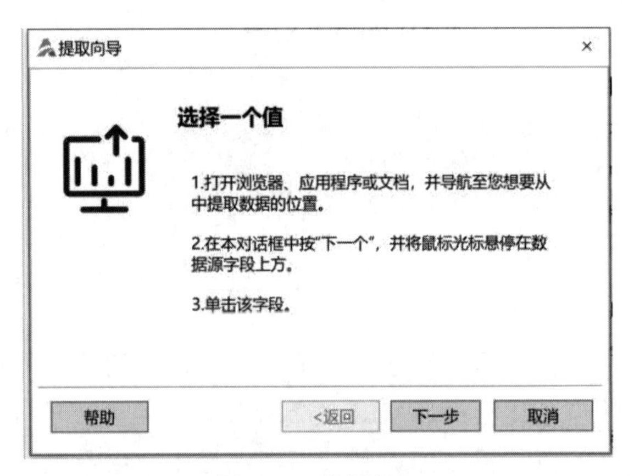

图 3-21　数据抽取

- **支持Excel表格数据处理**：可以对Excel中大数据量的记录进行相关操作和处理，如读取Excel中所有记录、数据按条件过滤、数据合并、数据排序、数据统计计算等（如图3-22所示）。
- **支持集成邮箱服务**：可以实现电子邮件自动化，机器人可以自动发送、获取电子邮件及附件（支持SMTP、POP3、IMAP、Exchange等）。可定时定向自动发送自定义内容的邮件，实现7×24小时在线办公，高效便捷。
- **支持多种编程语言的函数自定义及调用**：支持编写Python等语言脚本和函数来实现自动化流程功能，同时编写的函数可供流程进行调用。支持

Python组件，并提供编辑器。

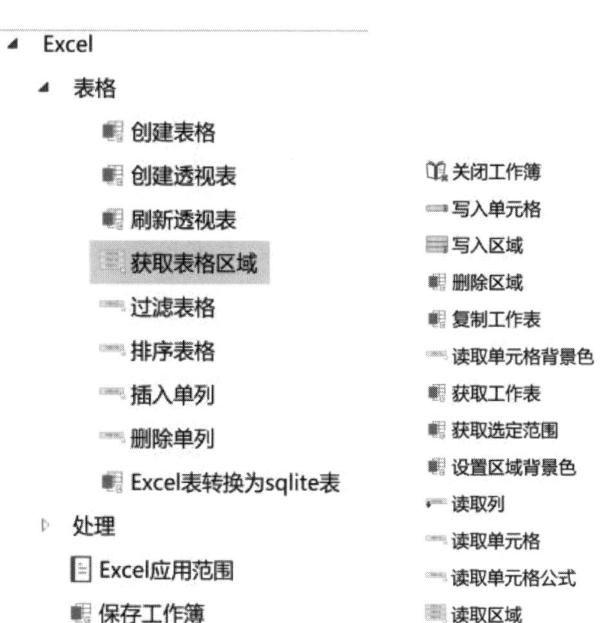

图 3-22　Excel 表格数据处理

6. AI 技术拓展

机器人设计器提供内嵌组件，REST 服务调用 AI 能力，Python 脚本调用 AI 能力等方式集成但不限于各类 NLP、图像识别等有助于提升移动财务工作体验的 AI 模块。具备自研的 OCR 能力，支持私有化部署，支持增值税专用发票、普通发票、火车票、电子回单等常见票据关键信息的 OCR 识别。同时具备第三方 OCR 服务调用能力。

7. 其他能力

- **异常处理能力组件：**机器人设计器中包括异常处理组件，保证运行中意外情况发生时的恢复能力。例如异常处理组件捕获了邮件功能在读取附件时无法找到指定文件的错误，并及时给出提示和后续处理动作，让使用人员重新选择附件并成功发送邮件。
- **界面探测器：**属于机器人设计器中的一个开发辅助工具，该功能能够探测当前系统桌面中所有UI元素的层级结构，以图像化的方式呈现，用户可以快速定位某一元素，同时可以根据需求调整该元素选择器的相关特征参数。
- **组件包能力：**组件热插拔功能属于改善机器人流程稳定可用性的功能。机器人流程开发过程中涉及的各种组件，会以包的形式呈现（组件包），并与机器人流程建立依赖关系。热插拔组件即是动态加载、卸载依赖的包，通过远端提供的组件包管理服务，不仅对包进行版本管理，同时提供包列表浏览、包下载服务。在机器人设计器中，用户可以根据需求，选择不同的包以及对应的版本，包会动态加载到组件库中供用户使用。用户可以在开发机器人流程的过程中，对依赖包进行管理，包括查看包列表、更新包版本、加载包、卸载包。在机器人执行过程中，执行机器人流程时，会根据依赖关系自动下载包并加载包内组件，满足机器人流程执行过程需求。

8．拓展应用

机器人设计器支持 Chrome、火狐或 Edge 浏览器一键安装，中途无须人工干预，帮助用户在 Chrome、火狐或 Edge 浏览器中创建浏览器自动化流程。其次，可以通过 Java 拓展程序实现自动化流程与 Java 应用程序交互。除此之外，支持 Citrix Automation，凭借创新的图像识别和计算机视觉技术，使 Citrix 的自动化具有与 Web 或桌面自动化几乎相同的功能（如图 3-23 所示）。

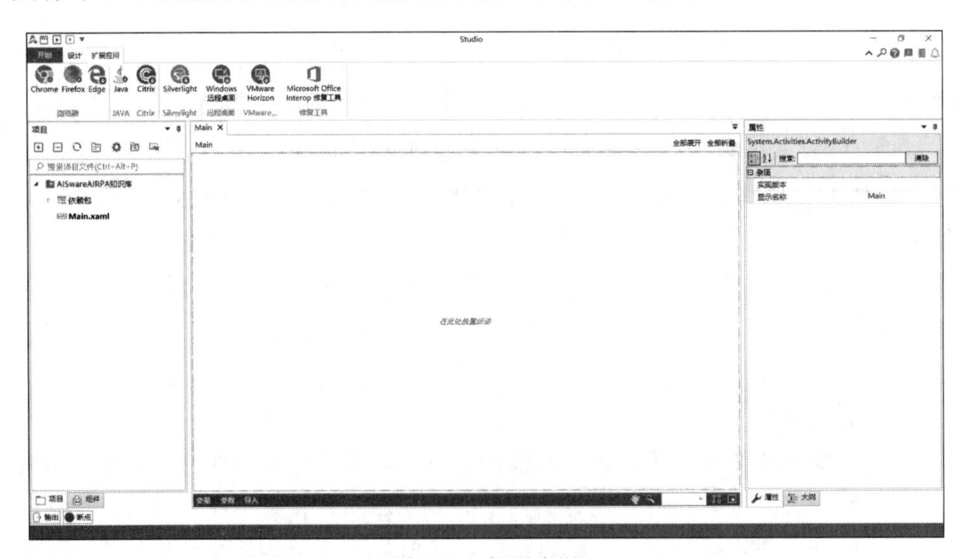

图 3-23　拓展应用

3.7.3　机器人管家

1．机器人管家概述

机器人管家主要负责对组件、机器人包、执行节点等资源进行管理，对机器人和自动化流程进行集中管理、集中监控，对机器人任务进行部署、分配、调度、优化和运行结果监控反馈，对任务状态、任务执行结果等提供信息统一管理、数据可视化图表展示，对用户权限管理、授权许可管理和客户端的监控升级等功能。

机器人管家可在任务运行时收集完整的机器人运行日志，在机器人管家页面显示或下载到本地，供审计追踪；可在任务队列和数据看板中提供业务交易数据队列详情和概要的查看，以支持多机器人协作处理，分别以列表、图形、时间轴的方式展示；可实现异常的捕获、通知和恢复等。

2. 数据看板

为了便于了解租户、群组、个人相关机器人运营情况，针对租户管理员与个人用户提供数据看板的能力。管理员对租户、群组进行一段时间内运营情况汇总，也可以一览当前系统运营情况。数据看板的数据管理包括数据实时查询与历史数据管理。

- 提供组织内的数据看板展示：例如租户管理员可查看所属租户看板、组织管理员可查看组织内看板，个人账户下的数据看板展示个人角度的相关数据。
- 数据展示：例如授权信息、机器人信息、任务信息、应用信息、用户人数信息的列表展示，以及任务执行情况的图表展示（如图3-24所示）。

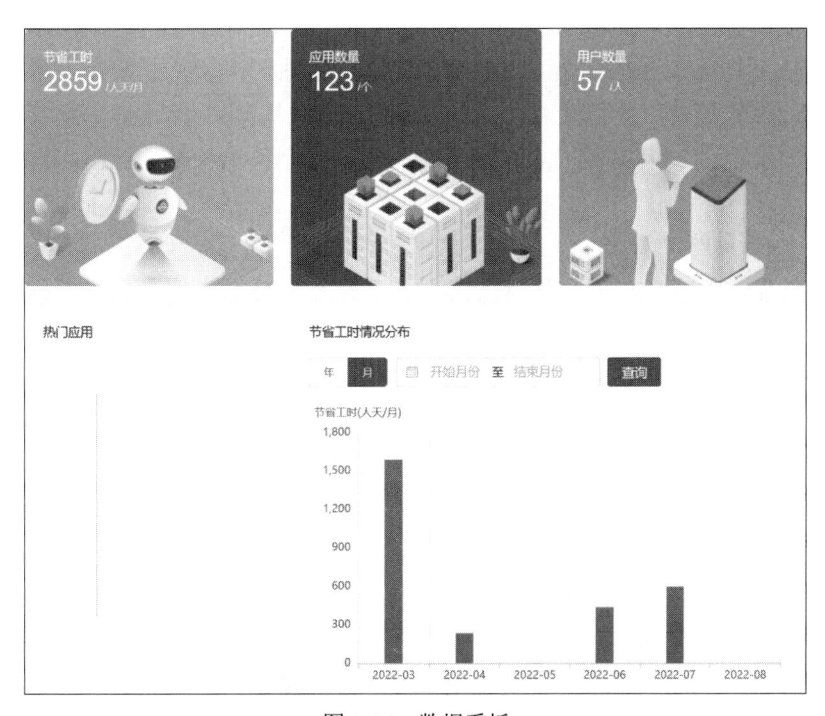

图3-24　数据看板

3．客户端管理

- **管理终端**：客户端分为机器人设计器客户端和机器人执行引擎客户端两种。可通过机器人管家对机器人执行引擎客户端进行授权、加载、维护、删除的操作。同时可对机器人的状态进行操作，支持在线版本自动化升级或部分机器人升级，支持机器人版本管理，支持流程任务的批量推送。支持对机器人执行节点进行管理，主要包括节点注册、节点状态监控、节点上下线等。
- **监控机器人**：机器人流程自动化任务运行的情况、运行结果、异常日志以及采集到的行为数据都可以通过报表、视图、dashboard等方式进行展现，并支持自定义。比如支持自定义dashbaord；支持全量日志管理，包括窗口日志、运行日志、异常日志、效率日志，且日志内容不可篡改；支持机器人运行报表、定义告警的邮件、短信通知等。
- **分组调度**：通过机器人分组管理并按照分组进行调度。管理员可管理机器人分组，便于创建任务计划时根据分组选择机器人。

4．应用管理

机器人管家支持应用审批、版本发布、应用分享以及热门应用统计。支持审批流程变动、版本发布、流程分享，管理员可以审批新增和修改的流程，审批经由设计中心提交上来的应用版本，审批待分享至热门应用中的应用。

热门应用管理包括统计流程热度、申请使用热门流程、下载和查看流程版块的功能。流程使用者可查看所有分享到热门流程板块的流程信息及其热度统计。流程使用者可申请使用他人开发的流程。已有使用权限的流程，支持下载和查看详情。

5．任务管理

在机器人管家中，通过机器人流程任务管理，可指定哪些机器人执行引擎客户端在什么时间运行哪些自动化流程。可对计划任务进行新增、编辑、删除、查询等操作。调度并下发任务、监控任务状态、收集任务执行结果、分析任务执行结果等。

- **支持指定机器人执行引擎客户端**：新建机器人任务时，可以选择机器人任务的执行节点，即机器人执行引擎客户端，将机器人任务指定到某个机器人上去执行。也可以选择默认的机器人执行引擎客户端执行，根据智能调度策略选择空闲机器人。
- **支持指定机器人流程**：新增机器人任务时，可以在用户上传的机器人流程包，即应用中，选择指定的机器人流程和版本号，机器人可以基于选定的机器人流程运行任务。

- **支持计划任务时间设置**：新建机器人任务时，可以设置任务计划的执行时间，可以选择让任务新建完成之后立刻执行，也可以设置任务的执行时间。
- **支持定时执行**：新建机器人任务的时候，可以自定义机器人开始执行的时间，可以细化到秒级别。
- **支持按日期时间执行**：新建机器人执行任务时，可以选择每日、每周、每月按日期时间执行。每日按时间执行可以自定义任务开始执行的时间。每周按日期时间执行可以选择每周几开始执行，和开始执行的具体时刻。每月按日期时间执行可以选择每月的几号开始执行，以及开始执行的具体时刻。

支持循环执行频次设定：

- 新增机器人任务可以选择让机器人任务按照设定的频次循环执行，支持按每日一次循环、每周一次循环、每月一次循环，也可以按照自定义的形式，以分钟、小时、天数为单位设置不同的间隔周期，来循环执行机器人任务。
- 基于Web的控制中心，提供以下实用程序：事务队列，机器人规划、部署、重新分配和停用。
- 支持远程控制后台机器人：以实现远程部署、监控和停用。
- 支持集中规划机器人：分组执行自动化流程的功能。
- 支持交易队列：机器人管家支持事务队列，用于在服务器上存储工作数据以提供给分组机器人在自动化过程中使用。
- 支持智能调度：通过管理可用性来优化机器人的生产率；当满负荷运转时，按优先等级安排机器人的工作；当SLA受到威胁时，低优先级的工作将排队，直到容量恢复。
- 支持异常处理：支持设置机器人在向服务器发送异常消息之前再次尝试失败的事务。

6．权限管理

机器人管家提供权限管理的功能（如图3-25所示），包括：

- 支持租户权限管理：支持根据项目分配不同权限的多个租户。
- 支持角色管理：支持多种角色定义，并支持对不同角色配置不同权限。

7．机器人流程管理

通过机器人设计器设计完成的自动化流程，可打包成机器人流程包，调试运行之后，可以通过发布应用的方式，发布到机器人管家中统一管理。主要包括机器人流程包版本管理、功能描述管理、输入数据描述管理等，支持对机器

人流程包的上传 / 下载，并将包存储至分布式文件系统。机器人管家可以对机器人流程进行查询、导入、删除、状态变更等流程控制操作。也可以远程控制机器人执行状态，通过机器人管家可以控制当前执行中流程的执行状态，包括控制流程在执行过程中暂停 / 继续执行，终止本次流程执行。

图 3-25　权限管理

8．系统管理

- **日志管理**：日志管理可展示客户端执行日志的信息。在操作栏单击任务，便可查看并下载任务的执行详情。在下载目录中，回放录像，可以看到客户端执行的具体情况，打开日志，后台程序记录的执行信息俨然在册。
- **版本管理**：机器人管家具备良好的版本管理能力。在机器人包版本对比窗口，选择版本进行对比，在版本修改信息栏看到不同版本间的流程节点变更情况。
- **异常警报**：机器人管家进行过程监控可确保机器人的健康和性能，或发出警报。处于良好运行状态的活动机器人会发送恒定的“心跳”到服务器。缺少检测信号或性能不合格的情况会被实时监测，并在发生故障时激活警报。
- **高级统计分析功能**：在报表管理中可以看到任务、执行终端、机器人包等执行成功、失败、调度时间、失败原因、执行频率等多维度统计分析报表。

9. 其他能力

（1）支持系统故障恢复。

故障恢复逻辑可以添加到自动化工作流。根据自动化工作流的逻辑，系统将向用户发送有关进程失败的通知，或者可以等待用户对故障的输入。此外，故障也会在日志中捕获，日志可以指出进程失败的原因。当系统出现故障或异常时，自身监控系统应能自动完成一系列动作，保证系统的正常运行。系统可以监控关键进程的状态，当出现关键进程退出或异常时，监控程序能自动释放该关键进程占用的资源，并重新启动该进程。

（2）支持高可用。

支持建立多个机器人管家节点，可提供水平可伸缩性和高可用性。

（3）机器人操作行为分析。

- **应用分析**：机器人管家提供机器人对应用程序使用情况的统计和分析，以时间轴为序从应用使用层面分析机器人工作情况，有应用耗时的统计，单击后可以查看更详细的信息。
- **行为分析**：机器人管家可以从机器人执行引擎客户端采集数据，在数据看板展示单位时间内的行为频次分析，包括鼠标单击、复制粘贴、关闭页面、页面切换等，基于分析，用户可以发现机器人的操作问题和业务系统、流程设计的复杂度问题。
- **画像分析**：以机器人为核心，通过机器人的操作行为建立画像和标签，通过可视化的方式直观地呈现机器人的行为及轨迹，可以直观地看到机器人的操作类型。
- **效率分析**：通过采集的机器人行为数据，展现机器人的工作效率。包括工作时长、工作时间、高效比、低效比、高效时长、无效时长，支持应用使用的分类展现等。可以查看机器人真正工作的时间和空闲时间，以提升资源利用率，为任务执行节点选择提供参考依据。

（4）组件管理。

对封装一系列操作的组件进行管理，主要包括组件版本管理、功能描述管理、属性描述管理等。支持组件上传 / 下载，并存储至分布式文件系统。

（5）闲时自动化派发。

机器人管家支持自动派发任务给空闲客户端。例如新建一个无人值守任务，并选择“随机分配”到客户端，立即发布后客户端开始下载并运行机器人。

（6）共享变量模块。

为了变量在多个终端共享，账号密码管理安全得以提升，在机器人管家，可以设置共享变量供机器人调用。进入变量管理页面，统一变量；在流程中配置变量名称，终端运行时读取变量，对密码进行解密后填入相应界面元素，这样既可以保证密码安全性，又可以进行统一维护。

3.7.4 机器人执行引擎

1. 机器人执行引擎概述

机器人执行引擎是 AIRPA 的执行者，可以操作业务系统，用来执行机器人设计器设计好的自动化流程，可以根据预先设定好的规则，即机器人流程包，分为有人值守和无人值守两种运行方式，协助或代替人工高效、批量完成预定工作任务。可以使用 AI 或其他 IT 服务。AIRPA 平台可以提供为机器人执行引擎客户端授权的功能，可以在机器人管家为机器人执行引擎授权使用。

2. 能力概述

（1）画中画功能：支持在客户端操作系统中，创建独立环境执行应用，不影响用户的键盘、鼠标等操作。机器人在执行过程中，可以在桌面上以画中画的方式运行，不影响用户在桌面上进行其他操作。

（2）虚拟桌面：支持 vmware、远程桌面或 citrix，支持虚拟桌面客户端等主程序免安装。可以解决 RPA 对虚拟桌面难以准确识别和操作界面元素的难题，实现 RPA 机器人对虚拟桌面环境里的业务系统和软件的自动化处理。

（3）环境诊断：支持对客户端的安装环境进行诊断，判断当前环境中与客户端所需配置要求不符的信息并提供自定义的诊断规则，例如 Windows 版本、浏览器版本、办公软件版本、内存、CPU 等。支持建立环境匹配体系，开发时对环境进行分析，并形成匹配策略集成到应用中发布，运行时自动检测环境并尝试修复，提升流程机器人的环境适应性，进而提升流程执行效率和成功率。

（4）机器人执行：按照机器人管家下发的执行任务，获取相应的机器人流程包、输入参数数据等，调度机器人执行引擎执行任务。能够记录关键执行日志、反馈执行结果给机器人管家、支持失败重试等策略。

（5）非侵入执行：机器人执行时使用非侵入式的技术进行自动化操作，无须改造现有应用系统的服务或接口，也无须修改应用系统的底层代码，可以像人工手动操作应用系统的用户界面的方式来执行。

（6）高可用：机器人具备与各种企业级应用系统和软件集成的能力，机器人执行场景覆盖范围广，并且支持各种 API 的集成。

（7）高灵活性：机器人在执行自动化流程的过程中，可以进行灵活的调整、管理，包括流程机器人的暂停和恢复执行，流程变量的动态更新、展示和上报，任务队列的动态调整、任务队列的并发执行、任务队列的实时拆分等。机器人的实时管理可以在机器人管家上进行。

（8）隐形后台工作：当机器人在后台执行自动化工作流程时，允许用户使用屏幕并执行其他工作。人工和机器人共用一台计算机，数据共享，却互不干扰。

（9）自动解锁、上锁、防止锁屏：机器人执行中的一个流程执行辅助功能，当流程执行开始时，自动解锁功能可以自动解锁当前操作系统；防止锁屏功能，可以防止操作系统自动锁屏和屏保；当流程执行完成后上锁功能可以让操作系统上锁；适用于无人值守的机器人执行。

（10）屏幕变化录屏：支持在机器人运行时录屏，在无人值守的情况下，管理人员便可以通过回放前期运行的整体过程，发现运行过程中出现的问题，以便事后进行查看运行情况以及稽核。在录制过程中对画面相对静止的视频进行压缩，减少视频存储空间。视频查看的方式有两种，一种是录屏保存在安装机器人执行引擎客户端的本地（如图3-26所示），另一种方式是在机器人管家的任务运行日志界面展示，可以查看任务运行的录屏和产生的文本日志。

图3-26　录制视频查看

（11）多元部署方式：机器人的部署方式支持实体机部署和虚拟环境部署两种方式，可根据用户不同办公环境需求，进行部署的调整。

（12）多元触发机制：机器人的触发执行方式包括以下三种方式。

- 人为触发机器人执行，使用人员可以通过手动触发的方式，启动机器人开始执行。
- 条件触发，在机器人执行之前，可以通过事先设定触发条件的方式，判断当条件发生之后，自动触发机器人，机器人可以自动开始执行预设的任务。
- 机器人管家触发，机器人执行支持通过机器人管家的方式触发，在机器人流程上传到机器人管家之后，机器人管家可以定义机器人需要执行任务的时间、频次、执行节点等信息。可以通过任务类型选择全自动化或半自动化的执行方式，来完成有固定规则、标准的、重复琐碎的、大批量的工作任务。选择半自动化的方式执行机器人，可以在机器人运行到需要人工干预的步骤暂停，人工操作结束之后，继续执行。全自动化机器人在整个执行过程中无须人为进行操作，可以7×24小时不间断地执行自动化操作。

（13）机器人并发：AIRPA 平台具备在同一台主机上部署多个机器人同时运行的能力，包括两种方式。

- 通过多个虚拟机的方式，可以在同一台主机上部署多个虚拟机，在每个虚拟机中部署机器人去执行。
- 通过多个用户的方式，高密度机器人以无人值守的方式部署在同一台Windows系统机器下不同的用户中，可同时执行作业。高密度机器人属于部署策略优化功能，将机器人相关的配置和运行环境分离到以用户为单位的容器上，以提供单主机多用户情况下可以多机器人（Engine）并行执行任务的配置策略。

3.7.5 机器人智能服务

1. 机器人智能服务概述

AIRPA 提供机器人智能服务模块，提供 OCR、NLP 等 AI 能力调用（如图 3-27 所示）。支持用户接入第三方 AI 的能力和自研的 AI 能力，也支持用户自主定制开发 AI 组件，可以提供给其他用户下载使用。

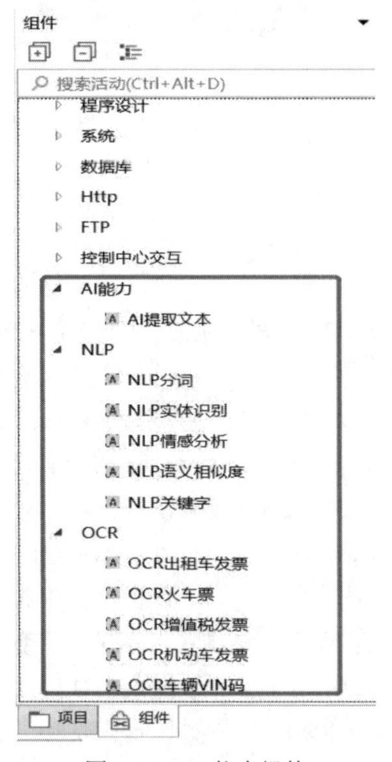

图 3-27　AI 能力组件

2. OCR相关

光学字符识别（OCR）能力适用于远程包括增普票、火车票、身份认证、财税报销、文档电子化等场景，将文字信息转换为图像信息，然后再利用文字识别技术将图像信息转化为可以使用的输入技术，包括但不限于：

- 票据识别：支持发票、出租车票、火车票、客运票等10多种常见票据的识别，并从中提取出核心字段，同时支持混贴票据的识别，自动切分并识别不同类型的票据。票据识别能将财务人员从重复烦琐的财务报销工作中解放出来，从而将精力投入到更高价值的工作中。
- 卡证识别：支持身份证、驾驶证、银行卡、营业执照、信用代码证等20多种常见卡证的识别。卡证识别可应用于企业资质审核及个人资质审核，如银行开户、尽职调查、一网通办、支付绑卡、贷款/征信评估、远程身份认证等场景。
- 印章识别：能够检测合同、票据、卡证、文档上是否加盖过印章，并返回印章位置、颜色、内容，支持圆形章、椭圆形章、方形章等常见印章的识别。常用于合同审批、财务报销、资质审核等场景，提高验证效率，降低财税及商务合同签订过程的业务风险。
- 通用识别：识别常见文档上的文字内容，返回文字识别的结果，可广泛应用于文档电子化、业务稽核、生产质检及自动录入等业务，帮助企业实现降本增效，推进企业数字化升级。
- 手写识别：支持识别手写体文字，并返回识别结果。常用于手写表单电子化，实现对活动签到表、信息登记表、数据统计表等纸质表单内手写文字的识别，满足对纸质表单内信息进行统计整理、数据计算的需求，有效降低人工录入成本，便于登记信息的保存和传输。
- 表格识别：识别并提取图片中的表格文字内容，支持有框线表格识别及无框线表格识别。常用于财税报表识别，通过提取识别银行对账单、资产负债表、损益表等财税场景常用表格内容，快速实现表格内容的电子化，用于财税信息统计、存档及核算，大幅度提升信息录入效率。其次，用于纸质信息登记表识别，如企业内应聘表格的识别，从而大幅度降低人力录入成本，提升信息管理的便捷性。
- 验证码识别：识别数字英文组合的验证码图片，输出验证码信息，常见于系统登录场景。
- 智能文档处理：从各种文档格式中捕捉、提取和处理数据。利用OCR、NLP、机器学习等人工智能技术对相关信息进行分类、归类和提取，支持结构化文档、半结构化文档以及非结构化文档的识别，可适用于红头文件归档、招标公告、员工简历信息录入等场景。

3．NLP 相关

自然语言处理（NLP）能力是为各租户及开发者提供的用于文本分析及挖掘的核心工具，是为支撑 5G 网络下内容处理、安全审计、客服服务、人力资源管理等提供内容分类、实体识别、情感分析、寓意理解等定制个性化解决方案，包括但不限于：

- 文本分类：用计算机对文本（或其他实体）按照一定的分类体系或标准进行自动分类标记，可用于客服质检与监控，自动统计会话中出现频率最多的词，帮助企业分析客户需求。
- 信息提取：从自然语言文本中抽取指定类型的实体、关系、事件等事实信息，并形成结构化数据输出的文本处理技术，换成更方便其识别的形式，以进行后续的研究。一般与OCR技术相结合，可辅助机器人完成非结构文本的提取。
- Chatbot：根据机器人与人之间的交互指令进行自动化操作，常用于智能客服机器人。机器人可以很好地与人进行交互，而RPA则可以根据交互后的指令进行自动化操作，两者的结合促进企业进行更高级的服务升级，在各个业务场景搭建企业独有的智能客服系统，提升客户服务质量为业务增长提供基础支撑。
- 地址解析：识别文本中的地址信息，提取地址中的省、市、区、街道信息并生成标准规范的结构化信息，针对风控领域业务地址缺、漏、错、假等现象，地址解析帮助金融机构建立标准地址库，规避业务风险，降本增效。

3.7.6 任务挖掘

有很多部署了 RPA 的企业，为了深入了解其自身的根本问题，并加以处理和改进，以便于企业更好地经营管理，开始寻求企业级智能自动化的工具及解决方案，流程挖掘（Process Mining）和任务挖掘（Task Mining）应运而生。

在市场调研的过程中，笔者发现大量用户，甚至是生产 RPA 的厂商，对任务挖掘和流程挖掘的见解有很大的混淆，国内市场上也出现了大量宣称自己拥有流程挖掘产品的厂商，而真正部署实施的却是用户桌面级的任务挖掘。这一现象让国内很多企业决策者产生了重大误解。

其实流程挖掘和任务挖掘都是适合企业的解决方案，但它们有不同的功能和应用场景。当然，它们也可以互补应用，进而帮助企业在多个层面上实现企业流程智能化管理和运营。本书将介绍任务挖掘和流程挖掘的定义及两者的区别，本节重点介绍亚信科技在任务挖掘技术方面的感悟。

1．任务挖掘的工作原理

日常工作中有很多组织中围绕劳动力管理的常见痛点，例如生产力低下、能力共享的低效率、远程人员管理和糟糕的员工体验。管理者希望可以识别流程变通和偏差的根本原因，以及识别操作不合规的任务，从而对其进行改进。

任务挖掘（Task Mining）可以通过适当的智能自动化帮助企业解决以上问题，分析自动化和创新对业务的影响，甚至从用户的角度评估 IT（自动化）环境。任务挖掘是一种通过记录用户与各种系统（包括 ERP、CRM、BPM、ECM 等企业解决方案）之间的交互、个人办公应用程序（Microsoft Excel、Outlook 等）以及终端和虚拟环境来发现业务流程的技术。任务挖掘技术侧重于任务，即包含多个步骤的流程或子流程，通常由员工在软件系统上手动执行。它使企业能够通过跟踪用户活动和收集用户交互信息来更好地了解他们如何执行任务，然后应用 AI 来识别具有高度自动化潜力的重复性任务。用户将了解工作是如何完成的以及哪些内容可实现自动化，还可以加速机器人构建。任务挖掘可捕捉用户与任何应用程序的交互，通过借助屏幕截图的方式从用户的角度了解工作的完成过程。它记录必要的数据，例如鼠标移动、单击等，以识别 RPA 机会和自动创建机器人。企业可以通过任务挖掘分析得到的结论来审查它们如何管理运营，识别执行作业时最常见的错误，以及识别可以自动化的任务。

- 了解用户操作：任务挖掘软件记录和分析用户的操作。企业通过任务挖掘工具收集员工与其电脑桌面交互的数据，并分析所有工作是如何完成的。目的是帮助企业丢弃冗余步骤或操作、改善用户体验、统一流程变量以提高效率和发现自动化机会等。
- 用户交互数据：任务挖掘的数据源是用户交互数据（又称桌面数据），这种类型的数据侧重于在单个流程任务中执行的步骤，主要是记录用户与其电脑桌面交互行为，譬如鼠标单击、击键、复制和粘贴以及其他常规操作的UI日志/数据，例如在一个Excel中填写表格、检查以金额为重点的插入数据条目是否正确，或查阅清单。使用的技术包括数据挖掘、模式识别、自然语言处理和光学字符识别等。

任务挖掘会自动将用户在软件系统的操作生成一个流程图，以将流程可视化展示。用户可以通过流程图查看哪些活动花费的时间最长、流程有多少变体，以及哪些变体和操作花费的时间最多。除了生成流程图之外，还可以通过应用程序分析和分析仪表板向用户显示哪些应用程序团队花费的时间最多，以及具备优化潜力的活动。然后，系统会指导用户创建具有自动化建议的机器人流程，这些自动化流程会代替人工进行操作。借助任务挖掘的洞察力和指导性建议，用户可以将重复性任务自动化，投身于更有创造性的工作。

2．任务挖掘的功能

使用任务挖掘的不同用户决定了任务挖掘所具备的功能。以下为使用任务挖掘的用户角色：

- 业务和技术决策者：通过任务挖掘的能力表现和任务的投资回报率来决定是否需要使用该技术。
- 管理员：需要全天候保持系统和数据的流动、供应和安全。租户和环境管理员需要使用管理中心来管理部署的数据策略和环境。通过合适的工具和模板，更好地了解如何在安全的情况下提高组织的生产力。
- 机器人流程开发者：在不编写代码的情况下快速创建自定义业务应用程序，对于高阶开发者来说，还需要基于任务挖掘得出的机器人流程框架进行二次开发和维护。

亚信科技 AIRPA 提供智能流程发现解决方案，能在众多项目中发现更大价值的 RPA 机会，且通过分析员工的日常工作找到最优路线。利用人工智能和机器学习自动分析并整合来自不同用户的多个工作流程记录，使得自动化团队可以捕获、分析、确定在任意部门中运行流程的优先级。任务挖掘的工作原理如图 3-28 所示，找到流程并对其实现自动化。

图 3-28　任务挖掘步骤

任务挖掘功能：

- 数据采集：任务挖掘的抓取、挖掘存在于后台，以静默的方式进行工作，避免影响到用户日常操作，用户同时也能在系统中选择愿意被抓取的应用或时间。安装行为录制器到员工个人电脑，进行无干扰数据采集，可以记录日常办公的CRM、OA、ERP、Excel等系统的界面元素、鼠标键盘等行为数据、事件日志。
- 分析：事件日志清洗，任务挖掘的数据源是记录用户与其电脑桌面交互行为，譬如鼠标单击、击键、复制和粘贴以及其他常规操作的UI日志/数据，使用的技术包括数据挖掘、模式识别、自然语言处理和光学字符识别等，对重复无用或误操作的事件进行清洗。使用流程挖掘算法获取用户的行为轨迹。

- 流程可视化：应用机器学习模型从数据中挖掘频繁的任务模式，识别具有高度自动化潜力的重复性任务，描绘出用户最频繁步骤，从而判断其是否适合自动化。自动化候选流程根据使用频率、流程耗时，筛选出高ROI（投资回报率）的流程。超自动化能力可自动生成PDD（流程定义文档），自动导入到设计器，助力快速构建机器人。
- 识别有自动化潜力的流程：人机协作，数字员工上线，与人工共同作业，进行效能数据采集，数字员工执行情况与人工操作进行对比，包括流程执行时间、准确率、节省的FTE（全职人力工时）。
- RPA流程：将用户操作自动转换成可直接运行的流程机器人，减少开发人员工作量。
- 优化：流程纠错，纠正存在错误率高、使用频率低等流程偏差的节点。流程效能瓶颈点，分析各节点耗时，寻找低效流程，不断修正机器人流程，反复循环。流程改变快速适应，平稳调整，保持有效。

3．AIRPA taskmining 功能介绍

基于以上的设计理念及在实际项目实施中获得的经验，AIRPA 产品的任务挖掘模块功能设计如下：

（1）数据捕获：是一个流程发现工具，可帮助用户深入了解自动化概念，让用户能够通过共享工作详情快速捕获、增强和加速自动化。在流程中心确定潜在的自动化候选项目后，可使用捕获器提供有关特定任务的专业知识，帮助加快自动化流程。将任务捕获器安装在每一个员工桌面上的数据采集工具，数据采集之后可以分析员工的行为，通过可视化数据呈现出每天员工把时间、精力花在什么样的业务上。运行任务捕获器时，工具会自动捕获用户的操作，每单击一次鼠标、每个操作即可截取一个屏幕截图，并自动捕获所需数据，根据收集到的数据构建工作流图表。

工作流图表的构建有两种方式，一种是手动从头开始构建流程图，也就是大概的框架，然后在每个模块分别捕获流程各部分的操作。图表以开始节点开头，后跟序列或决策。图表会引出结束操作。这些序列与箭头连接，以改善流程的可视化。还有一种构建方式开始就通过在执行操作时记录操作，并自动生成全面的工作流图表，包括每个步骤的详细信息。使用捕获器会在用户每次单击鼠标和使用键盘输入时截取屏幕截图，并收集有关流程统计信息，包括执行时间、操作次数、文本输入等数据。

构建图表适用于用户完全了解流程概况，要先创建工作流图表然后使用捕获的操作填充图表，该流程非常复杂且包含分支场景。捕获流程适用于以线性方式逐步自动记录整个流程，该流程简单明了、不包含许多操作或分支场景。捕获器会指示捕获进度，显示已捕获的操作的数量以及在达到操作限制之前的剩余操作数量。在单击“开始”按钮之前，建议用户准备好用于执行该流程的所有相关应用程序，以避免混杂过多的不必要数据。

在录制过程中可以查看操作计数器，用以监控添加到序列的操作数量，还可以查看信息图标，其中提供有关限制的详细信息。用户可以编辑每个屏幕截图并为其添加注释，还可以添加每个步骤的信息。流程文档中所捕获操作的数量会影响应用程序的性能，包括使用图表编辑器、图像编辑器、导出选项以及流程定义文档（PDD）。因此，可捕获的操作数量有限制，但是此限制并不会阻止用户创建包含更多操作的流程，其目的是提供最佳实践指导，以便在使用捕获器时获得最佳体验。

捕获器的优势有数据驱动方法、消除手动录制过程中的确认操作、生成规范化的 RPA 文档和采集策略的灵活修改。捕获器通过弥合 SME 和卓越中心团队两个业务角色组之间的差距，收集加速自动化所需的数据。可以在后台自动捕获每个步骤的详细信息，根据收集到的信息，会生成规范的 PDD 文档和自动化原型。

AIRPA 对于需要捕获的数据，会努力让其处于高安全性级别。默认情况下，捕获器不会在任何云存储中发送捕获到的用户数据，AIRPA 其他产品模块除外。捕获的数据存储在一个存档文件，包含数据 JSON 文件和屏幕截图文件夹。JSON 文件用于存储捕获流程的数据，包括操作标题、说明、图表、指标、有关捕获操作的元数据等，每个操作的元数据仅包含键盘输入的第一个字母，如果用户在捕获过程中键入了密码或其他敏感信息，则只有第一个字母会存储在 JSON 文件中。操作标题和说明以完整字符串的形式存储在另外一个 JSON 文件中，用户必须手动删除在这些空间中捕获的所有敏感数据。除了手动删除之外，还可以通过其他方法避免 PDD 文件中包含捕获的敏感数据，例如在开始捕获流程之前，确保取消选中“捕获设置”页面中用于将键盘输入和文本置于“操作说明”中光标下方的复选框。捕获器还有文件夹作为临时存储空间和备份文件，用于在每次会话后存储屏幕截图。

在捕获数据前期，公司管理员可借助数据收集策略，轻松将录制流程告知用户，并收集用户同意为 Task Mining 项目录制数据的意见。将需要捕获数据的应用程序或网站添加到全局允许所有用户列表的录制列表，查看和管理可捕获用户所执行流程的应用程序列表。客户端应用程序仅记录这些应用程序的数据。在录制的应用程序部分下，通过添加应用程序或网站来创建录制的应用程序列表。其中有两种数据需要维护，允许录制的数据将包含在录制中的应用程序和网站的列表中，拒绝录制的数据是录制时任务捕获将忽略的应用程序和网站列表。

相应的，在客户端用户也可以进行数据采集策略的配置，主要是是否接收的功能。出于AIRPA的隐私策略，系统默认启用“为用户显示同意对话框”选项。在桌面应用程序开始捕获数据之前，系统将向用户显示一个对话框，用以接受或拒绝录制条款与条件。

（2）数据捕获展示：从用户处收集的原始数据需要先经过处理，然后才能更新到用户可见的页面。“仪表板”和“团队”模块中显示的数据指标表示已处理的数据量，而不是原始数据量。如果每位用户的客户端应用程序正在运行且已连接到互联网，则其用户操作信息将每隔一段时间更新一次。此外，每当用户手动暂停或继续执行客户端应用程序时，系统都会更新数据。

在数据捕获结果界面提供的实时数据的图形中可以显示，跟踪用户的项目进度，并随时通知利益相关者。在该页面，项目管理者还可以了解是否已完成项目配置和用户设置，以便开始录制，或者是否未配置某些必须设置。数据捕获结果主要包括以下的字段：

- 记录用户的操作：显示一个通知栏，其中包含总的重新编码时间，以及分为开始分析所需的最小、建议的操作数。
- 团队：监控用户总数及其录制活动。
- 已处理的用户操作：已处理的记录数据所占百分比。
- 数据总量：检查所录信息的总体大小、目标数量，以及是否超出目标数量。
- 总录制时间：用户可以查看总录制时长、设置数量以及是否已超过设置时长。
- 应用程序请求：概述用户请求的应用程序以及对每个应用程序提出的请求数量。

（3）分析结果展示：包括流程图的展示和分析报表的展示，分别从业务操作过程和操作涉及的系统角度进行分析。

分析图表概览为用户提供分析摘要，包括任务、捕获的操作、总捕获时间、用户概况、使用的应用程序总数等字段，让管理者对该任务执行情况有全局的认知。可以查看机器学习模型识别的重复性任务的数量；数据集中所捕获操作（单击、键入等）的数量；录制的时长；日常活动记录所针对的目标用户的数量。

分析得到的流程图可以高效地查看任务，图表中会显示每个步骤的持续时间以及步骤之间的频率计数等详细指标，还能够以百分比的形式查看该步骤在该流程的所有步骤中出现的次数。例如任务名称、用户执行此任务花费的总时间、重复执行此任务的用户数量、数据集中此任务的执行次数、此任务最具代表性的步骤数量、此任务最具代表性的步骤中的操作数量（单击、键入等）、此任务中最具代表性的步骤执行时间、执行此任务时使用的应用程序数量。

查看流程图时，可以调整图表旁的切换开关，将出现次数较少的步骤过滤掉，流程中心随即会更新该流程图以及左侧的步骤列表。丰富的筛选功能，用于对操作步骤进行切片和切块，筛选可通过以下方式完成：最常用路径、操作数量、步骤数量、执行时间、用户、Steps 等选项。针对每个步骤可查看所有操作屏幕截图，包括每次单击或文本输入。

在步骤中，可以查看步骤数、操作数量、执行时间、使用的应用程序等指标，流程图的展示具备重新计算功能，以重新定义任务。如果用户发现任何错误步骤，可以轻松更正，只需选择正确的开始步骤和结束步骤，然后根据需要重新排列中间步骤，中间步骤可作为必需步骤或可选步骤包括在内。机器学习模型将获取用户的输入，并返回到收集的活动数据，查找匹配项，然后重新生成图表和指标。

（4）项目管理：包括新建项目、配置项目设置、邀请用户、删除项目、还原项目等功能，当用户为录制过程中涉及的所有用户创建 AIRPA 自动化云账户并为租户启用 Task Mining 服务后，即可使用该功能，以开始处理新的录制计划。这些计划又称为项目，是流程发现实例，在具有一定数量用户和特定时间范围的有限环境中完成。

（5）团队管理：团队管理模块允许用户邀请租户加入项目的录制计划并管理他们的账户，可以展示用户状态、录制状态等信息，并且针对错误和警示可以进行故障排除。系统会以表格格式分别为每个用户显示录制状态和应用程序活动。包括以下内容：

- 状态：用户的录制状态。包括已邀请状态，已发出邀请但尚未接受邀请的用户；正在录制状态，已为其打开客户端应用程序并捕获数据的用户；已停止状态，尚未启动或已停止捕获过程的用户；错误状态，捕获过程已登记错误且无法继续的用户；等待处理状态，未接受录制同意的新手用户；已停止未同意状态，已拒绝同意录制的用户。
- 详细信息：提供有关当前用户状态的信息。其中可以指明错误、警示、暂停实例或同意状态。
- 上次活动：用户的客户端应用程序上次处于活动状态的时间。
- 录制时间：用户的客户端应用程序打开并进行录制的总时间。

- 捕获的数据：用户捕获的数据总量。
- 准备进行分析：已成功存档并准备进行分析的已捕获数据所占百分比。显示为已处理操作/已捕获数据的百分比。
- 已上传：已处理/已上传到 AI Center 的数据所占的百分比。应始终与“准备进行分析”匹配。

（6）结果导出：识别重复性任务和代表性追踪后，可以使用以下两个导出选项之一——流程定义文档（PDD），一个详细的 Word 文档，包含以屏幕截图记录的每个步骤和操作；导出到 Studio，一个可以在 AIRPA Studio 中打开的框架工作流，让用户可以继续设计并实施自动化。

4. 任务挖掘的特点

任务挖掘使组织能够跟踪单个的、经常被忽视的任务的 KPI。通过分析用户交互数据，企业可以跟踪任务生产力并做出以数据为依据的流程改进决策，同时确保合规性得到提高。借助任务挖掘的强大功能和洞察力，组织还可以比以往更轻松地发现 RPA 自动化机会。轻松识别手动、重复和容易出错的任务，为自动化奠定理想的基础。

（1）低干扰、超直观挖掘：通过任务挖掘，用户可以集中管理流程捕捉、邀请并管理用户、规划并运行项目，以及查看员工项目相关统计信息。其直观易用的桌面应用让用户能够安全地捕捉并汇总员工的详细工作流程数据，包括步骤和执行时间，且无须中断员工工作。

（2）人工智能助力的数据驱动型方法：分析器利用先进的机器学习模型识别可以实现自动化的常见任务模式和重复性活动，并获取每一个流程的详细指标（花费的时间、应用使用情况、执行时间等）。AIRPA 人工智能平台的无缝集成系统可以提供自助分析功能和模型管理经验。

（3）直观展示工作如何完成：强大的可视化工具可以自动构建一个汇总所有轨迹的流程图。确定最常见的路径和变化，并深入分析每一个轨迹，包括流程回放。灵活地重新计算机器学习模型，以微调发现的流程并调整流程步骤。

（4）使用超自动化将自动化流程队列转化为 RPA 收益：利用 AIRPA 端到端 RPA 平台的全集成优势，一键导出到流程定义文档（PDD）或开发工具中，以快速构建机器人并实现自动化。

（5）保护数据安全和隐私：AIRPA 确保用户所有自动化项目的相关数据受到妥善保护。任务挖掘仅捕捉许可的应用，数据上载和传输均予以加密，而隐私政策可以确保决策合规。

任务挖掘分析的结果是对用户执行的一系列操作步骤及其变体的描述，但基于目前国内的现状，任务挖掘的部署难度较大，数据只能小范围采集，只能为部署 RPA（机器人流程自动化）提供方向。虽然任务挖掘具备上述的很多优势特性，但还是存在以下的限制：任务挖掘记录用户与系统之间的互动，但无法了解系统内发生的情况。任务挖掘需要通过客户端上的代理来记录用户操作。任务挖掘是流程挖掘的补充方法，可以给企业带来的价值有限。在数字化前提下，越来越多、越来越详细的事件日志被记录，企业需要快速改善获得更好的业务流程来支撑全球化经济的激烈竞争和变化，成为了流程挖掘的天然培养基。因此 AIRPA 产品推出了 Process Mining 流程挖掘产品。

3.7.7 流程挖掘

流程挖掘（Process Mining）是一种新兴的跨数据挖掘、机器学习、过程建模与分析等领域的综合学科。流程挖掘的核心原理是使用企业 IT 系统中产生的海量的事件日志作为数据源，这些数据包含有关执行的活动、案例和时间戳等信息。流程挖掘解决方案从各种 IT 系统（如 ERP、CRM、供应链管理等）获取日志，从事件日志中采集到的数据挖掘业务流程，并帮助企业近乎实时地监控和分析流程，揭露流程运行中可能存在的问题隐患，持续优化运营。流程挖掘在数据挖掘和业务流程管理之间搭建了一个重要的桥梁，推动了新型智能技术的发展。

流程挖掘被提出的背景是，每个企业时时刻刻都有大量流程在进行，产生海量的数据。一个只有几十个步骤的生产流程，在真实场景下，会有多达上千种的变体，这其中某些步骤可能重复上百次却不为人知。传统的流程改善模式是由专业的咨询人士进行问谈、调查、预测建模，这种方式不仅耗时久，而且成本高，准确度低。而流程挖掘系统能够实时收集所有流程的过程，将其可视化，并展示最优解，帮助客户理解最高频流程，发现瓶颈所在。本质上，流程挖掘并不是解决问题的手段，而是发现问题的方法。

流程挖掘建立在流程模型驱动方法和数据挖掘（Data Mining）的基础上，然而也不仅仅是现有方法的合并。大型企业目前在数据采集、数据存储、可视化方面已经具备成熟可用产品，流程挖掘的厂商在往流程返现涉及的挖掘算法、可视化涉及的流程展示层面进行技术突破，从而打通流程挖掘各大基础模块，使之具备落地和实施能力。在接下来的几年中，流程挖掘将演变为基于 AI 的流程优化领域。

1．流程挖掘的源起

早在 19 世纪，就有许多研究人员致力于标准化和改进业务制造流程，试图以简单的方式解释所有流程事件，即流程的变化过程，从而简化流程，节省人的时间和精力。1999年，荷兰埃因霍芬理工大学开始做流程挖掘相关的研究。数字化业务的发展，本质上是业务流程管理领域和数据挖掘领域的一次碰撞，目的是通过数据挖掘的方法去解决一些流程管理方面的难题，即消除业务流程的低效率。

2000年，首个流程挖掘算法Alpha Miner问世，该算法以日志为输入，通过统计方法挖掘活动关系，进而构造一个Petri网模型。虽然算法本身有很多局限，例如挖掘能力有限，无法处理短循环、不可见任务等，但是对了解挖掘算法的基本原理是一个很好的开端。随后几年又相继提出了针对Alpha算法改进的启发式流程挖掘方法、决策挖掘算法、组织挖掘算法、归纳式挖掘算法等。除了从日志中挖掘模型之外，流程挖掘模块还包括合规性检查、模型增强、预测性监控等，这些功能所对应的技术也在不断更新和演进。

2009年，IEEE成立流程挖掘工作组，是国际首个流程挖掘的学术社区。两年后，为了推动流程挖掘的研究、发展、教育、实施、优化、与认知度，这个工作组发布《流程挖掘宣言》（*Process Mining Manifesto*），提出一系列的指导原则，并列出重要挑战。它指出“流程挖掘技术能够从当今信息系统中常见的事件日志中提取知识。这些技术提供了在各种应用领域发现、监控和改进流程的新方法。”

除了学术界的探讨，早在2007年，流程挖掘就在商业领域崭露头角，出现首个商业公司Futura PI，该公司定位是流程智能的软件，归类于BI。2009年还成立了几家知名的流程挖掘企业，例如Fluxicon、Process Gold，其中Process Gold在2019年被RPA巨头UiPath收购，是第一家被收购的流程挖掘公司。2011年，流程挖掘巨头Celonis在德国成立，该公司产品集数据抽取、流程可视化分析与洞察、运营管理于一体，目前Celonis是流程挖掘领域国际公认的领导者。2018年，Celonis成为德国独角兽企业，同时市场上出现了超过了25家流程挖掘企业，例如，Minit、PAF、LANA、Nvenio、Signavio等知名企业。但这些流程挖掘企业先后都被微软、IBM、SAP等科技巨头收购了。2021年，Celonis估值达到110亿美元，同年，被誉为“流程挖掘之父”的Wil van der Aalst教授加入Celonis担任首席科学家，实现最强流程挖掘理论研究者和最强流程挖掘企业实践者的结合，这对整个行业和学术的发展起到了非常重要的推动和里程碑式的作用。

2．流程挖掘的功能

流程挖掘通过对工作流运行产生的日志进行分析，重现业务流程的真实过程，利用这些知识对工作流进行分析和优化等。流程挖掘的终极目标是实现从流程产生的数据中挖掘有价值的洞察并产生价值的决策和流程优化，识别低效率并为流程的改进提供见解。技术概念原理如下：

（1）流程发现：流程发现的目的是在不使用任何预设信息的情况下便可记录事件日志并转化为流程模型，自动化提供更快、成本更低的解决方案。以便企业用户需要检查它们的流程并有效地使用自动化工具，因为用户可以确切地知道自动化哪些流程可以产生更好的结果。目前有很多针对流程挖掘的算法研究绝大部分都是针对流程发现围绕展开的，以下列举几个典型流程发现算法：

- Alpha算法：第一个能够充分处理并发性的流程发现算法。首先以事件日志为输入，Alpha算法抽象出事件日志中发生活动之间的伴随、因果、并行、无关四种基本关系；然后根据基本关系的类型，生成直接跟随活动关系图；最后转化为相应的流程模型。虽然Alpha算法难以应用于实践之中，但它为这个问题的研究思路提供了一个良好的开端，为后续流程发现技术奠定了基础。
- 启发式挖掘：使用类似于因果网的表示方法，在构建流程模型时考虑到了活动和直接跟随活动关系的频率，并且引入了噪声处理机制。首先根据事件日志中的直接跟随活动关系建立直接跟随活动关系频次表，引入依赖度量公式计算活动间的依赖度量值；其次根据设置阈值过滤低频次的直接跟随活动关系，生成依赖度量表；最后根据直接跟随关系频次表和依赖度量表生成依赖图，并转化为流程模型。
- 遗传过程挖掘：一种模仿生物系统中自然进化过程的搜索技术，试图在搜索空间中通过选择、突变、组合等方式，找到一个解决方案。首先随机产生一组初始种群，利用适应值函数计算个体的质量；然后对质量优良的个体做杂交变异操作形成新一代种群；重复这一过程，直到满足终止条件。这类方法不是确定性的，而是依靠随机化来寻找新的替代方案。
- 基于区域的挖掘：从一个变迁系统中构建一个Petri网。基于语言区域的挖掘方法可以从一个前缀封闭的语言中构建Petri网，根据事件日志中建模的代数约束来确定允许在事件日志中观察到的行为位置。
- 归纳式挖掘：适用于流程树，确保了构建流程的合理性。首先根据事件日志中的直接跟随活动关系构建直接跟随活动关系图；其次定义选择、顺序、并发、循环四种切分运算符，将生成的直接跟随活动关系图进行递归划分，得到一组流程树语言，从而构建块结构类型的流程树；最后再将其转化为Petri网等流程模型。由于其灵活性、形式化和可扩展性，它被认为是目前最先进的流程发现方法之一。

（2）一致性检查：检验流程模型与事件日志之间的合规性，对两者之间的一致性程度做出度量，并且发现两者之间不一致的地方，进而对模型进行优化。主要聚焦于事件日志与流程模型的对比，包含旧日志与新模型、旧日志与旧模型、新日志与新模型、新日志与旧模型之间的合规性检查问题。一致性检查可用于流程偏差及严重程度的测度，量化了流程偏差。因此，一致性检查可用于BPM生命周期中的流程诊断，从而为重新设计真实流程模型提供定量支撑。

（3）流程改进/优化：公司可以使用流程挖掘来更快、更准确地分析流程，借助实际流程记录的事件日志和理想模型之间的差距，从中得到知识和信息来扩展或改进现有流程。流程改进包含修复与扩展两种类型。修复的对象主要是流程模型，使其可以更好地表征业务现实；而扩展则将组织视角、案例视角、时间视角等新视角与流程模型（控制流视角）进行关联，从而对业务流程进行全面诊断分析。模型修复有助于BPM生命周期中的真实流程模型再设计；模型扩展则有助于从不同视角对业务流程进行诊断进而挖掘流程中存在的问题，对应BPM生命周期中的流程诊断、需求发现及流程调节等阶段。模型修复与模型扩展的最终目的都是为了改进目标业务流程。公司可以利用它们的时间来采取潜在的行动，而不是浪费时间在理解流程上。

（4）流程协调：公司可以使用流程挖掘来有效地协调不同的流程。流程挖掘工具的洞察力有助于快速实现计划中的协同效应。例如，诺基亚调整其购买到付款和订单到现金的流程，以实现顺畅的客户体验。通过挖掘其流程，诺基亚获得了如何结合这些流程的必要知识。

（5）流程模拟：公司可以通过使用从事件日志中获得的数据挖掘其流程来做出未来的预测。它们的预测分析可用于通知利益相关者和客户。例如，客户可以收到关于何时处理他的贷款申请的准确估计。

（6）组织挖掘：流程日志可以识别组织关系、绩效差距和最佳实践。但是几乎所有流程都包含人为因素，流程数据可用于理解和改进流程的人为因素。

流程挖掘目标是通过只考虑组织的操作生成的业务流程记录，自动生成准确描述事件日志内容的流程模型。有四个质量指标来衡量流程挖掘性能的好坏，各个指标具体解释如下，各个指标之间是相互依存、相互制约的关系，过于追求其中一个指标，会使其他指标性能受损。

- 重放适应性：重放适应性量化了所发现的模型能够准确地再现日志中记录的案例的程度。保证了完美重放适应性的典型算法是基于区域的流程挖掘方法和多相挖掘算法。但是过于追求重放适应性不能保障结果最优。
- 简单度：流程模型的复杂性由简单性维度来捕获。流程发现算法通常会导致类似意大利面条的复杂流程模型，这是一种非常难以阅读的进程模型。但是过于追求简单会导致低重放适应性与精确度。

- 精确度：精确度量化了在事件日志中看不到，却被模型允许存在的行为的比例。低精确度可以理解为与事件日志是低拟合的。它与重放适应性是站在两个角度看模型和事件日志的一致性情况。
- 泛化度：泛化度评估产生的模型在多大程度上能够再现流程的未来行为。从这个意义上说，泛化也可以看作是对精度的信心的一种度量。例如，考虑一个非常精确的模型，它将日志中的每个案例都捕获并转化为模型中的单独路径。如果有许多可能的路径，那么下一案例进行适配的时候就可能发生不适合的情况。

流程挖掘存在的局限性有：仅适用于产生记录的系统；旧版应用程序和虚拟桌面环境超出流程挖掘解决方案的覆盖范围；无法获取用户与系统互动的详细信息。

3．流程挖掘与 RPA 相结合

全球著名咨询调查机构 Gartner 发布的《2022 年 12 大技术趋势》报告中，超自动化作为其中的一项技术，已连续 3 年入选技术趋势报告，成为入选次数最多的技术之一。充分说明超自动化在全球数字化转型浪潮中继续担任重要角色，以及超自动化市场将保持高速增长趋势。而超自动化既是一种思维方式也是一种技术合集，主要包括：RPA、低代码开发平台、流程挖掘、AI 等创新技术。企业可以利用流程挖掘来支持数字化转型，从基于客观事实数据的流程中，获得必要的信息，从而做出决策，再配合 RPA 等工具，积极地进行业务转型。

超自动化是近几年数字化转型的一大趋势，其核心围绕 RPA 展开，运用多种智能化手段，帮助组织提升运营效率和节省时间，为企业实现全流程的自动化赋能。RPA 为企业流程自动化提供了支持，但在实施的道路上，却遇到了重咨询、重交付、难以规模复制等难题。在业务流程精益化、全自动化的探索上，“流程挖掘”这一新兴技术让市场看见了曙光。

流程挖掘能够确定流程中最耗时和效率最低的步骤，并将其传递给软件机器人。随着机器人运行，可以看到其性能如何影响运行流程，以及可以利用哪些自动化进一步从而提高流程效率。通过流程挖掘，可以确定流程的最佳路径，并且该自动化技术可在流程改变时快速适应并保持有效。流程挖掘建立在与企业战略有关的全流程分析洞察上，弥合了任务分析数据和真实可自动化机会之间的差距。

总体而言，流程挖掘和 RPA 的关系为：互补关系，流程挖掘通过获取信息系统中的事件日志以扫描和诊断业务流程，识别RPA自动化机会点；而RPA则对侦测定位到的流程路径或节点实现自动化。提供支持，流程挖掘为部署RPA提供改善流程所需的完整环境和端到端视角，并确保自动化流程能够带来成果。提升质量，流程挖掘可识别出业务流程中最有价值、最需要改进的环节，通过量化识别出的自动化机会点的收益，来帮助RPA排定优先级，大大提高自动化效益。提供监测，流程挖掘可与自动化评估相结合，持续监测RPA的自动化效率、流程合规性、其他KPI和投资回报率。

人工智能和RPA的发展极大地促进了对流程挖掘工具的需求，流程挖掘可以看作是机器学习的一种形式，因为它从ERP或CRM等应用程序中提取事件日志，并学习分析流程模型，再通过RPA和低代码工具对发现的存在于现有工作流程中的问题进行改造，以创建新的自动化模板或机器人。

流程挖掘可以为RPA自动化实施带来巨大的优势。在业务流程中，机器人需要处理的变化或者异常越多，实施RPA的成本就越高。而流程挖掘可以查看全流程中所有存在的异常情况，及时反馈哪些流程会导致延误、潜在危险和漏洞，帮助企业在部署RPA前发现瓶颈，改进流程，使RPA实施更加顺利。流程挖掘还可以便捷高效地识别更多的自动化节点，帮助持续维护和发展RPA自动化，特别是能使更复杂和更广泛的流程实现自动化。

企业可通过将RPA与流程挖掘相结合，优化流程，提高业务自动化效率，保证较高的投资回报率。部分企业决策者认为市面上已有的数据挖掘工具就可以解决部分流程问题，但从实施效果上来看并不如此。企业可能在一些不必要的流程上耗费大量时间和资源，而通过流程挖掘工具能在一定程度上避免这种“错误”。流程挖掘虽不能依靠结果数据升维，成为信息化系统流程管理的终极解决办法，但在流程发现和流程优化上是目前最佳的技术手段之一。

4．AIRPA Process Mining功能

亚信科技主张将流程挖掘与任务挖掘相结合，流程挖掘利用企业应用程序中的事件数据，而任务挖掘允许准确地查看每个员工在流程中执行的活动。关键技术有：挖掘算法，面向业务流程挖掘，可根据已有日志信息，挖掘现有业务流程，包含逻辑顺序关系、流程时间线。流程展示，可以通过DFG图的方式展示挖掘结果。

所有的流程挖掘技术都可以按顺序记录的事件为基础，每个事件指代一个活动，并与特定的业务场景相关联，将任何事件日志中的附加信息汇总后，形成实际流程的“流程图”形式的可视信息，向业务领导人展现流程绩效（KPI）以及流程的合规性，辅助决策。

3.7.8 自动化云

在传统的 RPA 机器人应用中，编辑器通常是私有化部署安装，开发人员利用编辑器进行流程开发，交给业务部门学习和应用，软件机器人（形态一般为程序）在本地进行共享和管理。

而 RPA 云化后，程序从编辑、管理、运行、分发全流程，都在云上进行。用户随时随处可用，免除安装和运维的工作。对于移动化和跨平台办公场景较多的企业而言，软件机器人能够实现的应用深度将大大提高。云化 RPA 能够大大降低用户的学习成本，以后，若客户真正实现按量计费，这将会对 RPA 的商业落地助力不少。

1．什么是 RPAaaS

RPAaaS（RPA as a Service），是一种 RPA 云服务模式，通过提供云端 RPA 机器人服务，为不同规模的企业量身定制解决方案，从而降低 RPA 的使用门槛。RPAaaS 可以看作是一套解决方案、一种服务理念、一个行业标准。云端的 RPAaaS 部署及维护成本较低，成果转化快，因此大大降低了 RPA 的使用门槛。企业无须在电脑上下载安装客户端，只要登录云端的 RPA 服务平台，即可订阅使用。

RPAaaS 可以看作是 RPA 的 SaaS 化，因此 SaaS 所具备的优点它都具备。但从部署与实施角度而言，RPAaaS 是一种更简单的方法。使用它的组织，无须投资昂贵的基础设施、前期许可成本和大规模实施的高额咨询成本，就能获得自动化能力。RPAaaS 能够帮助组织通过按需机器人加速 RPA 部署，并将 RPA 与支持人工智能的技术集成以推动业务转型。

RPAaaS 相比本地部署或私有云 RPA，有以下优势：

- 快速上线自动化：由于无须设置和配置软件，无须配置硬件或网络资源，可以在数小时内创建机器人和自动化流程，部署时间更快，不需要数天或数周。
- 成本可预测：RPAaaS基于每月（或每年）订阅，这意味着用户能够全程了解费用情况，并能够做到预算控制。可以预测的成本，对于企业的数字化建设费用是必要的。
- 无须资本投资：RPAaaS由服务商提供服务器托管，因此用户无须支付额外的硬件或软件基础设施成本，无须为新技术投资，不用许可证或托管费用，也不用耽误工期的烦琐采购流程，更不用聘请技术专家来编程和维护机器人。
- 合作方式更灵活：出于某些因素，如果用户想要更换新的RPAaaS服务商，中间不需要像传统RPA部署那样走各种流程，可以更快速、轻松地与当前厂商结束合作，也不会产生技术债务。

- 获得知识库支持：大多数组织转向外包解决方案的主要原因之一，是能够访问快速发展的厂商知识库。这些知识库，可以让组织无须大量研究就能解决运营问题。此外，用户还可以访问各种供应商提供的工具来改进流程。
- 员工愉悦指数更高：RPA机器人可以替代人力处理枯燥和重复的工作，员工就可以解放出来从事创造力、直觉、沟通和判断等更高价值的工作。释放劳动力是传统RPA与RPAaaS都能做到的，区别在于，RPAaaS的应用更加简单直接，企业员工可以更容易地应用RPA。

是否使用RPAaaS取决于企业当前的资源、RPA经验、时间、目标和风险承受能力，以及企业对资本支出（CAPEX）与经营支出（OPEX）的偏好。如果企业有下列情形之一，RPAaaS可能是一个很好的选择：

- 预算或可用资源有限。
- 缺乏内部RPA专家。
- 需要快速实现RPA。
- 在投入更多前，希望测试RPA。
- 希望快速扩展RPA计划。

2．RPAaaS面临的挑战

万事皆有两面性，RPAaaS亦不例外。具备诸多优点的RPAaaS，同样也存在一些挑战。这些挑战，主要来自数据隐私和云安全。

在数据隐私方面，企业想要通过RPAaaS最大化改造业务流程，必然会涉及业务、员工和客户数据公开给第三方，甚至第三方可以根据需要查看与编辑数据。一些厂商会通过ISO 27001或SOC 2证书来背书其对法规的遵守情况，但涉及核心业务的诸如GDPR、CCPA等数据，用户仍然会心存芥蒂。

即便有同态加密等技术用以保护数据，很多客户还会疑虑核心数据上云的安全性。这种情况，会阻碍RPAaaS的快速推广。

在云安全方面，新冠肺炎疫情、经济下行等原因加速了各组织对云计算的依赖，尤其是广大中小企业对RPAaaS的依赖。但规模再大、设施再先进的云基础设施，也阻挡不住断电、入侵等因素导致的停机问题，前段时间亚马逊云的安全问题就说明了这一点。

相关报告显示，2020年全球25%的企业，因服务器停机所造成的平均损失在每小时30万～40万美元。云停机会中断在云上执行的所有流程，并且没有RPAaaS提供商可以保证他们的解决方案不会停机。

数据隐私与安全是云计算服务所面临的辩证性难题，也是各种软件上云以后所遇到的共性问题。企业采用云上的 RPAaaS 服务，与采用传统的线下部署 RPA 存在很多差别。从使用传统 RPA 到引入 RPAaaS，要求用户的使用习惯也需从传统软件思维转变到云计算思维。

从业务挑战角度而言，解决用户疑虑最好的办法是多云部署与更多元的容灾方案。而这样的解决方案，无疑增加了 RPA 厂商的技术与产品难度。

3．RPAaaS 利好中小企业

现在企业运营是离不开信息化的，即便再传统再小微的企业，也需要营销、财务、工资结算等基础运营。

实际上，越小的组织越能彰显人力的重要性。很多企业效率不高、成本过高的一个主要原因，在于一定数量的员工没能做出相应的业绩。而大多业务流程存在的情况是，本就是十来人的组织还要分出几人去做大量重复的工作，显然这是人力资源的浪费。

破解之道则在于如何让十个人做十几个人的业务。显然，用自动化去做重复的工作，让人力去做机器做不到的工作就非常有必要。因此，“人 +RPA”的协同工作方式非常值得推荐。

用 RPA 优化业务流程的必要性也是事实，剩下的是采用什么方式的 RPA。从上文所列优势就能看出来，RPAaaS 更适合中小企业。它无须获得软件许可，也不用采购相应的硬件，企业能够以最低的成本快速实现业务流程自动化。

不同于大型数字化转型方案，以 RPA 优化流程业务自动化，往往会有立竿见影的效果，对于企业的短期增效降本尤为显著，甚至能够将企业从生死边缘拉回来。

其实很多中小型企业在数字化转型方面并不需要考虑长期的战略层面，它们只需要做到快速的增效降本，这个时候 RPAaaS 便是最好的选择。即便后面有战略型的数字化解决方案，在业务流程优化方面仍然需要 RPA 之类的工具介入，RPA 也不会对整体数字化政略造成影响。

RPAaaS 进一步帮助中小型企业在增效降本方面实现了“所想及所得”，更多的中小型企业能够以更简单的方式使用 RPA，也就能够加速“RPA 人人可用”时代的到来。

与本地部署 RPA 相比，RPAaaS 更为灵活，部署快、风险低、投入少。对企业（尤其是中小企业）而言，无须获取软件许可，通过订阅服务模式，可避免多次采购，快速实现投资回报（ROI）。云端的 RPAaaS 服务不仅能提供创新的解决方案，转变员工工作方式，而且部署及维护成本较低，成果转化快，员工调用起来也更加便捷。

尽管 RPAaaS 在中小企业中更为常见，但大型企业有时也会选择用 RPAaaS。而对于那些希望通过长期部署 RPA 实现大量流程自动化的企业，如果有足够的 IT 支持，本地部署 RPA 可能是更好的选择。

RPAaaS 面临的挑战主要集中在数据安全问题上。企业应用 RPAaaS，意味着第三方可以查看和编辑实现自动化过程中所需的一些数据。不少企业可能会因此担心核心数据上云的安全性。实际上，RPAaaS 提供商也要受数据隐私法规约束，满足合规要求。为了给客户提供安全可靠的服务，一些服务提供商还通过了 ISO 27001、SOC 2 等认证，以证明在信息安全管理领域的资质能力。仍不放心的企业，还可以利用同态加密等技术，为云上的数据安全加上“保护锁”。

此外，基于云的服务通常会遇到采用和宕机问题，RPAaaS 也不例外。新冠肺炎疫情加速了云计算的发展，但许多企业尚未采用云计算，仍依赖本地环境存储和处理数据。这也不利于 RPAaaS 的快速推广。云宕机会中断在云上执行的所有流程，任何 RPAaaS 提供商都无法保证其解决方案不会宕机。但它们会采取预防措施，保障流程自动化顺利进行。因此，选择合适的 RPAaaS 提供商非常重要。因为它们遵守法规、保证数据隐私，并且能够解决 RPA 和云的问题。

4．AIRPA 上云

亚信科技 AIRPA 上云的好处有：

（1）AIRPA 上云后变成了 SaaS 平台，进一步催生了 RPA 商城的诞生。在 RPA 商城，开发者将 RPA 机器人、插件、模板发布到市场，RPA 的商业伙伴以及企业用户可以下载应用。借助应用商店，AIRPA 快速获得了行业企业用户的喜爱，获得了众多的企业公有云用户。

（2）方便用户应用。目前 RPA 的市场推广大多走的是专有云或私有化部署，多是定制化开发，此方式传播力相对薄弱且耗时长。而 AIRPA 的公有云部署机器人，有效利用互联网营销在云市场展现出了极强的活力，在公共云市场上走出了另外一条道路，使各种规模的企业以比以往更快的速度扩展数字化劳动力。

AIRPA 通过挖掘通用化场景，将 RPA 机器人 SaaS 化，将执行器、控制台部署在公共服务器上，让企业在网上即可购买服务，直接下载安装即可使用体验，同时还能享用公共、有云带来的强大计算能力，从而省去了因私有云部署所带来的前期烦琐的谈判、沟通、签约、部署实施最终见效的麻烦。

（3）可以利用公有云的大量技术资源。AIRPA 迁移到云端，以降低底层硬件的成本，并带来敏捷性。同时创建一个生态系统，除了自有的 AI 能力之外，还可以利用云服务提供商提供的人工智能和机器学习（AI / ML）技能。

上云既能节省资源成本，能让 AIRPA 产品在各个领域迅速落地，又有益于产品的快速迭代与完善，为企业节省 IT 资源的投入以及免于技术团队搭建，按需订阅的方式也能满足企业的弹性需求。

借助企业自建的自动化云，AIRPA 提供了一个新的部署方案，确保快速实现自动化、方便扩展、高可用性，并降低 IT 基础设施需求，同时提供企业级支持。SaaS 模式是对 AIRPA 现有的本地、私有、公共云部署方案的有效补充。与此同时，AIRPA 让流程自动化能力与国产操作系统充分融合，从内核开始提供原生支持，流程执行性能更好也更稳定，与国产办公软件完全兼容。

AIRPA 自动化云为各种组织的 RPA 之旅提供了快速起步按钮。对各种规模的公司来说，在自己的运营中实施自动化并安全地进行管理都变得非常简单，而且无须承担 IT 基础设施带来的麻烦和额外成本。对于想要集中投资在建设自动化而非基础设施上的企业来说，这是一个理想的解决方案。使用自动化云，组织可以通过快速起步为一部分流程实现自动化，之后再按需迅速扩展至数百个流程，而无须任何额外的 IT 或资源支持。

某企业高层领导评论道：“在为公司内部引入并开始建立一个智能自动化实践方案这件事上，AIRPA 自动化云表现非凡，我们为必要的基础设施安装和配置投入了一周到两周的预算，而它在一天之内就完成了。AIRPA 自动化云不仅符合我们更关注云的目标，而且给了我们信心，从而在整个组织中快速建立、实施和部署有意义的自动化。”

第4章 RPA 卓越中心的构建

智能自动化（Intelligent Automation），或者更具体来说机器人流程自动化（Robotic Process Automation，RPA）正在成为自动化的最前沿领域，并已经在企业及机构的各个部门内开始改变现有业务流程以及所提供的服务。RPA 中国在 2021 年 12 月发布的《中国 RPA 行业发展洞察报告》（以下简称《报告》）中指出，在 2021 年已在使用 RPA 技术的企业与机构中，“大部分实践先行者将在 2022 年尝试应用拓展，大部分实践跟随者在 2022 年也将通过 POC 而正式投入应用”。这其中愿意加大对 RPA 技术的投入的企业占比达到 76.1%；在这些企业当中，“约半数企业愿意在 2022 年增加 30% ～ 35% 的预算投入，约 10% 的企业愿意增加 50% 以上的预算投入”。基于此，RPA 中国预测“2023 年中国 RPA 的市场增速将得到突破性增长，至 2024 年中国 RPA 市场规模将达到 81.8 亿元”。

然而，随着对 RPA 技术的追捧与广泛尝试，企业也意识到 RPA 技术的成功落地，尤其是体系化规模化的应用势必也会带来一系列挑战。据 RPA 中国《报告》指出，在 2021 年已应用 RPA 技术的企业及机构中，75.1% 的受访者仍处在“尝试与探索”阶段，或者在“小部分范围应用”的阶段；有 17.9% 的受访者在做“规模化的探索”，而仅有 4.5% 的受访者已经在进行“规模化推进”。那些自动化旅程的实践先行者已经认识到 RPA 技术的引用不是一蹴而就的，实际上比起把它当作一个单独的业务解决方案来看待，不如把它视作企业更宏大的自动化策略的一部分来对待，这样反而能起到更好的效果。大部分企业也逐渐意识到这点，并开始计划建立 RPA 卓越中心（Centre of Excellence，CoE），以驱动体系化的 RPA 能力建设，并全面应对 RPA 技术可能带来的企业层面的影响，并从中取得最大的业务成果。

那么到底什么样的企业需要卓越中心呢？机器人流程自动化卓越中心听起来可能更适合一个大型的企业，但其实不论企业规模大小，都可以从卓越中心的框架中获益。在大型公司当中，一个常见的挑战是如何克服复杂环境以及已存在的自动化孤岛。卓越中心可以把各关系方连接起来，助于识别自动化机会和优先顺序，并通过标准化、规范化的框架避免在向公司不同部门扩展RPA技术时的重复用工；另外，在小型公司中人们会更重视未来的持续增长。盲目的自动化策略并忽视最佳实践的实施可能在你只有几个关键流程需要自动化时候看起来没有什么问题，但是一定会在接下来的自动化过程中产生更多问题并极大地推迟进度，甚至影响到自动化的整体收益和投资回报率（Return on Investment，ROI）。

本章将介绍RPA卓越中心的基本内容，从而帮助企业的决策者了解卓越中心，也会介绍卓越中心的关键工作流程和搭建思路供卓越中心的人员参考。

4.1 RPA 卓越中心的基本概念

一个企业要想顺利实施RPA项目，为企业后续RPA项目的部署打下良好基础，关键推动因素之一，是要建立一个结构良好、人员配置完善的RPA卓越中心。那么什么是RPA卓越中心，RPA卓越中心的价值有哪些呢？

4.1.1 什么是RPA卓越中心

RPA卓越中心（Centre of Excellence，COE）是RPA技术实施的总指挥所，负责企业RPA项目的总体治理。其本质上是企业为了建立RPA这一技术能力而设立的一个跨部门的组织。RPA卓越中心组织的职能主要归纳为以下方面：

- 总体治理：RPA卓越中心是一个中心式的治理组织结构，它可以提供RPA实施所需的专业技术、知识、资源、合作方式，以及管理框架等，并协调各方有效推动高层的自动化策略或者数字化转型计划。可以说RPA卓越中心是一个集中了RPA技术成功部署所需的全部人才、流程、技能、知识的专项小队。
- 运营组织：RPA卓越中心可以看成是一个组织部门，它可以提供一系列与RPA技术相关的服务。但是RPA卓越中心的重心并非执行RPA技术相关的运营工作任务，而是关注诸如企业自动化策略的落实、最佳实践的建立和执行、RPA技术向企业其他部门的扩展等课题。
- 跨部门协作：RPA卓越中心不应该和其他单一的业务部门混淆。它的良好运作需要运营部门、IT部门、业务部门之间的高效协作。换句话说，RPA卓越中心会把所有能使RPA技术成功落地的干系人都聚集到一起解决问题。RPA的实施不应该被单单看成一个新兴技术项目的落地，它应该被当作落实企业层面的自动化策略的重要一环，或者是企业依托于RPA技术实现数字化转型的关键举措。这自然要涉及多部门之间的统筹协调工作，卓越中心也已经被证明组建多元化团队合作解决RPA实施过程中的问题是极为有效的。

- RPA能力建设：RPA卓越中心的建设及合理运营为后续RPA项目的顺利推动打下基础。卓越中心能够优化知识及资源的再分配，以助于取得理想的业务成果并孵化出最适合企业的RPA运营模式，RPA运营模式有效融入企业，促进企业生产效率提升。

值得一提的是，RPA 卓越中心的组织方式不能搞“一刀切”：根据企业策略、需求和实际情况的不同，RPA 卓越中心的组织方式也应有所不同。有的卓越中心更偏向服务具体业务部门，所以它的核心职能会聚焦需求管理、流程交付、运营维护等功能；而另一些卓越中心则在企业内部更具总体性，被赋予了卓越中心全部核心职能。除了上述的职能外，它还具备策略管理、变更管理、标准化设计、知识共享、教育推广等核心职能。而这也潜在地定义了组织模式的不同形式，关于卓越中心组织结构的内容将在 4.3 节具体讨论。

4.1.2 RPA卓越中心的应用价值

目前企业在引入并建设 RPA 技术的过程中遭遇了一系列挑战。这其中绝大部分的问题都围绕在初始的 RPA 试点项目成功以后，难以实现扩展和规模化运营，并具体体现在以下四点：

- 缺乏企业级别RPA战略和路线图。
- 缺乏相匹配的流程和组织变更管理。
- 缺乏经验丰富的RPA专家资源。
- 国内企业流程标准化和规范化不够。

行业内多次证明 RPA 卓越中心是 RPA 项目最重要的治理手段之一，对以上问题做出了很好的解答和应对。

- 缺乏企业级别RPA战略和路线图：企业内部在推动RPA项目时，因为缺乏企业级别的战略引导，RPA项目多是基层部门出于解决当前痛点来驱动。这往往导致了自动化流程被局限在各个业务部门“孤岛”中，企业内部RPA项目间缺乏必要的沟通和合作。这种零散化的RPA项目在企业内部重复建设，造成大量的人力、IT等资源的浪费。又因为缺乏统一路线图，在初期的需求得到满足或者前期目标流程实现自动化以后，RPA项目便失去了方向指引和驱动力。RPA带来的业务收益也难以持续体现，这往往直接导致RPA项目的失败。RPA卓越中心的存在则可以针对性解决这一问题，因为在RPA卓越中心设立初期，RPA卓越中心核心团队便需要制定RPA的目标、规划RPA的战略、制作RPA的路线图，在以后的运营及项目实施中持续贯彻执行。比如，RPA卓越中心能使企业基于流程的自动化可行性及ROI来评估自动化用例流程并给出优先排序。这同时也有助于企业全面了解RPA项目的预期、结果和收益，从而实现投资回报率的最大化。

- 缺乏相匹配的流程和组织变更管理：RPA是当下主流的自动化技术，在RPA项目实施过程中企业自然会更多关注在技术本身。但是大量实例告诉我们，在RPA项目推动过程中我们要关注的不仅仅是RPA技术本身，自动化流程中的管理模式、工作流程、角色分工、职责分配和相关方协调都是影响RPA项目实施成败的关键因素。在企业中建设RPA能力，需要按照大型组织变更管理项目来运作。RPA机器人（也称作数字员工、虚拟员工、数字劳动力）的引入势必会影响到现有的员工和工作流程，例如对该流程原先业务负责员工及团队带来的工作内容和职责变更，RPA机器人对企业系统访问权限分配都需要做出相应改变，等等。当然，企业也不能苛求所有这些变更需求都在RPA卓越中心成立初期被提出和纳入管理。这也侧面要求RPA卓越中心的治理模式具有一定的鲁棒性，从而使自身不断优化完善，以适应各种变更。
- 缺乏经验丰富的RPA专家资源：RPA相比其他成熟多年的IT技术属于新兴技术，多数企业自身没有RPA相关专家资源，市场上又难以找到足够数量和高质量的RPA专家资源，且获取成本较为昂贵。RPA卓越中心通过团队培养，可以有效地帮助企业解决RPA项目缺少所需角色与技能的问题。作为面向业务流程自动化并且可以由业务部门主导的技术，这其中一部分职能角色要求是从业务流程本身出发，RPA卓越中心可以帮助企业从现有的业务团队人员中发掘合适人选，再准确识别出团队仍须从市场上聘请的专家资源，从而减少无谓的人力资源投入。
- 国内企业流程标准化和规范化不够：这个问题在现代企业经营中格外突出。主要体现在企业缺少整体的流程管理框架，缺少流程文档或流程作业图，流程知识的传播主要靠经验并且很难落实到纸面；部门主管对于目前流程中人员的工作状况不了解，对工作量分布情况也无法做量化估算；业务流程中太多的人为因素干预等。RPA卓越中心可以建立企业层面RPA标准和流程，分享最佳实践，推动RPA技术应用。在RPA项目推动过程中，RPA卓越中心可以按照行业最佳实践产出流程文档，进行业务流程再设计等，从而加强流程标准化的要求。

除上述列举的问题及解决方法外，RPA 卓越中心还可以为企业建设 RPA 提供以下优势：

- 使规模化更具备可行性：RPA卓越中心创建的框架和一系列标准化实践方法确保RPA能力的建设，以及RPA项目推进能够得到有效治理和管控，进而可以提高自动化流程的稳定性和RPA机器人的开发实施效率，并使成果也可以规模化。
- 知识传递连续性：提供一个中心用来分享知识和业务场景化的解决方案，保证RPA卓越中心技术团队可以应对RPA技术的迭代更新，以及帮助企业员工建立对RPA这个新技术的信任和理解。
- 提高资源使用效率：在大型企业内部，部门团队会经常发现他们困于“孤岛”中工作。因此，尽管他们的业务技能和知识不断增进，却很难和其他部门或团队分享。RPA卓越中心的建设可以打破这层组织壁垒，它对资源再分配可以极大提高企业的效率，进而为客户提供更优质更具连续性的服务。
- 改善ROI：RPA卓越中心可以通过消除低效实践方式以及缩短新技能或新技术的实施周期降低实施成本，另外，有效的RPA卓越中心使得企业有信心和能力去选择能具备可持续性和显著收益的大型复杂项目，这些都使得企业ROI可以大大改善。
- 促进企业内部合作：应用RPA技术能够更有效地促进运营团队、IT部门和业务部门之间的协作。因为每个人都参与到项目落地的工作中，需要使用RPA新技术这对组织产生积极影响甚至带来巨大改变。可以预想到的是，如果一个组织没有一个坚实可靠的战略，那么整个过程就会变得混乱，甚至带来管理和安全上的问题。然而在企业的RPA卓越中心当中，不仅企业层面的战略可以得到重视和落实，参与的不同部门不同岗位职责的人员还以一种更有组织的方式合作并发挥他们在自己业务方向上的专业与能力。

4.2　RPA卓越中心的职能

在企业层面建立 RPA 卓越中心管理自动化项目需要具备以下五个维度的职能，才能保障企业的 RPA 项目建设在更短时间达成目标、保障企业的 RPA 项目达成投资回报率，并顺利推进企业面向 RPA 技术的数字化转型。

RPA 卓越中心就像一座房子（如图 4-1 所示），首先需要有 RPA 项目战略目标，以指导 RPA 项目目标和方向；其次需要通过治理中心、技术中心、交付中心、推广中心；最后 RPA 平台和工具是按时按质交付自动化程序的保障，是 RPA 卓越中心的坚实基础。

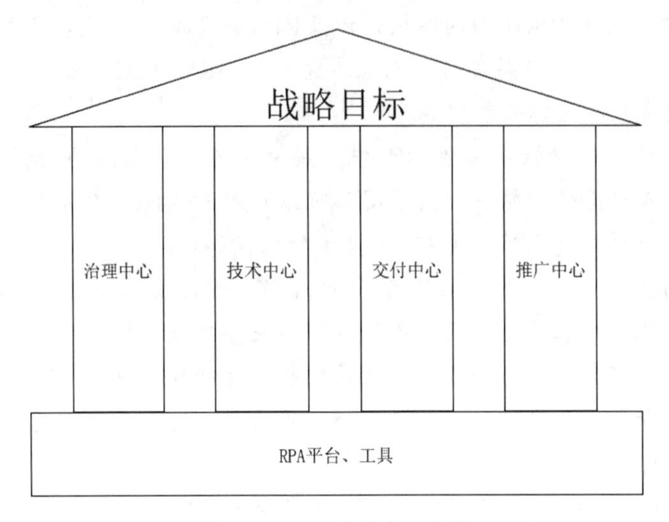

图 4-1　RPA 卓越中心架构

在规划大型 RPA 项目成立初期，明确 RPA 卓越中心战略目标，制定 RPA 项目目标，并对项目目标进行管理和跟踪；规划 RPA 项目的角色以及给每个项目赋予职能，这是 RPA 项目能否成功的关键策略之一，将在 4.4 节详细说明怎么规划；规划 RPA 项目范围，明确划定出 RPA 项目是覆盖部分部门还是整个公司，只覆盖后台部门还是前后台部门都涉及，各个部门有哪些业务单元需要，是否有特殊需求。公司所在的哪些地区、分公司、子公司归属 RPA 范畴等。

4.2.1　治理中心

治理是 RPA 项目落地的关键举措之一，在 RPA 项目之初，RPA 卓越中心组织必须尽早建立强大的治理框架。治理框架制定评估绩效和生产力指标，通过这些指标可以指导划定有高增长机会的领域。RPA 卓越中心领导小组还将在框架内制定指导方针，以制定出评估自动化需求优先级的方法。

在治理模型中，为自动化生命周期的各个阶段创建模板和建议。制定需求变更策略，控制运营风险。确保做出决策在 RPA 卓越中心中更有效、更平等。

治理需要定义团队成员的职责，以便业务、IT 和合规性检测团队可以一起工作。RPA 卓越中心领导小组必须确保已建立组织的治理框架能够适应业务变革和业务扩展。

治理中心主要工作包括但不限于以下内容：

- 制定RPA策略，确保运营模型匹配短期目标和长期愿景，保障企业内RPA项目拓展。
- 利用RPA卓越中心组织中的业务流程专家，结合长期愿景、创建RPA项目的路线图，将路线图编写成文档。配置RPA项目路线图所需资源，扫除路线图实施过程中遇到的障碍。
- 监控和评估RPA自动化的影响——不仅度量它们是否按设计运行，还需要度量是否实现了预期的业务成果和投资回报率。这要求RPA卓越中心组织与业务部门密切合作，以确定当前流程、时间安排和结果为基准，帮助业务部门理解和认可RPA的执行结果。
- 制定RPA流程合规性规范，确保RPA流程执行可追踪、可审计。
- 制定RPA流程安全规范，确定不同团队和用户的操作和访问权限，保障流程不会越权执行。
- 制定需求管理规范，确保RPA需求得到即时响应，需求状态变更能够通知所有干系人。
- 制定缺陷管理规范，保障生产系统中RPA机器人缺陷能够跟踪各个阶段状态，确保干系人都能查阅到缺陷修复的阶段。

4.2.2　技术中心

技术中心根据自动化范围，规划 IT 资源，搭建 RPA 平台，搭建工具链，工具链包括需求管控、进度跟踪等工具。根据需求制定 AI 能力范围，并根据建设要求进行 AI 技术选型，AI 能力是自建，还是选购第三方服务，个性化场景需求的模型是自己进行训练，还是外包给第三方进行训练等决策。

在 RPA 项目中实施过程中、技术中心解决自动化流程制作过程中遇到的技术问题，并总结解决方案，输出技术相关的 FAQ 文档，形成最佳实践方案，并进行全团队宣贯、推广。

技术中心主要工作但不限于以下内容：

- 制定技术标准，制定自动化开发标准，制定RPA服务SLA，定义最佳实践。
- 培训RPA相关技术，培训RPA流程开发技术，审核技术人员工作成果。
- 辅助技术的落地和使用，比如OOP、SQL及脚本，虚拟环境下应用程序自动化技术，命令行接口功能，OCR/NLP功能等。

- RPA、AI等软件供应商选择，关系管理及产品维护支持，技术选择和许可管理。
- 将RPA嵌入到关键的业务领域诸如IT 服务管理的结构中，RPA操作环境基础设施的架构设计、准备、搭建、配置、分配以及支持；软件环境例如操作系统、应用软件、桌面工具的安装和配置，活动目录AD中用户权限的设定等；网络或服务器中设定安全控制策略。

4.2.3 交付中心

RPA 项目需要落地，还需要交付中心进行支撑，交付中心主要作用包括，自动化需求管理，RPA 实施的方法论制定及执行；监测管理完整的机器人开发生命周期；RPA 机器人的运维。

交付中心主要工作内容包括但不限于以下条目：

- 需求管理：对接业务部门，收集整理候选流程信息和需求，审核各渠道反馈的自动化需求。根据交付时间、流程复杂程度、解决方案的可行性分析，评估是否合适自动化以及优先级，最终形成一个合理的自动化流程交付流水线。
- 实施交付：RPA机器人的解决方案的设计及优化，开发实现RPA机器人，优化RPA机器人，测试RPA机器人，确保RPA机器人能够按时部署上线。
- 缺陷定位与修复：根据治理中心制定的缺陷管理规范，即时处理生产系统中RPA机器人缺陷，快速定位RPA机器人bug产生的原因，即时修复bug后发起上线申请。对新上线RPA机器人执行超级关怀（Hypercare）流程，即时解答业务人员的疑惑，快速响应RPA机器人运行中的问题。
- 运维：监控RPA平台系统的CPU、内存、存储、网络等指标，监控RPA平台相关服务的存活状态、服务TOP99的响应时长等，监控RPA机器人运行状态，报错情况。当RPA机器人出现缺陷时通知干系人，配合RPA开发人员查看日志，协作定位缺陷原因。

4.2.4 推广中心

在 RPA 项目中，需要转移 RPA 相关知识，并将这些知识形成 RPA 知识库，存放到 RPA 门户网站，以方便 RPA 项目成员和 RPA 机器人使用人员查阅，对此需要成立 RPA 运营和维护中心。运营人员需要制订推广计划，保证 RPA 在业务部门按时落地，保证 RPA 知识沉淀、有计划地进行培训和宣贯，收集 RPA 机器人使用层面的问题并给予解答。

推广中心主要工作包括但不限于以下内容：

- 知识转移：推动企业内部各个BU业务的流程自动化，培训一线员工学习使用RPA，促进RPA项目内外员工对RPA的理解，加快RPA融入业务单元进程。
- RPA推广：在企业中介绍RPA理念和技术概念，宣传推广RPA机器人应用。制订RPA机器人推广计划，周期性的review RPA机器人落地情况是否按计划执行，总结好的经验和问题，制订后续改进计划等。
- 宣传RPA：制订企业内部沟通宣传方案和员工参与计划（比如邀请领导层经理和员工参与）。介绍RPA对他们个人工作的影响，机器人如何管理工作，谁可以解答他们关于RPA的问题等，并与HR部门、IT部门、业务分支单元或者业务部门保持交流。
- 建立沟通渠道：建立RPA社群，保存社群活跃度，用于收集业务部门反馈的问题与建议。即时响应RPA项目内容员工遇到的问题。
- 制订执行计划：制订RPA机器人执行任务的计划，保障RPA执行引擎能够合理应用。

4.3　RPA 卓越中心的组织结构

一般而言，RPA 卓越中心是 RPA 建设的主要责任方和运营方。其中业务部门和 IT 部门均是重要的参与方。根据 RPA 卓越中心具体设置在哪里，他们的责任划分以及主导身份会有变化。不过我们建议一般遵循业务部门主导，IT 部门辅助支持的划分。企业中常见的治理模式有三种：联邦式、中心式和混合式。

4.3.1　联邦式

联邦式也被称作分散式或去中心化，在这种模式下，RPA 卓越中心直接设立在业务部门或者业务分支单元。RPA 卓越中心组织内的主要参与者和负责人是业务部门 / 业务分支单元，IT 部门辅助支持，而且企业 IT 总部可能需要同时支持多个 RPA 卓越中心。企业内部可能设立多个 RPA 卓越中心服务各自业务线，彼此间可能有沟通分享案例、经验、技术的机制存在，但是在管理上相互独立，即采取联邦形式（如图 4-2 所示）。

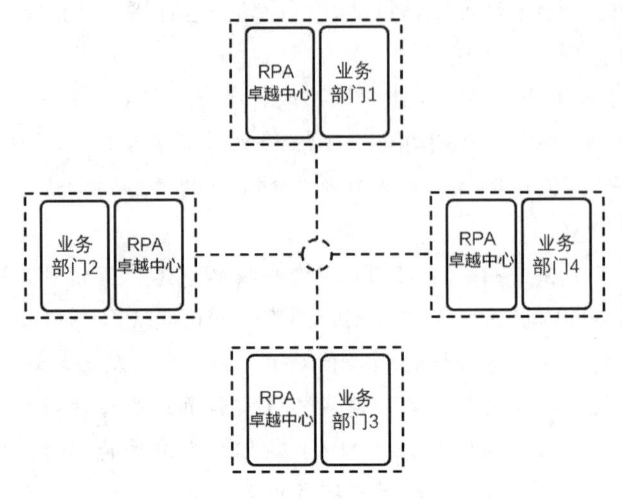

图 4-2　联邦式组织结构

RPA 卓越中心所处业务部门拥有独立权限来治理运营 RPA，通过实现业务收益最大化为目标，直接聚焦在业务需求上，因此在 RPA 项目启动之初可以获得巨大的动能，所受 RPA 技术推行的阻力也较小。

- 优势：RPA卓越中心组织高度灵活，业务收益见效快，RPA团队贴近，甚至有时候就是业务服务主体。
- 劣势：难以在企业内横向扩展，开发标准难以在企业内部统一，企业总体的基础设施资源大量重复投入，总体成本高。

组织结构小贴士：联邦模式下的开发团队可以是 RPA 卓越中心的专业 RPA 团队，也可以是业务部门员工自己，可以实现快速启动。这种模式利于发展部门定制化（即着眼于提供当下的业务流程自动化方案，可以是非标准化的，而不过分强求方案的可扩展性）的 RPA 解决方案。RPA 卓越中心的重点会放在培训、提供领导力和管理 RPA 项目上。

4.3.2　中心式

中心式也被称作集中式，RPA 卓越中心设立在企业总部，一般为IT 总部承担。而且因为 RPA 卓越中心本身需要服务所有业务部门，且自动化实施由 RPA 卓越中心团队统一完成再分发到个别业务部门，所以在 RPA 卓越中心搭建时，IT 人员是主要参与者，会承担更多职责，并主导项目进程。但 RPA 卓越中心组织仍是 RPA 建设的主要责任方。这种模式下的 RPA 卓越中心可以很好地贯彻企业的自动化策略并与组织的战略目标保持一致。中心式组织结构如图 4-3 所示。

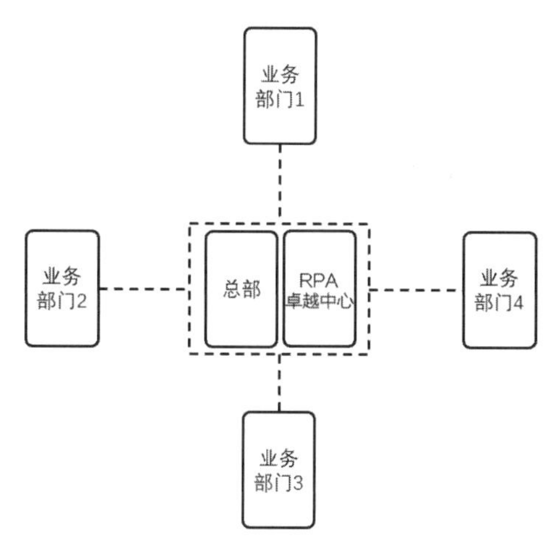

图 4-3　中心式组织结构

- 优势：RPA方案和RPA卓越中心治理的扩展性好，较好协调公共资源并且资源利用率高，能够制定出符合企业总体策略的清晰方向，并指导RPA项目落地。总体成本相对较低，标准化规范化程度高，并具有较高的规模化推广能力。
- 劣势：整体RPA推动效率低，业务部门或者业务执行主体短期难以从自动化中获得业务收益，沟通成本高效率低。

组织结构小贴士：中心式的 RPA 卓越中心需要企业级的 RPA 开发平台，以及集中的治理框架来管理所有业务单元的自动化流程。这对企业的组织变更管理能力提出了较高的要求。这种自上而下的模式信息传导效率低，但是被证明更有效。总的来说，这种模式对于重视可扩展性和运营管控能力较强的企业来说较为合适。RPA 卓越中心的重点会放在 RPA 实施、RPA 技术的基准化和规模化、提供领导力和管理 RPA 项目上。

通常，从业务部门、RPA 卓越中心、流程优化、咨询顾问等渠道获得自动化需求，然后在 RPA 卓越中心内按照预先定义需求管理框架对各渠道反馈的候选流程进行分析，筛选出合适的纳入实施计划，排出合理的实施优先级。接下来由 RPA 开发团队按照 RPA 卓越中心定义的实施框架开发测试并完成解决方案的交付。最后，在业务团队完成 UAT 测试的基础上，由 RPA 卓越中心统一协调完成在生产环境内的解决方案部署上线，以及常态化运营维护。更多关于 RPA 卓越中心工作流程的内容将在 4.5 节详细介绍。

4.3.3 混合式

顾名思义，这种模式融合了前两者的组织模式、组织结构（如图 4-4 所示）。企业总部设立有 RPA 卓越中心，业务部门 / 业务分支单元也可以有自己的 RPA 卓越中心。混合式可以避免联邦式和中心式的劣势，同时兼顾了 RPA 的推动效率、总体成本、业务部门的收益和 RPA 的规范化和规模化。但是混合模式对 RPA 卓越中心的组织、搭建和治理均提出了较高的要求。比如，如何建立 RPA 卓越中心之间合理有效的沟通方式，如何确立企业级别和业务部门级别的项目优先级，如何应对信息同步知识共享技术整合的挑战等。

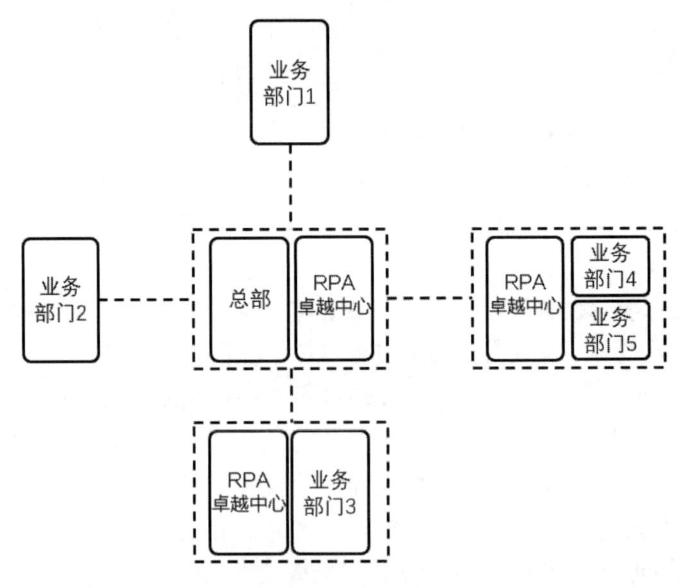

图 4-4　混合式组织结构

另外需要注意的是，混合组织模式是根据企业的业务和技术实际情况、业务实际需求搭建的架构，业内没有统一的范例可以应用到所有企业，所以需要专业团队辅助指导。混合式 RPA 卓越中心的搭建也是一种组织模式的创新。

组织结构小贴士：混合式适合于流程业务成熟、管理框架比较完备、员工对 RPA 技术概念有一定的理解，而且最好有 RPA 卓越中心搭建经验的企业。

RPA 卓越中心工作流程上，与前两种模式的主要不同是：中心 RPA 卓越中心要负责分配 RPA 的实施主体，即个性化 RPA 流程开发由业务部门的分支 RPA 卓越中心实现，基础和共性的 RPA 流程开发由中心 RPA 卓越中心实现，并在开发结束时实现自动化代码的整合。

总的来说，三种组织结构各有优劣。在为企业设计 RPA 卓越中心的组织结构时，除了根据实际情况，也要根据企业实际需求来确定。比如，如果企业长期策略是把 RPA 能力嵌入到更贴近终端用户的业务中，那么联邦式显然是更合适的组织模式，因为这可以授予业务单元更大自治空间来推动本地项目的进程。

值得一提的是，由于市场的特点和面对的问题（详见 4.1 节）企业不具备独立运营 RPA 卓越中心的能力，在专业团队指导搭建 RPA 卓越中心之后，企业还会继续委托第三方来运营 RPA 卓越中心或外包 RPA 卓越中心的部分核心业务。尽管这不是普遍做法，却也使得部分企业能够在短期搭建起 RPA 卓越中心并开始运营。长期来看，这给企业带来了额外的挑战，比如沟通效率，支付给委托方的运营费用带来的总体成本增加，企业内部 RPA 技术能力的建设问题等。但无论如何，即使采用了这种方式，我们也建议企业要尽力融入 COE 治理并逐渐积累技术和经验，最终成为 COE 治理主体，并且具备独立运营 COE 的能力。至于组织结构的划分，这仍可归类于上述三种模式中。

4.4　RPA 卓越中心的角色构成及职能划分

RPA 卓越中心和其他能力中心的建设一样，成功的关键是把正确的人放到正确的岗位上并给出正确的指引。为 RPA 卓越中心配备职能齐全的人员是 RPA 卓越中心能够有效运行并实现核心功能的关键基础。不论采用哪种组织架构的 RPA 卓越中心模式，以下的角色都能在 RPA 卓越中心内起到关键作用：RPA 发起人、RPA 卓越中心主管、IT 负责人、业务分析师、RPA 开发人员、推广人员等。

下面将列举 RPA 卓越中心需要配备的主要角色及其职能划分。根据企业实际情况，不是每个 RPA 卓越中心都需要涵盖所有列出的角色。尤其是在 RPA 卓越中心成立初期会出现一个人要担当多个角色的情况。但是随着 RPA 卓越中心的完善和团队的扩张，专项人员应被纳入到 RPA 卓越中心团队当中。

RPA 卓越中心指导小组：也被称作 RPA 卓越中心治理委员会，主要职责负责 RPA 卓越中心治理中心。小组成员应该由公司高层或其委任的代表、业务 / IT/ 财务 / 审计等关键部门总经理或者他们委派的 RPA 发起人和 RPA 卓越中心主管组成。RPA 卓越中心指导小组为 RPA 能力建设方法提供总体方向指引意见，并负责监管 RPA 卓越中心的各项活动，如确保人员、资金、技术及 IT 系统等资源能够得到有效管理；自动化需求能够得到有效管控等。总的来说，指导小组成为一个能够批准各项事务，并作为上报途径的最后一环，以确保 RPA 产生的业务收益和积极影响与企业目标期望一致。负责制定 RPA 策略、定义 RPA 卓越中心战略目标、制定组织模式、人员构成、订立目标、追踪进度、解决冲突等。

（1）RPA 发起人：整个 RPA 项目的发起人或者企业委派的 RPA 总负责人。同时为 RPA 卓越中心指导小组的一员，与指导小组一起行使 RPA 卓越中心治理责任人的职能。发起人作为企业自动化项目的驱动力，主要负责制定 RPA 卓越中心战略目标，并帮助清除 RPA 项目执行路上的障碍，确保 RPA 卓越中心能够按时按质落地执行。

（2）RPA 卓越中心主管：RPA 卓越中心的总负责人，同时为 RPA 卓越中心指导小组成员。负责 RPA 卓越中心管理运作和人员统筹管理。负责制订有效的管理方案，明确绩效评估标准，确保 RPA 策略贯彻执行和治理框架的良好运行。负责 RPA 卓越中心内部各方以及供应商和相关方的沟通以及向公司领导层报告。RPA 卓越中心主管的主要职责，基于他对自动化专业知识和观点的掌握，给 RPA 卓越中心团队提供专业的指导；为团队创建自动化指南，并共享自动化相关的最佳实践；为开发人员和业务人员自动化知识、RPA 机器人使用等方面的配置，并配置相关资源的访问权限；保证 RPA 卓越中心计划按时按质执行。一般情况下，在 RPA 卓越中心早期，RPA 发起人与 RPA 卓越中心主管由一人担当。

（3）IT 经理：技术中心负责人，同时作为 RPA 卓越中心指导小组成员，是 RPA 卓越中心团队的 IT 主要联络人和负责人。IT 经理整体负责规划 RPA 平台所需软件、服务器、存储、网络等资源；负责 RPA 平台相关服务器、网络架构设计与安装；负责 RPA 软件平台安装与调试；负责 RPA 卓越中心项目成员和业务人员的账号开通与收回，制定权限规范；负责 RPA 平台服务、数据资产的容灾与备份；负责定位使用过程中出现的故障。

（4）IT 人员：技术中心成员，接受 IT 经理工作安排。主要负责 RPA 系统搭建，系统扩容和缩容，RPA 平台相关软件许可管理，监控 IT 系统 CPU、网络、磁盘、内存等指标，发现问题及时处理。负责 RPA 平台相关软件的更新，关注系统漏洞；负责 RPA 平台安全和数据安全；负责 RPA 平台相关系统和数据资产的容灾与备份。协作 RPA 维护人员、RPA 开发人员定位问题。在 RPA 卓越中心早期 IT 经理与 IT 人员由一人担当。

（5）RPA 项目经理：交付中心负责人，同时作为 RPA 卓越中心指导小组成员，负责 RPA 项目的日常管理。识别管控项目 RPA 项目中的风险点，确保项目在预算内按时且遵循 RPA 卓越中心预设的方法交付；负责把控 RPA 项目的进度、质量、交付并定期反馈进度情况。能够快速理解业务需求，形成计划并组织团队进行开发测试维护等工作。

（6）业务分析师：交付中心成员，是业务和流程的专家。主要职责组织参与业务部门访谈，收集业务部门自动化需求，从业务实现自动化 ROI 和技术实现成本等方面识别这些自动化需求的自动化机会，对自动化机会进行优先级排序，主导编写流程定义文档（PDD）；负责协助开发人员完成解决方案的设计、开发，协助业务人员进行 UAT 以及解决方案的设计。同时作为流程专家，负责建立测试、实施等知识库。

（7）方案架构师：交付中心成员，设计 RPA 机器人解决方案。方案架构师主要负责需求的梳理并负责定义自动化方案的顶层架构，诸如运行环境和部署方法的定义，规划硬件、系统、RPA 平台及相关服务、RPA 机器人运行等状态监控方案。在 RPA 开发和实施阶段该角色可以协助选择最合适的技术工具。在需求管理阶段该角色可以协助从 IT 和 RPA 产品的技术角度验证自动化机会。通常也兼任 RPA 设计权威的角色，负责定义并落实最佳实践、开发标准、设计模板，制定 RPA 平台以及其他工具的使用规定。总结分享 RPA 机器人设计扩展性和复用性的最佳实践，并将最佳实践形成案例文档，并在 RPA 卓越中心团队内部进行宣贯。

（8）变更经理：交付中心成员，负责制订变更管理方案并确保落实需求变更方案。负责跟踪需求变更，分析需求变更的合理性，还负责将变更需求通知到干系人。这个角色一般由业务分析师兼任。多数情况，在 RPA 卓越中心早期业务分析师、方案架构师与变更经理由一个人担当。

（9）RPA 开发人员：交付中心成员，主要负责理解分析自动化需求，通过 RPA 开发工具将需求开发成能够运行的 RPA 机器人，对 RPA 机器人进行测试，协助业务人员进行 UAT 测试，保障 RPA 机器人最终上线；负责协助 RPA 机器人管理员定位分析 RPA 机器人使用过程中出现的问题，并协同 RPA 机器人管理员给出最佳解决方案，将方案快速落地，保障 RPA 机器人使用方最小业务中断；负责需求变更后对 RPA 机器人进行升级改造。总结开发 RPA 机器人中最佳实践，并共享给解决方案架构师。

（10）RPA 运维人员：交付中心成员，RPA 机器人负责人。负责 RPA 机器人部署上线、管理 RPA 流程的运行、监控 RPA 流程运行状态，执行任务的分配；定位 RPA 机器人使用过程中出现的问题并及时给出相应的解决方案，保障 RPA 机器人的 SLA。在 RPA 卓越中心早期 RPA 开发人员也担当运维人员。

（11）推广负责人：推广中心成员，宣传推广 RPA。主要制订 RPA 推广计划，推动 RPA 按计划在企业内部落地使用。编写 RPA 机器人使用手册，培训业务人员使用 RPA 机器人；收集最终用户反馈意见，形成调整意见反馈到业务分析师处，业务分析师对调整意见分析后形成调整方案，最终促使 RPA 机器人在易用和扩展等方面符合 RPA 卓越中心要求。

除此之外，RPA 卓越中心最好还有 RPA 软件供应商的联系人和以下职能部门的专家参与日常运营：

- 信息安全部门：信息安全部门进行安全扫描，保障RPA平台漏洞得到及时修复，数据泄露风险得到有效控制。
- 法务部门：通过法务部门进行信息审核，规避系统信息数据在法律上的风险。
- 合规/审计部门：通过合规审计保障RPA机器人能够合规地进行系统数据处理。
- 人事及学习发展部门、行政运营部门、财务部门：具有绝密数据的部门分别审计RPA机器人处理自己部门数据的合规性和数据安全性，防止绝密数据泄露，条件允许的情况，这些部门的RPA机器人需要进行物理隔离，保障数据不出部门。

4.5 RPA 卓越中心的工作流程

RPA 卓越中心架构搭建成功以后即可以进入实际运转阶段。前面章节介绍了 RPA 卓越中心的不同职能，本章节我们将就几个核心任务的工作流程做一下介绍。

4.5.1 RPA实施流程

RPA 卓越中心需要遵循一套完整的 RPA 实施交付流程（如图 4-5 所示），才能够确保自动化需求最终转化为高效高质的自动化解决方案，并在 RPA 机器人上良好地持续运行。

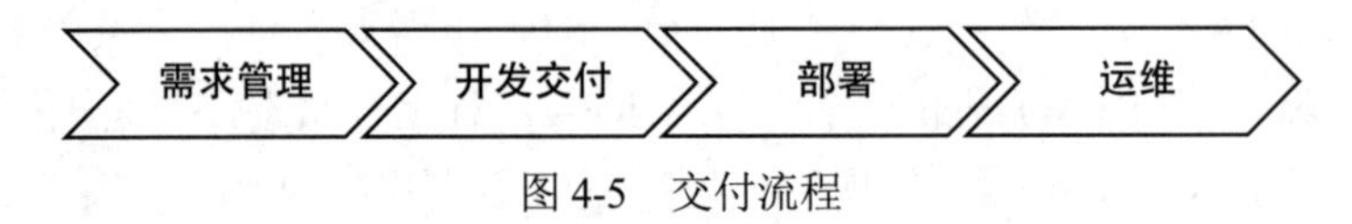

图 4-5　交付流程

RPA 需求管理步骤与传统软件的需求管理流程基本无异，也是采用以下几个步骤：

（1）需求收集整理：访谈 RPA 卓越中心划定本期参与 RPA 项目的部门或者对这些部门发放调查问卷进行自动化需求收集；目前还有通过 TaskMining 方式采集数据分析员工日常工作瓶颈，收集自动化需求。初步整理需求文档。

（2）需求分析评估：收集到的需求进行相应分析评估其可行性等。

（3）需求优先级划分：根据四象限法则或者 KANO 模型等分优先级。

（4）需求变更控制：随着时间推移自动化需求存在变迁，需求变更管理如图 4-6 所示。

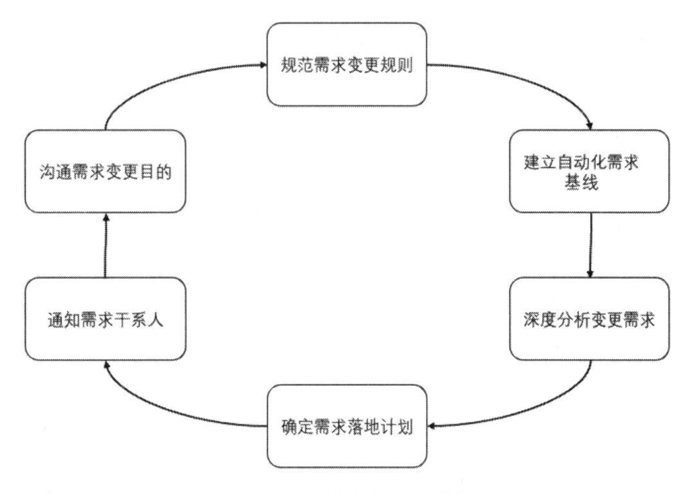

图 4-6　需求变更流程

RPA 实施流程包括需求管理到运维，一个完整流程详细过程如下。

需求分析阶段主要由业务分析师组织业务部门人员进行访谈，了解业务流程。首先需要了解业务流程痛点并获得精确的结果，分析业务流程细节。一般按照业务流程的颗粒度，分解为 6 个级别：领域（Domain）、阶段（Phase）、活动（Activity）、任务（Task）、步骤（Step）、动作（Action）。由于 Action 这个级别工作量特别大，一般 Action 只针对关键动作、特殊动作等进行描述，不需要全部进行分析描述。

业务分析师组织业务部门访谈可以按照下面步骤进行：

（1）按照业务部门、业务领域进行泛扫描，即通过对业务领导访谈和初步沟通，或者基于通常的行业经验，采用定性的方式初步选定业务范围，粗略分析业务范围内的流程。

（2）在选定的业务范围内，通过研讨会和调研表的方式对业务流程范围进行细扫描，画出自动化可能性较大的业务活动。

（3）针对业务活动的详细操作进行深度扫描，即通过对业务人员的调研或收集详细的标准操作流程、操作规程制作详细的流程图，分析流程图中自动化可行性。如果流程图中自动化可行性低于阈值，将流程放入备选实现流程库中，否则将业务流程放入待实现自动化库中，并评估业务流程工作量并换算为 FTE〔FTE 换算主要包括该流程发生的周期（每月、每周、每天）、处理时段、发生数量、处理时间等〕，调整业务范围或者调整业务领域，再进行一、二、三步，找出所有自动化机会。

（4）业务分析师、解决方案架构师、RPA 开发人员等业务流程相关信息估算 RPA 机器人的处理时间、RPA 机器人的数量、RPA 流程的实施工作量。结合企业目前的运营成本和未来 RPA 的成本投入，为每个候选自动化流程计算它的投资回报率（ROI）。

（5）根据投资回报率、自动化实施难度和风险高低进行业务流程自动化实现优先级排序，自动化实现难度仅做参考，主要考查投资回报率和风险。调高投资回报率高风险低的业务流程实现优先级；调低投资回报率高风险高的业务流程实现优先级，待有成熟的风险控制方案后，调高此类业务流程实现优先级；将投资回报率低风险低的业务流程实现优先级调至最低；将投资回报率低风险高的业务流程从待实现业务流程库中剔除，放入备选实现流程库中。

业务分析师从待实现业务流程库中，按照业务流程实现优先级从高到低获取业务流程原始材料，编写自动化需求文档。定义出流程中每个步骤的操作过程，标识出哪些步骤由人工来操作，哪些步骤由机器人来操作，人和机器人如何配合工作，并采用业务流程图或者电子表格的方式来表达。在 RPA 中需求文档使用流程定义（Process Definition Document，PDD）文档。

小贴士：在实际工作中最好附上业务人员操作以及讲解视频，供后续 RPA 开发人员参考。

一般流程定义文档（PDD）包括但不限于以下内容。

1．介绍流程相关背景

（1）某业务流程的背景（供应商发票控制检查流程）。

流程定义文档概述了使用 RPA 机器人流程自动化（RPA）技术选择用于自动化的业务流程。

该文档描述了作为业务流程一部分执行的步骤顺序，自动化之前流程的条件和规则，以及在部分或全部自动化之后设想它们如何工作。本规范文档为开发人员提供了基础，为他们提供了将机器人自动化应用于所选业务流程所需的详细信息。

前提假设，该阶段已经通过资料收集和阅读、调研访谈、流程演示等方式对客户的自动化需求进行全面详细的了解。

（2）流程的目标。

在选定的业务流程实现自动化之后，业务流程所有者期望的业务目标和收益为：将以下用作示例的项目符号替换为特定的 SMART 目标和自动化后预期的收益。

- 将每个项目的处理时间减少80%。在AS-IS状态下处理发票的时间为7分钟。
- 监视a、b、c子活动。
- 财务相关流程的收益。
- 标准化处理月结流程。
- 缩短月结周期3天。
- 降低月结工作量，人的工作量2小时。

（3）处理关键联系人。

规范文档包括业务流程的简洁完整要求，它是基于业务主管和业务人员的要求梳理后形成文档的。

姓名和联系方式的格式如表 4-1 所示。

表 4-1　联系人表格

角色	负责人	联系方式 （电子邮件，电话号码）	备注
业务人员	姓名	xxx@ 域名网 手机：138****	
业务主管	姓名	yyy@ 域名网 手机：138****	
业务分析师	姓名	zzz@ 域名网 手机：138****	

（4）自动化的最低前提条件。

- 填写流程定义文件。
- 登录到计算机和应用程序所需的凭据（用户ID和密码）。
- 测试数据以支持开发。

2．AS-IS 流程说明

AS-IS（实施 RPA 前的、人工处理下的）详细流程图。

本章详细描述了 AS-IS 业务流程，以使开发人员能够构建自动化流程。

为每个关键交易 / 活动添加 AVG TAT（平均周转时间）。使用“关键过程步骤的简短描述”。更详细的信息可以记录在单独的表中和 / 或记录在文档中并嵌入在此文档 / 表中，流程图如图 4-7 所示。

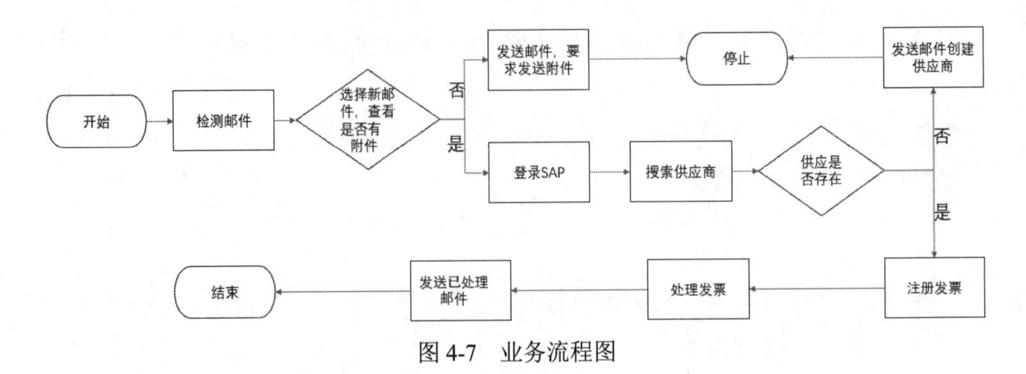

图 4-7　业务流程图

关键流程步骤的简短说明如表 4-2 所示。

表 4-2　步骤说明表

步骤	关键流程步骤的简短说明	操作人
1	检查 Outlook 电子邮件，NPO 文件夹中是否有新电子邮件要处理	采购业务员
2	选择新电子邮件，查看电子邮件中的附件和可用信息	
3	如果缺少 PDF 附件，请回复电子邮件，要求发送附件 PDF	
4	登录到 SAP，模块 ECC，导航到菜单	
5	搜索发票上列出的供应商名称	
6	检查供应商条目在 SAP 中是否存在	
7	如果供应商不存在，请发送电子邮件以请求创建供应商条目	
8	如果存在供应商，请继续在 SAP 中注册发票	
9	处理发票后，发送电子邮件通知该操作已完成	
10	在 Outlook 中，将带有已处理附件的电子邮件移动到“已处理”文件夹中	

在 AVG TAT（平均周转时间）中，填写每笔交易的当前 TAT。更详细的信息可以记录在单独的表中和 / 或记录在文档并嵌入。

3．To-Be 流程说明

本部分重点介绍自动化后的业务流程的预期设计。

（1）To-Be（实施 RPA 之后的改进点和目标）操作流程的业务背景和业务目标概述。

业务背景。例如，分公司续期人员，上个月会获取续期应收日落在当月的续期应收报表，当天获取前一日零点——当天的当前时点的转账结果清单报表，从转账结果清单报表中抽取转账中和已实收的数据，标记到续期应收报表中的对应数据列中。然后续期人员根据此表去跟进未进行转账的单子对应的客户。

比如，5 月 1 日获取应收日落到 6 月 1 日——6 月 30 日的续期应收报表（每月获取一次），5 月 1 日获取 4 月 30 日零时——5 月 1 日当前时间的转账结果清单（每天获取一次）。

实现目标。例如，每月 1 日提取下月全月的应收清单数据，比如 5 月 1 日，下载应收日为 6 月 1 日至 6 月 30 日的应收清单（个）。根据表中分公司拆分每个分公司自己的应收的报表，然后把各分公司的报表发给各分公司对接人的邮箱；每家分公司的报表，根据中支拆分，每个中支一个报表，发给各中支的对接人督管员邮箱。

（2）To-Be 业务流程详细描述。

OCR 发票归档详细流程如图 4-8 所示。

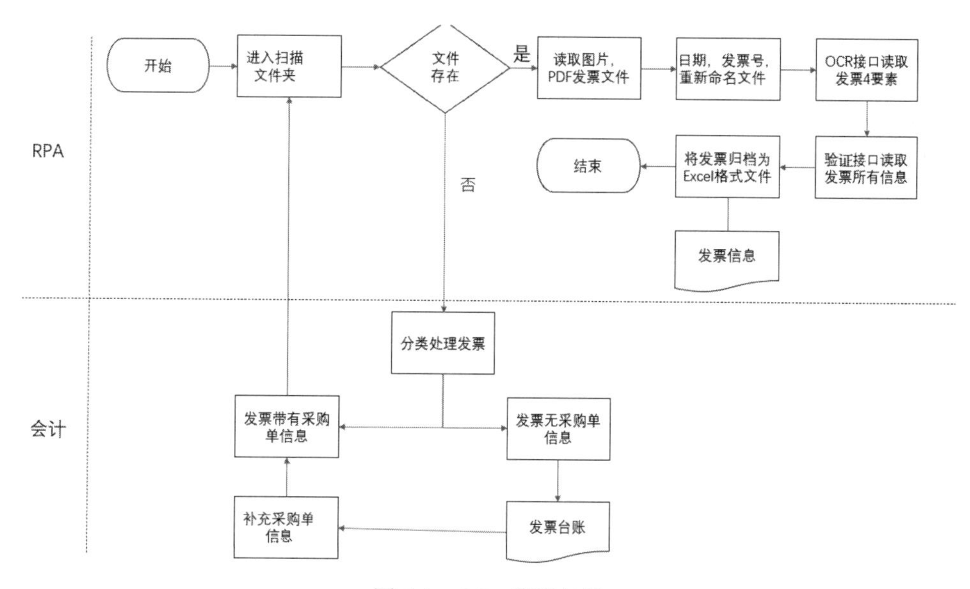

图 4-8　OCR 发票归档

参数配置如表 4-3 所示。

表 4-3　参数表

类型	字段名 / 路径	字段属性	是否必填	默认值
		Null	Null	Null

需要提前处理的特殊场景：对于发票上没有的信息，需要手动补充完整再让 RPA 处理（PO 信息不在发票备注栏显示，而是用独立的 Excel 表格提供），在实际操作过程中，可能会存在清单里面提供的部分 PO 并没有完成收货的操作。RPA 不对此发票进行操作，而是等到所有的 PO 收货完整再进行操作，如表 4-4 所示。

表 4-4 流程关键步骤

步骤	关键流程步骤的简短说明	操作人	异常处理
1	检查 Outlook 电子邮件，NPO 文件夹中是否有新电子邮件要处理	机器人	
2	选择新电子邮件，查看电子邮件中的附件和可用信息		
3	如果缺少 PDF 附件，请回复电子邮件，要求发送附件 PDF	人工	
4	登录到 SAP，模块 ECC，导航到菜单		
5	搜索发票上列出的供应商名称		
6	检查供应商条目在 SAP 中是否存在		
7	如果供应商不存在，请发送电子邮件以请求创建供应商条目		
8	如果存在供应商，请继续在 SAP 中注册发票		
9	处理发票后，发送电子邮件通知该操作已完成		
10	在 Outlook 中，将带有已处理附件的电子邮件移动到“已处理”文件夹中		

在本自动化实施范围内的活动事项。

RPA 范围内的活动：

- 验证电子邮件中是否包含附件；
- 如果缺少附件PDF，则处理异常；
- 在SAP中过账数据；
- 发送确认电子邮件。

超出本次自动化实施范围外的事项。

文件批准。本文档要求获得表 4-5 中定义的角色的串行批准（注销）。对要求的更改必须记录在更新的版本（即 v2.0）中，并且需要新的签名流程。

表 4-5 签名表

版本	人员	角色	名称	组织（系）	批准日期
1.0	编制人	方案架构师	名字姓		
1.0	批准人	业务分析师	名字姓		
1.0	批准人	RPA 项目经理	名字姓		
1.0	批准人	RPA 开发人员	名字姓		

其他信息记录项，记录其他相关信息：

- 生产环境与开发环境差异说明。
- 开发环境相应地址、用户名相关信息。
- 业务系统访问注意事项。

通过需求分析阶段，已经明确企业需要自动化的流程，RPA 开发人员获取到流程定义文档（PDD），进入开发交付阶段。RPA 开发一般遵循敏捷开发模式，采用冲刺（Sprint）和迭代增量（Scrum）模式相结合的方法。Sprint 指快速的完成一次开发任务的时间周期。Scrum 包括一系列最佳实践和预定义角色的管理过程，是一种更高效开发软件的管理方法。

RPACOE 组织将开发实施人员划分为若干小组，每个小组并行开发 1 ～ 3 个完整的 RPA 机器人。在 Sprint 冲刺阶段，工作组通常由业务分析师、方案架构师、RPA 开发人员和测试人员组成，相互配合进行工作，完成自动化流程设计、开发和单元测试。Sprint 冲刺完成后，工作组将 RPA 机器人交由 UAT 测试，工作组转入下一个 Sprint 冲刺阶段。RPA 项目经理跟踪各个组件工作进度，并根据当前进度状态进行各组工作调整，控制设计开发时间进度上的风险。

在 RPA 流程设计阶段，对每个流程进行设计，最终输出方案设计文档（Solution Design Document，SDD），方案设计文档作为后续开发、测试、部署上线阶段的输入和指导，需要承接流程定义文档的流程需求，体现流程设计的完整性要求。方案架构师将 RPACOE 团队提炼的架构设计、流程设计原则和最佳实践、可复用的组件和模板等共性内容融入方案设计文档。

目前业内还未有标准的方案设计文档，但一般包括但不限于以下内容：

- 流程概述：流程的基本说明、基本运行情况、PDD中的业务用户需求，明确流程干系人，包括业务负责人和业务接口人，RPA流程设计的前提、技术约束、环境依赖以及所要求的服务水平协议（SLA）等。
- 涉及的应用系统/工具：描述该流程需要操作的应用系统、工具、技术。例如，是B/S架构还是C/S架构，生产环境和开发环境差异描述，所需AI能力，包括OCR、NLP、CV等。描述流程中所涉及系统的用户登录方式，如哪些系统需要业务用户登录，如果需要，在开发或测试环境下所使用的用户名和口令是什么。
- 现状业务流程：SDD的业务流程描述内容主要来自PDD中对于业务流程的描述，经过提炼并转换为流程设计相关语言以及流程图，供RPA开发人员理解业务流程。
- 目标业务流程：主要目的是清晰地告诉业务人员，引入RPA后的业务流程是如何运行的，其中包含机器人处理的环节、人工处理的环节，以及双方的协作环节。设计人员需要清晰描述流程在业务层面的优化点，以及引入机器人之后所带来的流程改进点。最好能够对比展示现在流程和RPA自动化后流程的差异点，以及给业务人员带来的好处和改变。
- 机器人处理流：描述机器人处理流可以拆分为几个机器人、几个自动化任务，以及这些自动化任务的执行时间是什么，任务之间的编排顺序。

- 文件目录结构：为了区分不同业务流程的处理过程，规划机器人需要专属的文件目录。SDD中应清晰地定义出机器人程序的存储目录和所需处理文件的存储目录，避免出现不同流程输入、输出文件混用的问题。
- 机器人设计要点：体现机器人程序之间的依赖关系，包括所需要复用的代码库、配置文件、机器人的控制方式、数据安全和数据管理、业务连续性处理手段等一切需要重点说明的设计内容。
- 机器人异常处理：描述机器人在自动化程序执行时在什么环境出现什么异常，采取什么样的处理策略，出现异常是中断执行发出告警信息还是记录错误日志后继续执行，异常产生的脏数据处理策略等。
- 其他说明：此节描述其他说明。

RPA 开发人员依据 SDD 文档，根据 RPA 机器人设计要求，将业务流程步骤转化为自动化脚本、流程图、自动化程序。对于 SDD 文档中不能清晰表达的业务操作过程，开发人员还需要邀请相关业务人员直接参与到 RPA 开发过程中，业务人员明确告知 RPA 开发人员每个步骤的业务目的和处理方式。由于 RPA 项目的敏捷特征，RPA 的设计人员和开发人员通常是在同一个工作小组，甚至是同一个人，从而节省了从设计到开发过程中的沟通时间。

在 RPA 自动操作界面需要识别界面元素并定位，目前采用界面元素相关属性进行定位是最佳技术，不易受界面分辨率和窗体遮挡影响，准确率高。然而在 RPA 流程开发过程中，可能会遇到某个界面元素无法识别，自动化无法点击、输入、选择或者读取数据等操作（人工操作成功），RPA 开发人员需要转换实现思路，通常会使用界面快捷键、界面坐标定位、计算机视觉（Computer Vision，CV）技术进行操作。然而这些技术可能会降低 RPA 流程运行成功率，例如快捷键冲突导致快捷键失效；开发环境与生产环境屏幕分辨率差异、自适应排版布局的界面都可能会导致界面坐标定位失败或者导致数据混乱；计算机视觉采用 OCR、边缘匹配、颜色匹配等综合技术进行界面元素定位，但计算机视觉也可能定位失败。这些失败通常会导致 RPA 流程执行出现异常而中断执行，最佳做法是捕获失败重试几次，如果都失败，记录失败日志并发告警邮件给流程干系人，如流程开发人员、流程使用人员、业务人员等。另外如果各种界面定位技术都无法解决界面定位，开发人员需要与流程负责人沟通，通过非技术方法解决，例如这个环节由人工介入操作等。

基于最佳实践，RPA 开发人员可以采取循序渐进、多次迭代方式来实现 RPA 流程开发，以敏捷开发为指导思想。

（1）搭建整个 RPA 程序框架，编写代码前，先开发主辅程序的调用方式、配置文件的读取方式、预处理、中间处理和后续处理等环节，并预留异常处理和程序补偿机制的处理环节。

（2）以流程中的一个业务主要处理逻辑为基础来开发 RPA 流程。将业务数据以常量方式硬编码在流程中，以便快速找出 RPA 流程所需要的自动化技术，及早发现技术障碍点和留足够的时间寻找解决方案。

（3）主要处理流程逻辑运行之后，按照业务需求，在 RPA 流程中加入分支、循环等处理逻辑，将上一步硬编码在流程中的业务数据转换为参数或者调用另外子流程获得的输出数据，至此业务需求的正常 RPA 流程开发完成。

（4）在完成正常 RPA 流程后，RPA 开发人员需要在 RPA 流程中增加必要的日志跟踪和所有的异常处理。异常处理需要覆盖可能出现的业务异常情况和系统异常情况，并设计相应的 RPA 补偿机制。虽然这些异常在实际运行中很少出现，但在 RPA 开发过程中却要花费大量的精力去设计。按照帕累托法则，我们要花 80% 的精力处理 20% 的异常。

（5）当 RPA 流程开发完成之后，开发人员需要为将来可能存在的横向扩展、环境变更等定义项配置文件，将程序中的部分参数改为读取配置文件的方式，为下一步最终用户的 UAT 测试做准备。这个过程和传统的自动化测试开发非常相似。

小贴士：在生产环境中进行操作或者调试流程，要么使用生产数据；要么在界面中不进行真实提交；要么数据能够冲正（反向操作），防止在生产环境中产生垃圾数据。

在 RPA 流程上线前需要进行 UAT 测试。与传统应用系统项目一样，RPA 项目在 UAT 阶段相当于业务人员对 RPA 流程运行结果的确认和签收；与传统应用系统项目加强的部分，在 UAT 测试过程中，业务人员需要明确哪些是 RPA 机器人自动处理，哪些是业务人员自己手工处理，这一点在 RPA 项目中尤为重要，否则 RPA 上线之后，无法与业务人员的操作达成一致，在业务处理和业务数据上会带来混乱，严重时导致相应生产和营销停摆。

RPA 管理员和业务人员参加 UAT 测试过程与 RPA 开发人员的单元测试过程是基本相似的，即给出一些符合真实场景的业务数据样例，让 RPA 流程处理业务，由业务人员检验运行成果是否满足业务要求。UAT 测试采用黑盒测试方式，在测试数据准备上必须能够覆盖业务流程的各个分支，以验证 RPA 机器人各个分支处理数据的正确性和 RPA 机器人的健壮性。

RPA 管理员和业务人员参与 UAT 测试，也是 RPA 开发人员向业务人员传递 RPA 知识的好时机。业务人员不能按照原来的业务流程要求和处理过程来测试 RPA 流程，RPA 流程全部或部分替代手工处理过程，必然给业务人员的传统认知带来挑战。所以，RPA 开发人员需要提前向业务人员和 RPA 管理员介绍 RPA 流程相关知识，如 RPA 流程如何启动，哪些环节需要人机协同，当异常发生以后，人工如何接管工作，或者重启 RPA 流程等。不仅仅只是检查 RPA 流程处理后的最终数据结果是否正确。

RPA 流程 UAT 测试主要包括以下几个步骤。

（1）审核RPA流程开发完成度，是否有缺失业务流程分支未完成，PDD文档、SDD 文档与流程是否能对应。

（2）准备测试的数据，这些数据作为 RPA 流程的参数数据。数据种类包括正常业务数据、异常数据和破坏性数据，正常数据需要覆盖所有业务分支，主要测试 RPA 机器人是否能够处理所有业务分支；异常数据，用于检测 RPA 机器人异常处理是否完备，检测 RPA 机器人的健壮性；破坏性数据，用于检测 RPA 机器人应对破坏性的能力，是否对生产造成灾难。

（3）编写测试案例，定义该案例的测试目的、输入数据和预期的处理结果。

（4）执行测试，依据测试案例，执行测试，检查测试结果是否符合预期的要求。

（5）签收确认，认同通过 RPA 流程处理过程和处理结果，将该流程统一部署到生产环境中。

在完成 RPA 机器人开发后，RPA 卓越中心组织中的 RPA 机器人管理员部署到生产环境中，RPA 机器人部署相比传统业务系统部署简单，不需要停止 RPA 平台，不受时间限制，不需要割接数据，对原有的业务系统无影响，几乎可以做到无感知部署上线，随时部署上线。

在部署时，RPA 开发人员需要将 RPA 流程相关文档移交给 RPA 流程管理员，这些文档包括但不限于 PDD 文档、SDD 文档、验收报告、配置文件、RPA 流程运行手册等。RPA 流程运行手册需要包含 RPA 流程启停时间或计划表、运行异常解决方案。

RPA 流程部署上线主要是将 RPA 流程在开发测试环境打包后上传到生产环境，在部署过程中，我们需要注意如下几点内容：

- 最理想是RPA流程的测试环境和生产环境完全一样。大多数情况测试环境与生产环境存在差异，RPA流程通用做法是将差异点放入配置文件，部署到生产环境时，需要根据生产环境实际情况填写配置文件。
- 由于RPA流程中需要各种依赖，在打包时需要将所有依赖都放入执行包中，缺少依赖文件导致RPA流程在生产环境中无法运行。
- 由于RPA流程开发采用敏捷模式，RPA流程在开发时会有多个版本，在部署时需要确定部署什么版本。

另外，RPA 机器人在部署到生产环境以前也要遵循企业严格的审计规则和 IT 政策。比如，机器人开发、测试及生产运行环境要分隔开来；访问权限要依角色实现职责分离且做到集中管理等。

RPA 项目上线后，运维人员和 RPA 机器人管理员要保证 RPA 系统的持续运行，输出相应的运维手册，建立 RPA 机器人干系人表，确认好业务和技术人员的分工及职责，将 RPA 开发人员提交的 PDD 和 SDD 以及上线手册形成相应知识库，这是保障 RPA 卓越中心完成战略目标的重要因素之一。运维支持机制的建立和知识库传承将为 RPA 在企业内的持续运行提供保障。

RPA 项目在运维阶段经常遇到如下问题：执行引擎能否自由地扩缩容；RPA 运行中止，在途的业务数据该怎么处理；业务系统或者业务流程发生改变，怎么能够在第一时间获得相应变更；RPA 流程应该如何调整与适配，等等。

RPA 项目在运维阶段对自动化需求变更管理，涉及需求梳理、需求分析、RPA 流程设计和开发、RPA 机器人测试和部署等工作，这些工作可以通过 RPA 机器人标准操作流程（Standard Operation Procedure，SOP）手册规范运维操作，沉淀出运维阶段有效管理需求和解决问题的机制，为 RPA 项目推广和实施奠定基础。

4.5.2 RPA运营推广

为达成 RPA 卓越中心战略目标，推广人员需要制订相应的运营计划、推广计划、管理计划，定时查看 RPA 机器人运行的效率报告，这些管理措施对于企业日后提高工作效率都有极大的帮助。RPA 是企业自动化能力，RPA 卓越中心专注打造RPA运营团队，并赋予团队自动化技术能力，团队每个成员都参与进来，在企业各个部门之间形成可靠关系。

制订 RPA 机器人执行计划，合理利用 RPA 执行引擎资源。

制订 RPA 机器人相关培训计划，按照相应计划组织培训业务人员使用 RPA 机器人。有人值守的 RPA 机器人，需要业务人员参与进来，帮助业务人员理解什么时候需要他参与做什么事情；帮助业务人员理解 RPA 机器人参与工作后，他需要做哪些改变。

建立良好的沟通渠道，通过建立微信、QQ 等即时通信沟通群，收集业务人员使用 RPA 机器人的真实反馈，并分析反馈形成相应的改进建议，交由业务分析师持续优化 RPA 机器人。

定期对已上线 RPA 机器人进行效率分析，RPA 卓越中心也可以逐步在其他部门或环节进一步推进 RPA 的实施。

大规模部署 RPA 机器人，需要解决更多的问题。比如人员的问题、组织的问题、变革管理的问题。同时也要考虑如何对 RPA 体系进行绩效考核，评价它是否成功。在一个大规模部署 RPA 的组织里面，如何让机器人和人之间能够做最佳的交互，达到最好的效率，这也是需要考虑的话题。

4.5.3 RPA卓越中心效果评定

评定 RPA 项目给企业带来的效果，需要按月或者按周进行效果评定，评定需要统计 RPA 的机器人新增数量、总数、RPA 机器人运行时长、节约工时数量、投入产出比（ROI）等；还包括新增推广的业务部门和业务模块，推广计划达成情况；目标是否需要调整，路线图是否需要调整；RPA 机器人故障率，需求变更情况等信息。

RPA 卓越中心效果评定需要经过如图 4-9 所示步骤。

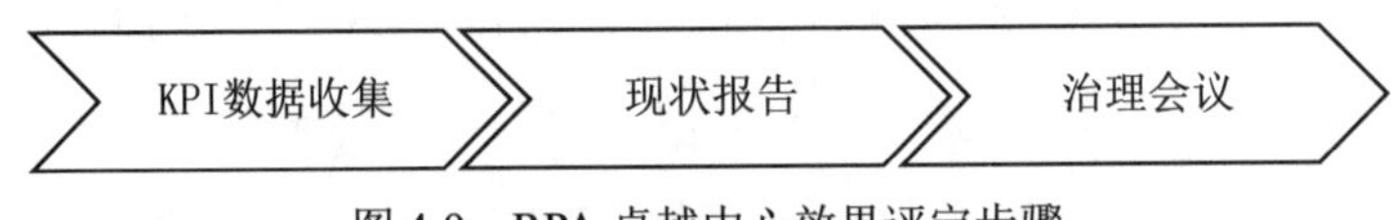

图 4-9　RPA 卓越中心效果评定步骤

（1）KPI 数据收集：从多渠道收集当月新增 RPA 机器人数量、当月 RPA 机器人总数、当月 RPA 机器人运行时长、节约全职人力工时（FTE），统计当月的投入产出比和截至本月的投入产出比，新增推广业务部门和业务模块，RPA 机器人故障率以及是否满足 SLA，需求变更详细情况。

（2）现状报告：RPA 卓越中心主管负责将 KPI 数据统计形成报表。将 KPI 数据进行环比和同比，汇总输出 RPA 现状报告。

（3）治理会议：RPA 卓越中心指导小组解读现状报告并对比 RPA 卓越中心路线图，RPA 卓越中心指导小组对比分析后给出指导意见，提出改进意见和后续注意事项，安排后续 RPA 实施计划。

4.6 RPA 卓越中心的构建及运营实践

前面章节我们已经对 RPA 卓越中心概念、组织模式及核心工作流程做了介绍，RPA 卓越中心的应用价值和能力也得到了阐释，这也是为什么越来越多的企业选择以卓越中心的形式来建设 RPA。本节我们将就 RPA 卓越中心的构建思路和运营实践做一下介绍，为企业搭建 RPA 卓越中心提供指导性意见。本节最后还分享了构建和运营 RPA 卓越中心时的一些实践要点。

4.6.1　RPA卓越中心的构建思路

RPA 卓越中心的构建主要有以下五个阶段：

1．筹备阶段

- 分析评估是否需要建设RPA卓越中心并证实搭建的可行性：可以指定一个跨部门的高管或者理事来构想RPA卓越中心；评估是否需要RPA卓越中心以及最基本的必要条件的可用性，诸如资金来源、高层认同和支持、能否提供领导力、组织文化等；明确以业务为主导，围绕业务运营RPA卓越中心的基本策略并保证与企业整体战略一致；制定大致工作任务方向以及使命表述；研究以评价决定所提供的服务方向。
- 获得高层认同和支持。
- 评估企业业务现状，自动化等技术应用现状的优劣势。

2．建立团队

- 详尽定义角色职能定义，以助于各团队有效合作。
- 可以涵盖关键角色的小团队快速启动，并逐渐扩大团队。
- 可以考虑是否寻求外部合作伙伴帮助搭建RPA卓越中心。

3．制定自动化策略并建立治理结构

（1）定义实施 RPA 的短期目标以及长期远景。比如，企业刚开始建立 RPA 卓越中心大都是有指派流程自动化的要求，来释放生产力或降低运营成本。因此短期目标实现的自动化用例大都是面向企业内部后台或者共享服务中心等。同时中台和面向客户的部门会利用这段时间来探索 RPA 的潜力。

（2）确定建设 RPA 预期的结果，包括投资回报率等。

（3）讨论并初步确定 RPA 技术及其他技术应用的意向。

（4）定义业务案例模板。

（5）确定自动化流程的范围和类别，实施 RPA 的预算分配方式等。

（6）与 IT、审计等部门合作开发政策标准用来管理 RPA 策略，并与企业政策保持一致。比如用户授权、源代码控制、数据保留、隐私管理等。

（7）详尽地阐释 RPA 卓越中心团队成员各自角色的职能，包括初期团队建立时没有涵盖的角色。

（8）制定自动化需求管理框架，使如何获取自动化需求、如何识别自动化机会并评估候选流程、如何把自动化候选排序并纳入实施计划等流程步骤标准化。

（9）制定有效的自动化开发实施方法，使解决方案的设计及优化、解决方案的开发实施、RPA 机器人的优化、RPA 平台的搭建以及架构设计等标准化并具备规模化的扩展意义。制订解决方案设计模板和最佳实践的文档等，确保最佳实践和标准得以应用。支持并协调 RPA 相关指标和收益评估的监测。

（10）确定自动化流程部署上线的方式及运营维护的步骤。制定需求变更、RPA 机器人或 IT 环境变更的管理方法等。

（11）明确 RPA 卓越中心及内部团队的 KPI，并在各相关方取得意见一致的前提下决定、评估以及监测。项目初始阶段投资回报率主要是以生产力提升和降低成本来驱动的；长期来看企业会捕捉到自动化的价值收益并通过消化和转化，在企业其他方面取得收益，比如客户满意度、员工幸福感、业务和收入成长、业务的连续性和一致性、合规审计方面等。

（12）制订如何应对风险的方案，包括如何识别风险以及管理变更并减轻风险的规定。

注：以上框架在建立时需要兼顾可适应性和可规模化扩展。

4．启动 RPA 卓越中心以及 RPA 试点

（1）RPA 团队在岗位的任务和职责分配确定好以后就可以开始启动了。

（2）首批 RPA 机器人的开发部署要集中在能够快速见效的领域和流程上。

（3）RPA 项目的试点可以通过以下简易流程开展，如图 4-10 所示。

图 4-10　PoC 验证流程

（4）在 RPA 试点项目的基础上来完善 RPA 卓越中心组织架构、人员配备、治理结构、KPI、需求管理框架、RPA 开发实施方法等。

5．持续优化拓展

（1）制定自动化路线图。

（2）按照 4.5.1 节提出的实施框架进行实施交付。

（3）持续优化 RPA 卓越中心治理框架。

（4）不断培养补充 RPA 卓越中心人才。

（5）扩展 RPA 技术能力和运营范畴。

（6）持续追踪 KPI 并尝试将收益转变为生产力的提升，从而着眼于业务的转型和流程的重构，使企业更具竞争力。

有些企业基于自身实际情况，比如对 RPA 卓越中心的搭建没有经验或者缺乏相应支持。这些企业可以通过组建一支只有必要角色的核心 RPA 团队（即业务流程分析师、RPA 开发人员、运营维护人员等）先进行上述 RPA 试点项目，再通过这些初始项目获得的经验和知识来建立 RPA 卓越中心团队，并逐步完成自动化策略的制定和治理结构的完善，即交换上述第三、四阶段的执行顺序。值得注意的是，正常顺序的流程下，启动 RPA 卓越中心后才开始试点 RPA 的目的在于体验并尝试以 RPA 卓越中心的治理模式来实施 RPA；而上述在建立 RPA 卓越中心之前开始试点 RPA 的特例情况，则把重心放在体验和尝试 RPA 技术上，即 RPA 技术的概念验证。在经历了 RPA 机器人上线试运行后，可以帮助企业积累更多的经验和知识并为如何合理构建 RPA 卓越中心打下关键基础。无论企业选择何种方式启动 RPA 卓越中心，在后续 RPA 项目的不断落地的过程中，持续完善 RPA 卓越中心的组织和治理都将是工作的重中之重。

4.6.2　RPA卓越中心的实践要点

企业内 RPA 的实施不是一蹴而就的。企业要理解这是一种能力建设的过程而非一个独立技术项目的实施。这其中要经历从初期的 RPA 试点项目向嵌入企业的一种可持续的、可拓展的技术能力转变的过程。以下列举的实践部分的经验，能够重视并应用到企业 RPA 的实施过程中是 RPA 卓越中心构建和运营成功的关键。

- 获得内部支持：RPA卓越中心建设需要尽早获得高层的认同和支持，同时也要求多方合作，包括企业内部各部门之间的协调合作；也包括RPA卓越中心内部外部的合作，比如RPA开发团队和RPA卓越中心指导小组的沟通，RPA卓越中心和RPA软件供应商的合作等。
- 变更管理：前文提到过，在RPA项目推动过程中人们的关注点自然而然落在RPA技术本身，但是自动化流程技术的实施将带来很多诸如管理模式、工作流程、角色分工等方面的变更。如何协调管理这些变化并保证RPA项目的有效实施是RPA卓越中心成立的初衷之一也是挑战所在。因此，我们更建议把企业RPA的能力建设当成一个大型的组织变更管理项目来看待。
- 关注员工：以RPA技术给企业员工带来的变更影响为例，如何缓和员工对于RPA将取代他们工作的恐惧；如何清楚描绘实施RPA技术之后他们的工作将变成什么样；如何提高员工技能以应对将来留给他们的更复杂的工作；如何量化评估人员流失的影响并制订招聘计划等组织变更的核心问题也是RPA卓越中心要着重解决的。
- 评估收益：尽早开始衡量RPA收益。

- IT角色管理：来自IT部门的角色应该尽早确定并纳入RPA卓越中心团队。在RPA卓越中心运营中还应该充分重视IT角色，并协助他们理解价值实现的不同步骤，比如IT部门可能负责牵头RPA实施部分的工作，但是业务收益和自动化的价值是在业务部门一端得到实现。这里提到的IT角色职能涵盖：确保信息安全、权限管理、运营维护、基础设施、提供保障连续性和扩展性的软硬件支持等。
- 人才管理：在企业内部创立新的职业路线；快速识别并填补天赋缺口；不断吸引新的RPA人员加入团队。
- 全局视野：不要把RPA技术孤立来看，要有全局眼光，跟企业沟通时要避免存在RPA是万能方法的想法，这可能致使我们陷入“手持锤子到处找钉子”的陷阱中。RPA技术不应该和其他技术割裂开，在搭建RPA卓越中心建设RPA技术能力的同时也可以应用取消浪费的冗余流程及应用其他运营角度的手段，比如数字化、组织设计、外包、离岸经营等来解决问题。
- 近距离合作：这可能是容易忽视却比较重要的实践要点。为了能够实现快速的敏捷交付，常需要业务分析师、RPA开发人员、业务流程专家等能够在近距离接触合作，比如同一地点的办公室。虽然随着科技的发展，远程办公的可行性得到普遍验证以及受当下新冠肺炎疫情冲击影响，这点可能不再适用，但是对于刚开始推行RPA项目的企业，以及刚开始建立业务案例或者有计划走向规模化应用时，这对于高效率的成功交付和快速实现业务收益仍很重要。

第5章 RPA实施过程

本章主要描述组织内的RPA项目实施过程，该过程在传统的IT类型项目实施流程上，结合敏捷开发（DevOps）的特性，形成了有着RPA自身特色的项目实施过程。

RPA实施过程是以用户的需求进化为核心，采用小步快跑的方式，以多次迭代、循序渐进的方法进行机器人流程的开发，以多重验证、贴近生产的方式快速部署运行。

RPA项目实施过程，都是围绕RPA机器人的生命周期而运转，涉及的主要步骤通常包含机器人的需求规划、设计开发、测试验证、部署运营4个阶段，如图5-1所示。

图5-1 RPA项目实施过程

与传统的IT项目阶段相似，但是主要区别就在于RPA项目的实施过程包含了立项前后阶段，也包含了项目结束后的运维运营阶段，并且每个阶段的关联人物角色更简单、输出物更少。实施过程每个阶段的详细解释如下：

（1）需求规划：是 RPA 项目的起始阶段，作为 RPA 项目的漏斗，通过多方面的指标和因素，筛选并过滤 RPA 的需求（例如需求的效益指标、不可抗因素等），并将划定项目范围和验收标准。

（2）设计开发：是制造 RPA 机器人的阶段，作为 RPA 项目的生产车间，通过 RPA 的技术手段，将需求中的业务逻辑转化为机器人流程。

（3）测试验证：是验收 RPA 机器人的阶段，作为 RPA 的质量检验车间，通过一系列的验证标准，将机器人的执行效果与需求阶段的验收标准进行比对，确保机器人需求覆盖完整、运行稳定、适应性强。

（4）部署运营：是 RPA 的出厂后的阶段，也是决定 RPA 是否能够在组织内长远生存的阶段。作为 RPA 的运维和运营车间，不仅要确保机器人的身体指标健康，还要推动其持续成长，需要将机器人放置于合理的环境中以最优的方式运行，达到最高的产出效率，并适应不断变化的需求和环境，让机器人能够影响尽量多的业务流程达到推广 RPA 事业的效果。

本章除罗列了实施过程中的步骤和规范，也列举了相关案例。本章将依据在组织中实践的 RPA 项目成功落地经验，结合 RPA 项目实施过程，介绍一套组织内有效的实施流程。

5.1 需求规划

RPA 项目在需求规划阶段，主要是收集组织内对应流程业务的需求并记录，收集过程中可以借助调研分析工具对需求分析和定义，这不仅是学习的过程，也是通过分析的过程识别出其中真正的机会，过滤掉无效的部分，最终将业务的需求转化为 RPA 设计开发阶段可以理解的带有 RPA 逻辑的需求。最后，正对需求也形成了相应的评估机制，制定该需求的效益指标，争取为用户带来最大的性价比。

需求规划阶段主要分为场景识别、流程梳理、方案制订、需求变更，围绕着需求的发现、分析、定义、管控产生。

5.1.1 场景识别

场景识别，是组织内发现某一个业务流程的痛点，并判断是否可以使用 RPA 的方式来解决的过程，该业务流程称为场景，此处的痛点便可以成为一个机会。这个时候，RPA 的项目需求还处于未诞生的阶段，需要 RPA 需求分析师通过对业务流程理解，识别出该场景中的机会是不是真正的 RPA 需求。

需求分析师，通常是熟悉机会所涉及的相关行业或领域的业务流程，并且对 RPA 工具特性有一定了解的人员，可以是业务专家、业务团队管理者、一线业务人员、RPA 开发人员等。

一个场景中可能有很多机会，有优劣之分，会影响到RPA最终的效果。同时，一个机会可能对应一个甚至多个 RPA 需求。所以，若想要准确切入机会，提高机会到需求的转化率，给业务流程带来最大效益，场景识别的过程，建议掌握以下原则。

1．从小机会开始

对于组织内没有实施过 RPA 项目的组织，想要成功落地 RPA，必须从小机会开始。从 RPA 历史实施的经验看，大多数企业都是以小的机会起步，以验证实验的方式对 RPA 技术本身进行概念验证（PoC）。

什么是小机会？可以理解为易于理解和实现的小型试验过程，并不需要通过复杂的 RPA 技术实现。还可以是每天早上来做的一件事项，也可以是 10 分钟的重复操作，还可以是每天下班前需要回顾的工作，这些小的机会很细碎，任何人都可以做，操作步骤很简单，但是操作很频繁，RPA 能够快速实现并帮助到这些员工。例如：

- 每天早上，都需要打开系统主页，将内容截图并发送给上级部门。
- 常常将表格内的员工考勤信息录入到人事系统中。
- 每天晚上12点，都需要更新最新的汇率数据到组织内共享的表格中。
- 从Excel电子表格获取数据并将其添加到应用程序。
- 从公司网站的网页上获取几个字段的信息，并将信息输入到电子邮件附件中的Excel电子表格中，并发送邮件。

小的机会对分析师来说，对业务流程理解准确性会更高，不需要考虑更多的前后业务的限制。对 RPA 开发人员来说，设计机器人流程时应该不会花费很长的时间。同时，对 RPA 运营人员来说，如果组织推广该场景，其他成员学习和理解的成本更低，不会因为和 RPA 运营人员的频繁沟通而降低对 RPA 的好感。

2．从简单流程开始

对于组织内对RPA进行过概念验证或者已经实施过少量的RPA项目的组织，应该能体会到 RPA 给组织带来的价值。那么，在此背景上进行场景识别，则需要注意流程本身的简易程度。

什么是简单流程，可以理解为不需要业务背景或者员工简单培训后便可以的流程，流程中包含简单的业务需求，并且可以很清楚地描述，可以通过 RPA

技术实现。它可以是将几件事件按顺序串联起来完成，也可以跨越几个系统操作完成，并且流程业务逻辑是很难发生变化的。

简单的流程需有一定业务背景的分析师，有一定开发经验的 RPA 开发人员。

3. 从高效益开始

对于组织内已经实施过 RPA 项目并且产生了一定影响的组织，场景识别的重点应该在该场景对组织甚至行业领域带来的效益，越高的效益场景就越有实施的价值。

场景的高效益，不仅是对组织内的流程带来较高的回报，比如人力成本的节省、流程业务处理周期的缩短、流程产出物质量的提升等，而且对行业领域也会起到引领甚至改革的作用，最终能体现 RPA 技术给社会带来的价值。

高效益的流程，不仅需要一批专业的 RPA 从业者，还需要组织内人员与 RPA 从业者都抱有相同的愿景，紧密合作。

5.1.2 流程梳理

流程梳理，是以 RPA 的视角，对业务和系统进行深入了解。场景识别，是判断 RPA 是否可行，而流程梳理，则是 RPA 设计开发的重要依据。

随着组织内 RPA 的成熟应用，证明 RPA 的概念的需要已经减弱，并被价值证明所取代，也就是 RPA 能够给组织带来的效益。有了价值证明，组织便不再质疑自动化技术。相反，它们的质疑会聚焦于，在组织的环境中 RPA 的解决方案是否能够达到它们的期望。这是组织在思想上的一个重要转变，因为它消除了组织中用于避免采用新技术的过多分散注意力的策略。

流程梳理能够帮助我们更好地理解业务流程、挖掘业务的需求，并使业务需求向技术需求转化，做好流程梳理，可以帮助业务流程进行优化和改进，达到最大效益。

梳理业务流程不应该只聚焦于流程本身，还应该扩展到流程的上下游中，挖掘出其中的前因后果，达到最优的解决方案。

如果流程简单，我们可以直接进入分析和定义阶段，很快便可以制定出解决方案。

如果流程复杂，可以将该流程按照层级进行分割，分割出的子流程可以单独梳理，以此类推，再复杂、再冗长的流程，都可以分成多个层级的若干子流程。如果一个流程过度复杂或冗长，不仅需要投入大量的精力梳理，还导致出现解决方案复杂、RPA 设计开发周期长、部署工作量大、运维成本高等不利 RPA 健康成长的因素。

流程梳理时把业务流程机会转为RPA需求过程中，有些步骤可能需要进一步优化，包括人为判断的部分，都需要与业务人员协商以确认如何优化处理。梳理时应尽量细化流程相关操作的细节，以便于开发和日后维护。

流程梳理过程涉及的主要步骤包括业务学习、业务分析、业务定义三个阶段。首先应理解现有流程的业务内容和逻辑，并以RPA的专业视角进行分析，然后基于分析的结果对业务进行定义。

1．业务学习

业务学习是为了更详细和清晰地了解流程业务的全貌，需要RPA分析师、一线业务人员共同参与。

RPA分析师会深入到一线实际业务流程中，通过访谈的方式与工作在一线的业务人员进行沟通，对沟通的过程进行详细的记录。访谈的过程中，先了解流程中业务人员的每一步的操作，细化到打开表格、单击按钮这样的颗粒度，如果现场有业务人员使用的流程定义文档，可以基于该文档为沟通基础进行推进。

在业务学习的过程中，分析师不仅要明白业务人员描述的内容，还要试着与业务人员就当前流程行程产生共鸣，引导出更多与业务流程相关的信息，包括上下游流程信息、流程中容易出现的异常情况。因为业务人员往往会主观地基于自己的期望、最近进场遇见或特别关注的地方进行描述，而无法客观地对自己涉及的整个流程进行阐述。

在业务学习的过程中，常见的记录方式包括文字和业务截图结合的方式说明，进行录音，邀请业务员基于现有业务流程进行现场演示并录屏等。通畅情况下，建议采用沟通录音和现场演示并录屏的方式结合进行，便于访谈结束后整理和日后回顾。

在与业务员完成访谈后，分析人员需要基于手机中的材料，回顾当前流程。对流程越是熟悉，之后的业务分析工作越是清晰，真实需求越是明确，制订的RPA方案越是贴合实际，并且能达到较高的效益指标。

2．业务分析

业务分析是需求规划中的核心步骤，需要通过分析工具来帮助分析师度量流程的现状，证明场景识别的结论，并为需求带来的价值和方案的制订起到决定性的作用。

分析师具有在学习阶段手机的相关素材，基于自己对流程的理解和流程分析的经验，以表格的方式对业务流程进行梳理并呈现出来，流程中可能包含多个步骤或者子流程，每个步骤都用一行数据进行记录，步骤记录时用以下三个维度对流程进行剖析：

（1）操作步骤分解（Scope）：此处对业务流程的操作步骤进行分解，帮助分析师整理流程步骤内容，包含步骤对应流程名称、步骤名称、步骤的前序输入和后序输出、步骤的操作详情或者逻辑详情等。

（2）业务量（Volume）：此处为流程中步骤的业务量统计，用于衡量该步骤的工作量。

（3）复杂度（Complexity）：业务流程的复杂程度的描述，包括是否能够描述步骤逻辑，步骤逻辑的复杂程度，不可描述的逻辑可以用什么技术解决等方面。

流程梳理工具的具体样式如图 5-2 所示。

#	操作步骤分解			业务量			复杂度			自动化评估		
	业务流程	操作步骤	步骤业务简述	发生次数/月	耗时/(分/单)	人工耗时/(分/月)	是否可判断	判断层级数	不可判断部分描述	是否可以自动	自动化比例/%	节约时间/(分/月)
说明	业务流程的简短名称，例如营收集合、简历筛选等	分解业务流程中的操作步骤，例如登录人事系统	对操作步骤进行详细的描述，例如：Chrome浏览器打开公司人事网站，录入用户名和密码，点击并等待验手机证码，验证码	每个月步骤发生的次数	步骤没发生一次所耗的时间	公式=业务量*耗时	步骤的业务逻辑是否可以用"If else"来表示，填写"是/否"	步骤中使用"if else"的判断层级数	步骤逻辑不能使用"if else"描述出来	判断是否可实现自动化，填写"是/否"	能达到的自动化程度	自动化后节约的步骤作业时间
1	营收稽核	登录网站	使用自己的账号登录网站	100	1	100	是	2	验证码需要OCR识别	是	80	80
2	营收稽核	下载报表	下载各个14个地区报表，一个月下载140个	1400	2	2800	是	2	无	是	100	2800
3	营收稽核	合并报表	讲14个地区报表合并	100	5	500	是	1	无	是	100	500
4	营收稽核	与财务表比对	与本地财务表比对，获得比对结果	100	5	500	是	1	无	是	50	250

图 5-2　流程梳理工具的具体样式

该工具以表格的形式体现，每一行记录代表一个步骤，多个步骤形成一个流程，多个流程也可以组成更加高阶的步骤，故其中每个字段的含义如下：

（1）业务流程：业务流程的简短名称，例如营收集合、简历筛选等。

（2）操作步骤：分解业务流程中的操作步骤，例如登录人事系统。

（3）业务步骤简述，包括：

- 输入数据：数据从哪里来、什么格式、数据大小。
- 处理逻辑：尽可能详细地描述业务逻辑，按照输入数据>处理逻辑>输出数据的结构。
- 输出数据：数据输出到哪里去、什么格式、数据大小。

（4）发生次数（月）：每个月步骤发生的次数。

（5）耗时（分 / 单）：步骤每发生一次所耗的时间。

（6）人工耗时（分 / 月）：公式 = 业务量 × 耗时。

（7)是否可判断：步骤的业务逻辑是否可以用“if else”来表示，填写“是 / 否”。

（8）判断层级数：步骤中使用“if else”的判断层级数。

（9）不可判断部分描述：步骤逻辑不能使用“if else”描述出来。

分析的过程可以从以下考查点来切入，如图 5-3 所示。

考查点	通过以下考查点，分析用户场景优先级
业务量（Volume）	用于判断该流程使用RPA是否合理 不定期作业的流程只能提供很小的ROI，并且更容易出现流程变更，导致RPA作业中断
范围（Scope）	评估流程中步骤的数量，最好不超过15个。以单个独立的流程为基础做评估，而不是组合的复杂流程
复杂度（Complexity）	用户场景识别复杂流程规则：流程的步骤中7个以上的"if else"的判断 此外，判断的条件必须可以自动化逻辑可判断 要么画出场景中的所有逻辑，要么将场景变为一个模块
稳定性（Stability/Predictability）	判断流程步骤逻辑是稳定的还是易变的 分析历史变化情况，关注计划外的变化，确定其稳定性 稳定的流程将会带来更少RPA的维护和变更

图 5-3　业务分析——重点考查点

同时，流程梳理的过程，也需要尽量避免以下情况，如图 5-4 所示。

尽量避免	考查中，尽量避免以下情况
图像数据处理需求（Graphical Data Requirements)	RPA最适合处理结构化输出，处理结果是可以预测的。图形数据会带来意想不到的结果，或者高发的错误和异常。如果图像是文本类型的，能力越强的OCR引擎结果就越好
低效率流程（Inefficient Processes)	让低效率的流程实现自动化，只能让掩盖流程的低效率问题和让差的流程跑得更快一点。无论如何，RPA只能让这样的流程持续，而不是解决流程的问题。考查时应该分析流程本身是不是有问题，而不是实现自动化
数据质量差（Poor Data Quality)	RPA通常会从三方系统获取和输入数据，如果原始数据质量差、错误，会通过RPA蔓延到下游系统
极高或极低的变化 (Extremely High-or Low-Volume Iterations)	极低变化的流程，不会让RPA产生足够的好处 极高变化的流程，可能更适合通过更好的方式来改善，例如弹性、错误处理、审计、恢复和续接等

图 5-4　业务分析——重点避免

通过流程梳理工具完成流程的分析后，也就具备将流程最细碎的逻辑转为RPA技术需求的初始步骤。该表格可以输出给业务人员、RPA开发人员使用，对于业务人员可以确认拆建的步骤是否与实际一致，查缺补漏；对于RPA开发人员可以更加明白流程业务的逻辑，并在此基础上给出RPA可行性的评估，并作为后续RPA机器人的开发依据；对于分析师则作为RPA需求解决方案的重要输入物。

通过文字的方式来阐述流程，虽然逻辑描述精确，但是对于流程的理解还是相对困难的。所以，基于已经梳理出的业务流程表格，通过绘制流程图的方式展示的业务流程更加直观易懂。

流程图是使用图形表示工作思路和业务顺序的一种极好的方法，在进行解决方案沟通时，千言万语不如一张图。流程图有助于准确了解事情是如何进行的，以及决定应该如何改进过程。这一展示方法可以用于整个组织RPA项目流程的梳理过程，可以直观地跟踪和图解组织流程的运作方式。

流程图通常的方式是以“块+箭线”的方式组成，“块”代表流程中的一个操作步骤或者判断逻辑，而“箭线”作为块之间的连接方式，箭头所指方向则为流程的走向。

绘制流程图的常用工具有Visio、ProcessOn、PPT等，绘制的过程应该遵循以下原则：

（1）有始有终：流程中必须有开始和结束的流程块。

（2）逻辑判断：逻辑判断简单明了，判断条件有“是”“否”两种，“块”上标注判断逻辑，并在“箭线”上标注“是”“否”的选择。

（3）角色区分：通过泳道图的方式，将各个角色区分开，处于泳道内的“块”代表该角色操作的流程步骤。

（4）分层绘制：每张流程图中，“块”的内容均为同级别，如果需要表示更低级别，则通过“子流程块”的方式引入，流程图的5个等级如下所示。

- 等级1：跨行业级，如零售→物流→制造业。
- 等级2：行业内跨领域，如人事→采购→财会→法务。
- 等级3：领域内跨业务，如财会中的应收→应付→总账。
- 等级4：业务跨岗位，如应收小组中催收→开票。
- 等级5：岗位操作步骤，如开票岗位的打开EPR→获取开票信息→录入开票信息。

（5）输入输出：每个“块”的输入、输出需要标识出来，输入的内容可以通过“文件”“数据库”的不同类型的“块”参数来说明。

（6）注释：业务关键点、业务困难点应该在流程图中通过文字的形式标注出来。

例如，图 5-5 中展示了某组织内资金部的数据同步到平台的流程图。该流程共分为账号密码读取、网页操作、保存数据 3 个阶段，业务员这一个角色完成该流程的所有操作，具体如图 5-5 所示。

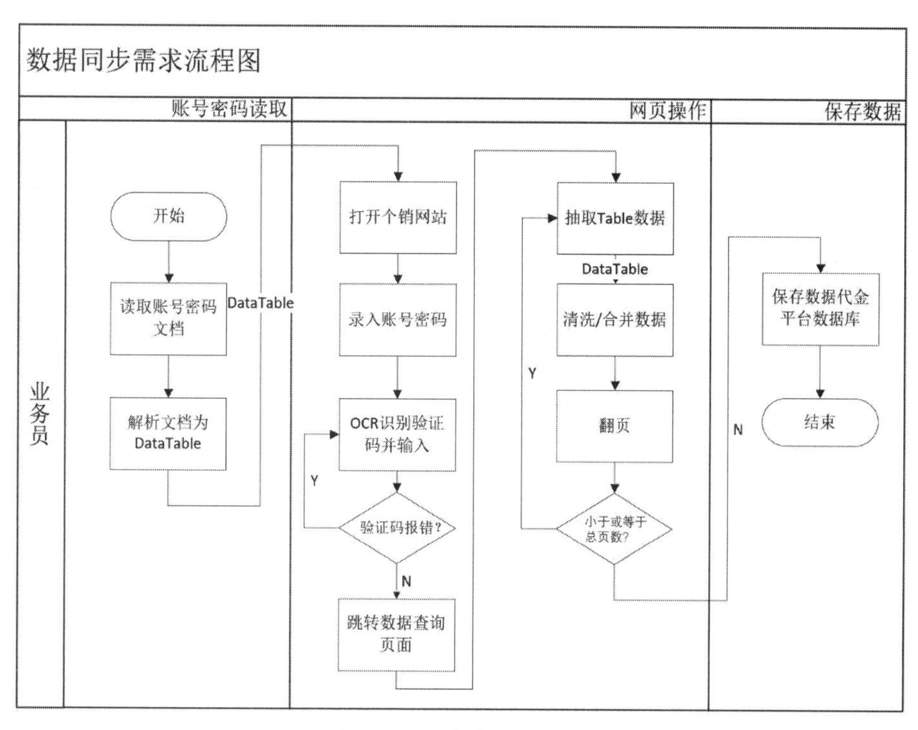

图 5-5　需求流程图样例

3．业务定义

业务定义，则是针对流程梳理分析的结果，从 RPA 可行性的角度、业务效益的角度，通过量化的方式评估一个效益指标。该效益指标除了能衡量 RPA 机器人所能带来的价值，也可以作为最后上线验收的标准。

RPA 可行性评估，是 RPA 开发人员针对流程梳理出的每一个步骤进行评估，结合分解的操作步骤、复杂度等信息，评估该流程是否可以使用 RPA 技术实现自动化，如果能够自动化，则自动化后可以达到的比例是多少，如图 5-6 所示。

#	操作步骤分解						业务量			复杂度			自动化评估		
	业务流程	操作步骤	步骤业务简述	输入数据	处理逻辑	输出数据	发生次数	耗时（分/单）	人工耗时（分/月）	是否可判断	判断层级数	不可判断部分描述	是否可以自动化	自动化比例（%）	节约时间（分/月）
说明	业务流程的简短名称，例如营收集合、returns筛选等	分解业务流程中的操作步骤，例如登录人事系统	对操作步骤进行详细的描述，例如：Chrome浏览器打开公司人事网站，录入用户名和密码，点击并等待手机验证码	数据从哪里来、什么格式、数据大小	尽可能详细描述业务逻辑，按照输入数据→处理逻辑→输出数据的结构	数据输出到哪里、什么格式、数据大小	每个月步骤发生的次数	步骤发生一次耗时的时间	公式=业务量×耗时	步骤的业务逻辑是否可以用"if else"来表示，填写"是/否"	步骤中使用"if else"的判断层级数	若步骤逻辑不能使用"if else"表示描述出来	判断是否可实现自动化，填写"是/否"	能达到的自动化程度	自动化后节约的步骤作业时间
1	营收稽核	登录网站	使用自己的账号登录网站	账号、密码、用户自己保管	打开CRM、录入用户和密码，登录	无	100	1	100	是	2	验证码需要OCR识别	是	80%	80
2	营收稽核	下载报表	下载14个地区报表，一个月下载140个	地区、固定列表 保存路径、本地计算机路径，有保存逻辑	下载每个地区的财务报表，更具保存逻辑，归档到本地电脑	表格文件，按路径规则保存	1400	2	2800	是	2	无	是	100%	2800
3	营收稽核	合并报表	讲14个地区报表合并	表格文件、前一步骤下载到本地计算机	打开每个地市财务报表，按地市、科目的匹配的逻辑，合并到一张总表中	合并后表格文件，按路径规则保存	100	5	500	是	1	无	是	100%	500
4	营收稽核	与财务表比对	与本地财务表比对、获得比对结果	总表、共享盘中，有路径规则 合并后表格文件	打开总表，按照地市、科目逻辑，与合并表内容比对大小	总表，比对不上的数据标红	100	5	500	是	1	无	是	50%	250

图 5-6　自动化评估

自动化评估相关字段解释如下：

（1）是否可以自动化：判断是否可实现自动化，填写“是 / 否”。

（2）自动化比例（%）：能达到的自动化程度，需要分析人员来评估。

（3）节约时间（分 / 月）：自动化后节约的步骤作业时间，公式如下：

节约时间（分 / 月）= 发生次数（月）× 耗时（分 / 单）× 自动化比例（%）

在开发人员完成自动化评估后，分析师会根据评估的结果，进行综合的效益指标分析。通常效益指标包括：

（1）投资回报率，也称 ROI，是衡量项目成本和收益的一个重要指标，ROI= 收益 / 成本（RPA 的项目一般是按照 1 年计算，因为项目需变化快），效益 = 节约工时成本，成本 = 硬件成本 + 软件成本 +RPA 项目人力成本。

（2）正确率，有些业务需求也关注错误率，较低的正确率会给组织带来比较严重的损失，该指标会被重点关注，没有标准公式，按照业务核算方式走。

（3）生产效率，RPA 最直观的改变便是生产效率，在某些业务流程，可以直接表达为缩短的业务周期时间，或者每天能够处理更多的业务量，没有标准公式，按照业务核算方式走。

（4）其他，除了上述的指标，还有一些特殊流程需要关注的指标，例如及时响应的时间、业务合规率等。

风险控制的内容如下：

（1）环境安全，作为流程梳理中的一部分，需要明确业务流程设计的服务器和任何终端设备的基础设施网络环境，RPA 机器人的部署环境需满足组织的安全要求。

（2）数据安全，如果 RPA 组织在网络外执行工作，需要和 IT 沟通确认，以确保数据不存在网络安全问题。

（3）以学习为目标开始业务需求的沟通，而不是以经验做出解决方案，每个组织的业务流程都有相似之处，但详细步骤有差别。

（4）事先与 RPA 需求对接业务人员进行积极对话，并在最终流程梳理结果与其确认，并获得认可。

5.1.3 方案制订

RPA 项目因其项目特征性，在项目过程中需要对接多方角色，包括各业务部门、数据中心、IT 部门、开发中心等。为了更好地处理项目事宜，必须做好分工并明确各对接方所负责的内容，避免项目过程混乱。

按照 RPA 实施流程，先依据项目的具体范围制订实施计划，列出每个阶段的具体工作，确定每个阶段工作的完成时间、负责人和所需的资源。项目关键要素如图 5-7 所示。

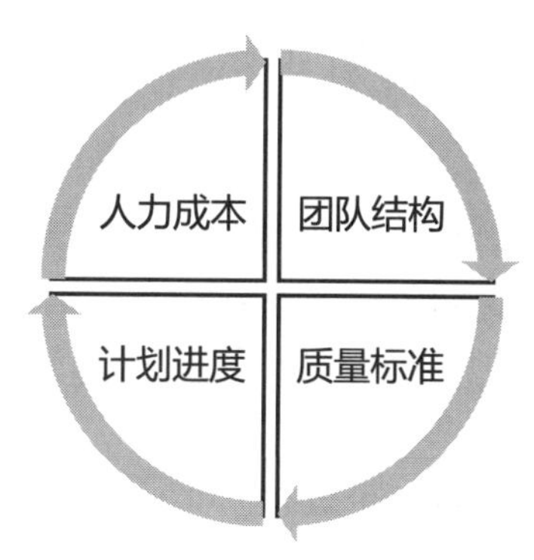

图 5-7 项目关键要素

通常，一个流程的实施需要流程开发工程师和业务顾问两个角色共同参与，建议开发人员同时承担起业务顾问的角色，因为业务顾问的转述可能无法让实施人员完全理解需求，业务顾问可能无法判断流程的可行性，而这样反复沟通，时间成本和人力成本都会很大。因为业务人员不具备 IT 开发思维，因此需要开发工程师充分发挥主观能动性，在不影响业务流程硬性规定和结果的前提下，提出更优的 RPA 实现方式，让 RPA 流程的实现更轻量和快速。

项目计划过后，RPA 实施策略建立合适的团队也应该被提上日程。一旦组织确定了一种部署策略，就该建立一个成功的 RPA 团队了。这里应该更加深入地讨论每个角色，以表明每个角色应该执行什么，并解释每个不同 RPA 角色的差异。根据组织在推出 RPA 时决定使用的部署类型，以下角色可以包含在集中式组织中或不同部门中。

1．角色分工

制订方案的过程中，团队结构需要提前定义，项目的相关人员都需要列入其中，相关职责都要明确清楚。主要包括项目经理、业务场景分析师、RPA 开发人员、RPA 运维人员、RPA 运营人员等。

业务场景分析师，此角色参加供应商培训并确保所有培训文档和支持信息随时可用，创建内部培训以支持 RPA 工作。此角色还为组织提供培训以支持 RPA 工作。业务分析师可以从公司外部聘请，因为他们将管理 RPA 工作的培训工作和文档。由于 RPA 工作对组织来说是新领域，因此拥有一名优秀的、具有开发背景、喜欢与人交谈和互动的培训师非常重要。此角色将被视为 RPA 的代言人，因为培训通常是许多员工第一次接触 RPA 及其功能。此角色与 IT 自动化经理和业务部门合作，协助创建所有文档，以确保 RPA 工作继续向前发展。此角色被视为所有文档更新、团队更新和其他任务的负责人。该角色必须能够管理多个任务，并且能够在多个流程、想法和其他出现的事物之间切换，并且非常敏捷。这个角色应该是终极多任务者，被视为团队中的干将和“啦啦队长”。当 IT 自动化经理不在时，此角色应该能够参加会议。团队中的每个人都应该对与此角色进行对话和讨论问题感到自在。

RPA 开发人员，此角色必须与供应商合作更新和管理 RPA 工作的应用程序。此角色最终负责管理 RPA 自动协助、密码和登录支持与管理、访问控制和应用程序内的权限，并确保自动化工具的应用程序具有适当的权限并进行适当的设置。此角色还管理审计控制所需的任何配置信息，并管理所有 ITIL 创建和更新。应用程序开发专家在 RPA 团队中扮演着不可或缺的角色。应用程序开发专家应具有多年在组织内处理多个应用程序的经验。由于 RPA 可以跨越组织内业务功能中的所有应用程序，因此具有广泛知识以及组织管理和维护过系统资源的人最适合该职位。该职位负责确保各种数量的应用程序可以与 RPA 工具集进行适当的交互。

RPA 运维人员，负责在实体或虚拟设备上安装部署 RPA 机器人软件，并管理这些设备的整体运行状况。这些设备可以是服务器、工作站、笔记本计算机、虚拟器等。该角色可以是专门用于 RPA 工作的专用角色，也可以是基础架构部门内的组合角色。值得注意的是，RPA 工作的基础架构的支持和维护往往比其他软件基础架构项目更加复杂。这是由于组织、机器人的基础设施要求和需求，以及管理和维护组织范围的 RPA 部署所需的整体支持。RPA 倾向于成为基础应用程序之一，因为最终由 RPA 机器人管理多个所需业务功能的自动化。因此，这意味着 RPA 解决方案最终成为一级灾难恢复系统。需要重点注意，RPA 仅在 RPA 解决方案和运行流程所需的应用程序在线且可用时才能工作。因此，在 RPA 工作中拥有经验丰富的基础架构人员对于项目的成功至关重要。在各种应用程序中拥有长期基础设施维护的员工最适合支持 RPA 工作的职位。

RPA 运营人员，负责 RPA 串接、推动相关 RPA 运营流程的工作，该角色是在组织内已经建立了 RPA 运营体系的情况下，例如 CoE 体系、RPA 小组等，基于 RPA 的管理平台而产生的。该角色主要负责 RPA 平台的用户注册、权限分配、组织架构管理、资源（客户端、机器人流程、任务等）管理、机器人流程，目标是让每一个机器人符合整个运营体系，并能够很好地被相应的业务员使用，在安全、规范的前提下给业务流程提供最大的效益。

项目经理，此角色管理整个 RPA 项目的工作。此角色具有应用程序开发方面的经验至关重要。此外，此角色需要了解精益、六西格码、精益六西格码等理论，至少具备基本的项目管理技能，并表现出推动任务完成的高度倾向。此角色负责管理整个 IT RPA 部署工作，包括管理 RPA 工作所需的所有技术资源、建立 RPA 部署标准以及确保尽可能迅速地处理供应商问题。此角色应具有多年的业务经验，并了解 IT 动态、访问管理和应用程序支持管理。该角色应该有申请开发背景并知道在组织内向谁提出有关各种应用程序的问题。此角色还需要能够与业务和其他 IT 专业人员进行专业互动，以确保 RPA 部署成功。

2．标准文档

许多咨询公司希望帮助组织选择 RPA 的最佳实施策略，基于更多的客户经验，他们知道不同行业、领域 RPA 实施方案是怎么做的。但是，只有您的员工最了解业务。因此，我的建议是获得一些建议，感谢顾问，并创建您自己的文档，以满足您的组织特定需求，并遵守您的组织战略。下面列出了在 RPA 实施过程中应创建的基本文档列表。

治理文件，本文档将说明如何管理组织部署。它描述了谁做什么和整个过程，它包含组织部署的规则。不要忘记指明谁负责新流程的实施和运维更新，例如，它应该有一个部分，介绍组织中的各种角色及其负责的内容、整体流程、如何确定 RPA 优先级、谁负责签署以及 IT 审计和控制。注意：IT 审计和控制应该是在治理文档中链接的单独文档。本文档列出了谁可以访问每个环境以及如何管理每个应用程序中的审计控制和访问控制，谁可以在测试和生产之间迁移，以及其他任何重要的事情。这在处理 SOX 应用程序时尤其重要。

标准文件，对于 RPA 中的每个角色，都应该有一种以标准的方式来实现业务 /IT/ 顾问之间的特定交接所需的流程和文档。这包括配置专家清单、流程所有者清单、流程设计师清单、移交文档、分步清单和关闭文档

优先矩阵，该文档说明了每个过程的优先级如何，并说明了如何通过算法分配成本。

需求模板，此文档或表格是一种创建由 RPA 卓越中心优先考虑的 RPA 机会列表的方法。组织中的任何人都应该能够提交想法，并且应该受到鼓励。

机器人管理文档，该文档（可能是 Excel 文档）表示哪些进程在哪些机器人上以及每个机器人具有的访问权限。这将使实施团队和审核员能够快速确定哪些机器人具有哪些访问权限。在某些组织中，可以通过报告来完成。在其他情况下，尤其是对于许多遗留系统，这是一个手动过程。

实施后文档，本文件说明了建议的节省以及是否实现了节省。根据需要，组织有能力定期返回并审查这些内容。

灾难恢复文档，不要忘记，RPA 应该始终有一个灾难恢复或业务连续性计划。在许多组织中，RPA 正在接管重要的任务（例如日记条目），并且在发生灾难时可能是组织的高优先级。注意：如果 RPA 环境不是水平的，那么在每个流程

实施之后，您的组织应该审查它是否达到水平。此外，RPA 仅在所需的应用程序出现故障时才有效在线。在您的 DR 计划策略中注意这一点很重要。

IT 基础文档，这包括如何设置机器人，是否可以复制机器人、如何部署从测试到生产的流程、测试计划模板、组织培训文档，以及流程自动化的整体维护和监控。

5.1.4 需求变更

无论什么项目，在实施阶段都无法保证其与初始计划完全一致，可能会遇到人员的变更、部门的变更、测试业务流程的变更等诸多无法预测的问题。RPA 机器人具有快速开发迭代、上线部署的特征，那么也就表示会面临频繁的需求变更的情况，需要对需求变更进行控制。

需求变更控制的目的是保证需求变更后，RPA 机器人能够按照约定的需求执行。通过建立需求追踪矩阵，追踪重要的依赖关系，建立关联项之间的可追踪关系，保证项目按流程变更后依然能够高效、按期完成。

为了确保 RPA 机器人能够正常工作，在运营运维的工作中应该对系统和机器人进行不定期维护和更新。每当运行环境（如 .NET 更新版本）或第三方软件（如 SAP）更新后，运维团队或 IT 团队应该对工作中的机器人遭受的影响进行分析，及时更新自动化软件，并在更新前对全部机器人执行回归测试。

如果业务流程发生变更（例如合同稽核的逻辑发生变化），那么与雇用新员工和培训现有人员所需的时间和资源相比，RPA 机器人可以在更短的时间内完成工作，RPA 开发人员只需要按照分析人员重新变更的需求快速修改机器人流程并上线，即可适应业务流程的变更。

需求变更的整个过程是从发起变更、需求分析、设计开发、测试验证、部署上线的过程，与正常的项目中的需求基本一致，需求变更的过程也需要专人来追踪管控。

（1）发起变更，变更的需求可以是使用 RPA 的业务人员、业务需求分析人员发起，造成的原因可能是 RPA 人执行作业失败、RPA 操作的三方业务系统页面变化、RPA 业务需求本身发生变化等多种情况。

（2）需求分析，分析变更的原因，对 RPA 机器人新的需求进行分类，确认新的需求需要的实现方式、上线评估的衡量指标等，排除 RPA 机器人流程质量、环境等因素造成的伪需求。

（3）设计开发，按照需求分析的结果，在原有的 RPA 机器人流程上进行迭代开发，并对其进行版本管理，避免版本冲突、无法回退等情况。

（4）部署上线，按照部署上线流程，通过内部测试、UAT、Pilot 等环节后，才能上线，上线前需要计划新老板的切换策略，并通知到相关使用 RPA 的业务人员。最后更新相关运维文档并整理归档。

由于需求的变更，项目可能会面临稳定性降低、时间延长和成本增加的风险，所以需要按照一定的流程来控制项目。当业务人员由于各种原因必须变更需求时，项目需要按照需求变更管理流程执行需求变更，梳理和确定新的需求。项目组能够根据已知的需求基线来区分已知需求、旧需求、新需求以及增加、删除或修改需求。在 RPA 项目的实施过程中，开发人员通常会直接对接业务人员，他们经常会遇到业务人员变更需求、增加需求等突发情况。这些突发情况往往要花费不少的工作量，而且还会影响项目进度。为了避免可能造成的项目延期和投入过量的资源，可以通过需求变更控制流程，通过规范化的方式控制业务需求和项目进度。

综上所述，往业务流程中增加更多的 RPA 数字化员工比招聘或培训新员工要容易很多，因此，组织需要拥抱变化，在数字化转型中持续加强自动化的能力。

5.2　设计开发

整体 RPA 项目的设计开发在项目中至关重要，是 RPA 机器人的核心，将影响后续的测试、上线、部署、推广等诸多步骤。

如果把 RPA 的设计开发类比为修建一栋房子，那么设计的工作就是规划好房屋布局和结构，将柱、梁等框架性的结构搭建起来，并在柱梁的基础上砌上墙、铺上地面、搭上屋顶等，最后交付的也就是我们所说的毛坯房；而开发则是在毛坯房的基础上进行装修，与实际住户的需求细节都满足一致，可以细节到地板的颜色、桌子的朝向等。住户很难感知设计的工作，但是它是住户能够长期安全居住的前提，开发的工作与住户密切相关，开发的所有工作都是为了获得住户的认可。

设计，是根据分析人员整理的需求，全局统一考虑机器人的流程框架，拆分功能模块，预判出开发的核心点、存在的风险，并设定计划，在流程框架的前提下逐步填充。

开发，是按照当前的流程框架，专注于其中某一个功能模块的开发，负责把需求的内容转换为 RPA 的流程图或代码。

5.2.1 流程设计

对 RPA 融入工作的流程设计如果缺乏科学、合理的规划和思考，则会导致流程复杂化、RPA 技术资源浪费等诸多弊端，从而出现部署困难、难以落地等问题。

组织在实施 RPA 项目的过程中，难免需要在一定程度上对原有的流程进行重塑和改造，进而对业务本身及与其关联的上下游业务流程都带来变革，因此需要妥善考虑角色分工和流程控制的重新设计。

在进行流程自动化的框架设计与开发的过程中，不仅要考虑整个系统的安全性、灵活性、稳定性和高效性，同时还要考虑后续的可延展性需求，可以结合以下几个方面来进行设计。

（1）业务范围，比如流程的长度、复杂度、关键流转节点、检核点、校验逻辑等内部影响因素。这些内容决定设计过程的功能模块的划分，整理框架的选型，进行本地化参数、异常处理、恢复机制、可维护性的考虑。设计中对运行涉及的系统、流程执行节点、流程长度等因素对整个流程进行切分，以确保不同功能模块的低耦合性。

（2）环境因素，机器人运行时间、运行时长、运行环境等外部影响因素，比如 SAP 系统的版本、表格文件的格式、Web 系统的登录环境等，做好全局统一的考虑，避免从开发环境迁移到测试、生产环境所带来的间隙。

（3）可扩展性，考虑业务流程的上下游与当前业务流程的衔接方式，预留可扩展的框架接口，标准化扩展的参数结构等，充分考虑未来业务的增长或拓展，预留衔接位置。

（4）安全性，设计时需要考虑参数配置安全、信息存储安全、信息传输安全、网络端口与访问安全、物理环境安全、日志安全、代码安全、账号密码安全等。

5.2.2 流程开发

RPA 流程的设计工作，大致可以分为准备阶段、开发阶段、调试阶段。

1．准备阶段

流程开发前，需要进行大量的环境准备工作。包括 RPA 软件设计模块的安装部署、场景依赖环境的准备、网络情况的准备。

例如，需要组织提供满足业务场景网络环境的个人计算机，并按照组织 IT 的安全要求安装 RPA 设计软件，如果业务流程设计到 Excel 操作，需要按照组织 IT 的规范安装办公软件，尽量保证与业务场景的环境一致。

除了环境准备工作，还需要对需求功能、流程架构设计进行初步的了解和熟悉，对有疑问的及时沟通，询问业务流程分析人员和流程架构设计人员，对于实现有困难的地方需要进行风险管控，及时通知主管和相关负责人。

2．开发阶段

当RPA项目进入开发阶段时，按照流程设计的框架，聚焦已经拆分出来的具体功能模块，并基于该模块梳理常见业务的异常状态和可预见的系统异常状态，将其按照异常类型、后续影响、特殊性等维度进行分类，在关键节点进行异常捕获，根据异常的不同类型进行不同的RPA机器人流程指向，以确保异常发生时能够及时停止、及时跳过当前子流程并继续运行，或者尝试重新执行。

在编排RPA机器人流程的过程中，需要遵守一套开发规范和标准，从命名、注释、日志、配置、目录、异常等多个维度出发，应用在整个项目开发中，从而提高项目的效率和质量。遵守开发规范不仅可以避免很多不必要的问题，而且可以减少缺陷（bug）的数量，并且对贯穿整个流程的关键数据节点进行质量检查及信息反馈，以提高整个RPA机器人流的质量。

当整个项目都按统一规范往前推进时，整个项目实施周期的各个阶段都可以从中受益。例如，从开发阶段的效率提升，到测试阶段异常情况的迅速解决，再到运维阶段的代码易读性等。此外，遵循开发规范也会提升相关代码的质量及友好性，以便于交付后进行代码管理。RPA开发规范的主要内容具体如下：

（1）命名规范根据内部定义的规则进行命名，包含变量、参数、流程名、文件名等命名方式，可以遵循软件开发的编码规范。

（2）代码注释包含流程的注释、每个活动的注释以及业务逻辑的注释。

（3）日志记录的日志主要包含两种，即系统日志和业务日志。完善的框架中，系统日志的功能比较齐全，一般情况下不需要再次记录；业务日志则需要根据项目情况记录关键的操作。

（4）配置信息项目所需要的配置信息应存储到配置文件中。用户账号和密码需要存储到服务器端，需要经常修改的信息也可以存储到服务器端。

（5）目录结构需要清晰地定义项目文件夹的结构。

（6）异常捕获需要拥有完善的异常捕获机制，包含系统异常和业务异常，并记录异常信息和截屏。开发人员可以依靠自身的编程技能和经验来提高代码的质量，可以通过代码审查来辅助完成，对于经验不足的开发人员所编写的代码，需要通过专门的代码检查环节进行审核，并提出改善意见。

总之，遵守开发规范，并不断地完善这些规范，有助于提高RPA的开发效率、缩短开发周期、降低出错率、促进团队合作，以及降低维护成本，进而在最短的时间内，花最少的钱，高质量地完成RPA项目。具体规范如表5-1所示。

表 5-1 开发规范表

类别	规范
命名规范	1）自动化流程项目命名 能够清晰呈现出自动化流程的场景和核心业务，例如公司内部差旅报销、温州营收稽核等。通常与流程所优化的人工岗位名称匹配。 2）工作流程图命名 新建工作流程图时需要对其进行命名，按照该流程所实现业务核心流程进行命名，动词在前名词在后，例如读取 Excel 表格内容、抓取页面数据等。 3）组件命名 拖曳新的组件到流程图中，部分需要对组件进行命名，方便在大纲中查看。名称内容为该组件的具体功能，动词在前名词在后，例如单击“OK”按钮、获取 Table 文本等。 4）变量命名 最好以用英文命名，以字母开头并小写，头三个字符为变量类型的缩写（string → str，boolean → bl，object → obj），后面紧跟名词用于秒速改变量的内容，不能超过 255 个字符。例如：strInputInfo，objElement。 如果是中文，变量名为变量所代表内容关键字即可。 5）参数命名 参数是工作流程图与外界交互的变量，除了需要以 m_ 开头（m_ 变量名），名称方式与变量相同。例如 m_strMsg，m_intCount
流程图选择	1）序列图 功能尽量单一，面向一个应用、页面的操作。 2）流程图 实现复杂的逻辑，并且将序列图、状态机图串联起来。 3）状态机 基于状态扭转的逻辑实现
异常处理规范	1）主动处理 对于可以提前预测的移仓，需要增加相关处理，避免异常发生。 2）被动处理 对于无法预测异常，按照流程层级逐层添加，并增加相关异常处理。 3）日志规范 在流程重要环节，需要加入日志组件。日志内容只能辅助定位问题的内容，不能为业务数据。 日志格式应该为：{ 工作流图名 }_{ 关键字 }_{ 内容 }
数据安全规范	通过自动化流程开发过程中进行规范，确保机器人在安全范围内进行作业。相关敏感数据（例如：密码、个人信息、敏感数据等）不能配置在流程中
注释规范	每个工作流程图需要加入注释，主要流程、复杂流程需要加入注释，提升流程的可阅读性和可维护性
日志规范	在流程重要环节，需要加入日志组件。日志内容只能辅助定位问题的内容，不能作为业务数据。 日志格式应该为：{ 工作流图名 }_{ 关键字 }_{ 内容 }

3．调试阶段

流程执行后按需进行执行结果的反馈、运行环境的恢复，以及所有与运行相关数据的备份和归档等，以保证后续流程的正常运行，以及可对历史记录进行追溯。

5.2.3　版本控制

版本控制的目的是保证每一个机器人流程版本的可控性、唯一性，是多人协作开发机器人流程的必备条件。版本控制的目标是机器人流程项目以及项目的输出物，通常需要通过版本号、备注的方式进行控制，这里的输出物指的是可以运行的机器人流程包。

触发版本控制有很多情况，比如场景需求的变更，除了要修改相关流程，还要考虑当前版本与已经对外输出的版本的兼容性、一致性。比如缺陷修复，机器人项目设计不可能一次性就能完全满足需求并稳定运行，在后期的测试验证、部署运营阶段，总会有多多少少的问题被发现，这些问题有些是需要立即修复的、有些是需要在后续版本中完善的，所以需要通过版本控制来管理这些问题在哪些输出物上体现出来。

版本控制有很多方式，如果是个人开发者的项目，可以通过文件命名的方式管理，比如每次打包发布的机器人流程输出物都有自己唯一使用的名字，名字中包含版本号信息，每一次打包的版本号都不一样，当然，版本号可以按照管理规范人工手动管理，也可以借助工具来实现。同时，也可以将版本号的信息写入到项目相关配置信息、项目输出物的配置信息中。

对于多人协作的项目，可以借用 Git、SVN 等版本管理工具来实现版本控制，可以按照 Semver 2.0 等国际通用的版本规范，结合自身的实际情况。比如通过不同的分支管理不同的项目阶段状态，通过每次的提交管理最小版本单位，通过标签来快速定义虚拟版本的输出物，快速定位迭代位置，通过缺陷分支合并来管理缺陷问题，等等。

5.3　测试验证

流程在上线前的测试验证，除了保证机器人在既定环境中能稳定执行，也要确保机器人带来的实际价值。

5.3.1 单元测试

单元测试有利于验证开发结果，覆盖业务场景和业务规则，规避潜在的功能性或者业务性的风险，从而保障项目的正常上线。单元测试的发起人主要是流程开发人员或测试人员，在已知的业务背景下，对现有机器人流程进行测试，测试的过程覆盖流程中尽量多的逻辑判断。

5.3.2 用户测试

用户测试是 RPA 项目上线之前的一个关键环节，也可以称作 UAT 测试。用户测试是 RPA 上线之前的实战演练。在用户测试阶段，项目人员需要制订完备的流程用户方案，以保证基于 RPA 的业务流程能够正常工作，业务能够正常进行。

（1）环境准备正常的项目从开始到上线，一般会经历多个环境：开发环境、测试环境和生产环境。RPA 的运行依赖系统环境，环境的准备至关重要。高度一致的环境可以减少许多不必要的流程配置、切换和调试时间。因为 RPA 涉及诸多第三方系统的交互，测试环境和生产环境可能在系统和数据上都存在差异，因此要尽可能地确保测试环境与生产环境的高度一致性。测试环境往往缺少数据，RPA 流程在少量数据甚至无数据的情况下，并不能很好地进行流程配置和稳定性测试，因此需要在测试环境中提供充裕的数据以供测试。RPA 软件机器人有可能会涉及多个系统登录账号，在不少系统中，不同的账号进入后因为权限不同，所看到的界面也不同，最好是在测试账号和生产账号中提供机器人的专属账号。

（2）测试方案：确定用户测试的时间和范围。确定与配合部门的测试分工和沟通机制。确定 RPA 实施团队的人员组成和分工，安排项目现场人员、后台支持人员、业务人员和系统人员名单。确定测试工作计划和测试用例。

（3）测试问题跟踪与解决 RPA 软件机器人在流程测试过程中不可避免地会遇到来自软件配置、节点对接等方面的问题，项目人员需要在测试过程中对发现的问题进行持续的跟踪和记录，以此来优化流程细节，为上线试运行做好准备。通过编制“流程测试问题跟踪表”，项目人员可以及时发现流程运行中的问题，获取使用者反馈的意见，并针对意见制订解决方案，持续跟进问题的解决动态，直到问题解决、状态关闭为止。

5.3.3 试运行

试运行是 RPA 项目上线前的最后一个环节，也可以称作 Pilot 测试，目的是提供一个最接近真实的环境运行，挑选小部分业务人员参与适应 RPA 一起工作的状态，场景开发人员受理需求和缺陷问题，快速迭代，最终保证项目能够成功上线。

试运行的过程，是基于正式的生产环境，在可控的计划范围内，运行 RPA 机器人去实现真实业务的运行，并周期性对运行的业务进行监视和校验，监视 RPA 机器人是否运行正常，业务是否运行正常，校验 RPA 机器人执行的业务是否与预想的数据一致。

试运行的整个阶段的方案，需要与 RPA 机器人所对应的业务形态紧密相关，通常可以按时间周期、按覆盖范围、按使用次数进行衡量和设定。

（1）按时间周期，可以周、月这些时间单位来设置，例如每天早上 8 点 RPA 自动以邮件形式发送日报到部门经理，日报所依赖的业务数据是按照月度盘点，那么可以制定 1 个月的试运行周期

（2）按覆盖范围，可以按照覆盖业务范围、覆盖用户范围来设置，例如 RPA 机器人 7×24 小时监控视频设备是否在线，安保人员换排版按周进行，那么可以将试运行设为 1 周，确保每一个用户都已经使用和验证 RPA 的能力是否达到自己理解的需求。

（3）按使用次数，可以按照运行 RPA 机器人次数来设置，例如月度考勤制作机器人，按照正常业务需要到每月底才使用，如果按照时间周期会将试运行阶段拉伸得特别长，并且中途可能还伴随着需求变更等风险因素，所以可以将已经发生考勤的月份数据挑选并限定测试月份次数，并结合实际运行近 2 月执行的情况，综和判定试运行的过程。

试运行结束后，会根据与业务员达成试运行方案，对试运行结果进行检验。检验的标准主要是业务的正确性，因为过程中都使用生产的数据，所以对数据的正确性、业务流程执行效率有一定的要求。

（1）正确率，常理来说，至少是优于人工作业的。同时在一些特殊场景，例如订单录入、工资核酸等，需要达到 99.75% 的准确率。

（2）作业效率，如果在需求阶段对 RPA 机器人提供流程作业效率、作业周期标准时间有显著要求，则需要纳入衡量指标，例如，批量合同录入、工单自动受理等。

5.3.4 上线评估

上线评估，是测试验证环境的最后一道关卡，需要通过量化的指标数据来判定流程是否达到上线标准。在试运行通过后，便可以开始三方评估。

评估的人员包括项目发起人员、需求分析人员、业务人员、开发人员、运维人员，以需求设计为基础标准，设计方案中预估的效益指标进行衡定，同时业务人员也可以根据自身使用替换给出相应判断。在效益指标衡定的过程中，需要业务人员、需求分析人员参与，可做人机对比操作，包括效率、准确性等方案，多次采样统计完成后，行程最终指标，如果过程中干系人剔除有业务阻断性问题需要关注，其他问题则应该放入下次需求迭代中进行。

评估完成后，根据结果需要项目发起人员最终判定该应用是否可以上线。

5.4 部署运营

部署不是机器人生命周期的结束，而是一个新的开端。机器人流程结束测试环境之后，进行部署上线前，需要提前编写好上线部署方案，一个好的部署方案可以避免在进行环境转换时出现低级错误。各个环境中的地址、账号等配置信息可能会有所不同，因此需要在部署时严格按照部署方案进行相关的操作。

5.4.1 部署运行

RPA 机器人在部署前，需要考虑部署的环境情况，如内网环境、云端环境、混合环境这些常见的环境情况。

（1）内网部署，对于中大型组织而言，由于 IT 策略、数据安全等方面因素，RPA 环境需要在组织内网环境中部署，例如安装在组织员工电脑、组织内网虚拟机上等。

（2）云端部署，对于组织和个人用户而言，RPA 的控制台、机器人等设施，可放在公有云、组织私有云端上，例如云桌面、云服务器。

（3）混合部署，结合复杂的组织环境，将 RPA 部分能力部署在云端，部分能力部署在内网或者互联网环境，例如 RPA 控制台部署在公有云，RPA 机器人引擎部署在私有云或内网执行。

RPA 软件机器人理论上可以 7×24 小时不停地工作，但就目前的发展现状来看，几乎没有组织能够充分利用自己的机器人。

从机器人的设计、调度和通用性三个方面来看，我们可以考虑跨流程甚至跨部门地使用机器人，最大化地利用RPA的能力。可以通过对整体流程进行评估，然后结合以下三种方式对多台机器人进行分组部署。

（1）根据应用程序划分的优势：在一个环境中，可能会存在多个应用程序（如 Excel、SAP、EBS 等）。例如，流程 A 只需要在后台进行操作，而流程 B 则需要在操作界面进行操作，因此可以将 A 和 B 部署到同一个环境中，使两者互不影响，以提升资源的利用率。劣势：当进程之间存在多个应用程序组合时，效率就会变得很低。

（2）根据进程分组的优势：每个机器人都有自己的专用环境，不用并行运行其他的机器人，可以百分之百保证专门的机器人用于专用的流程。劣势：可能会有机器人空闲的情况，资源的利用率会下降。

（3）混合分组的优势：相对于以上两种分组方式更灵活，可以最大化地利用机器人。劣势：需要有明确的机器人执行排班表，包括流程业务发生时间、业务频次、业务量大小、机器人执行时长等信息，以避免机器人执行时发生混乱。RPA 平台主要分为 RPA 控制台与 RPA 软件机器人两个部分。其中，RPA 控制台部署在服务端，而 RPA 软件机器人则可以分为服务端部署和客户端部署两种方式。

对于 RPA 需求及机器人较少的项目，建议采用客户端部署的模式，由各业务人员自行管控，以此减少整体项目资源的投入。对于 RPA 需求及机器人较多的项目，建议采用服务端部署的模式，由专人统一管控。若考虑单点故障，则可以采用集群部署、负载均衡（如 F5）等方式实现高可用性。

部署的方式有很多种，大致的部署方式如图 5-8 所示。

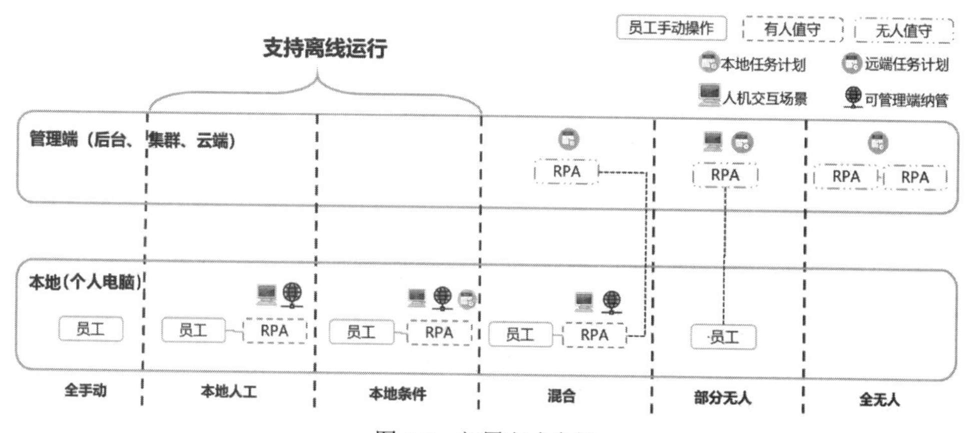

图 5-8　部署方式全解

（1）本地人工：本地手动触发作业，机器人在本地运行，本地人机交互，应用可在本地或者远端获取。例如，员工上班时，手动触发机器人识别本地邮箱客户端未读邮件，并自动回复，可画中画运行。

（2）本地条件：本地条件触发作业，机器人在本地运行，本地人机交互，条件可为定时、事件，应用可在本地或者远端获取。例如，每日下午 5 点，提醒员工录入当日合同信息，晚上 8 点机器人从本地自动上传合同，可画中画运行。

（3）混合：本地手动或者条件触发作业，本地发起作业，作业由远端调度，在远端机器人运行，人机交互在本地进行，触发的条件可为定时、事件。例如，客户经理人工启动作业，入参当日合同，中途输入短信验证码完成登录，远端机器人自动录入合同到系统，不占用本地资源。

（4）部分无人：远端手动或条件触发作业，作业由远端调度，机器人在远端运行，远端人机交互，条件可为定时、事件。例如，薪酬专员定时计算每月工资表，并通过浏览器、手机端更新公司日历，启动作业，录入参数，计算当月工资项。

（5）全无人：100% 机器人操作，调度中心驱动，机器人独立运行，外部系统可通过三方接口、内部系统可通过外部调用接口，编排机器人之间协作。

5.4.2 整理归档

RPA 部署运行正式上线后，需要编写使用相应运维文档并归档。在整个部署运营阶段中，文档的整理归档被单独化为一个步骤，足以证明它的重要性，不仅是保证 RPA 系统的持续运行基石，也是机器人能运营推广发光发亮的前提。

整理归档，这是保证流程顺利实现自动化并持续稳定运行的关键，运维支持机制的建立和知识资产的传承将为 RPA 在组织内的持续运行提供保障。不同的业务部门对 RPA 流程具有不同的需求，如何满足不同的需求是对 RPA 系统运维的最大考验。以下问题常常出现在 RPA 项目的运维阶段。

例如，是否可以自由地添加机器人客户端？如果 RPA 中止，应该如何继续上次的运行？如果业务流程发生了更改，那么之前的 RPA 流程应如何进行修改和适配？等等。针对系统运维阶段业务需求的增改，涉及的需求梳理、设计开发、测试部署等工作，可以通过 RPA 软件机器人运行标准操作程序（Standard Operation Procedure，SOP）手册来指导和规范运维操作，形成有效的需求及问题解决机制，并为 RPA 的推广和实施奠定基础。

5.4.3 运维监控

从长远来看，组织需要制订相应的运营计划、管理计划，定时查看 RPA 软件机器人运行的效率报告，这些管理措施对于组织日后提高工作效率都有极大的帮助。RPA 是一种组织能力，组织需要专注于培养核心机器人运营团队的技能，让每个人都参与进来，在业务部门和 IT 部门之间建立可靠的关系。这个过程必将是一个持续的过程，透明的管理和合理的规划非常关键。通过对已上线 RPA 流程进行效率分析，组织也可以逐步在其他部门或环节进一步推进 RPA 的实施，如图 5-9 所示为运营看板的样例。

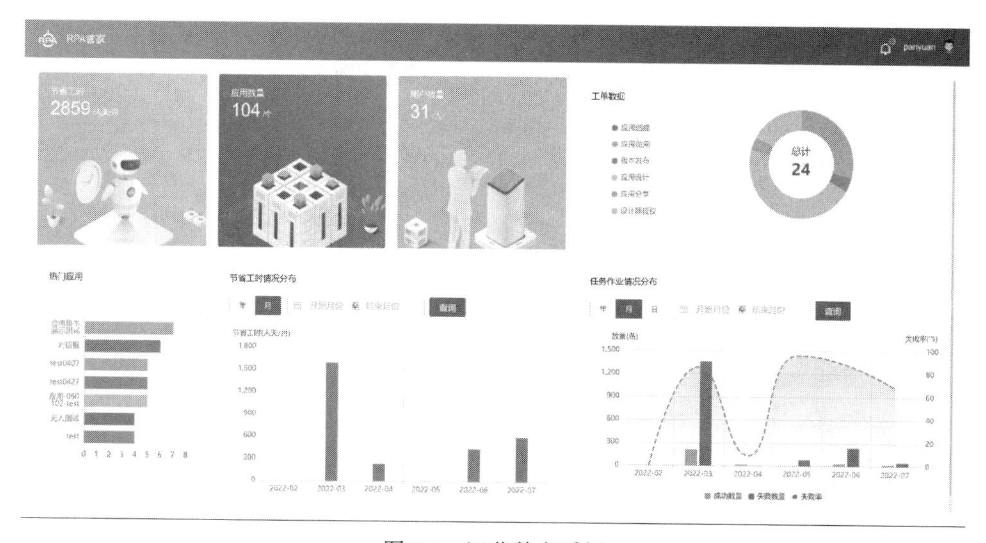

图 5-9　运营数字看板

RPA 项目在运维过程中需要对接多方人员，包括各业务部门、数据中心、开发中心等。因此运维人员需要提前确认好业务和技术人员的分工及职责，以避免 RPA 项目出现问题时无法及时解决。缺陷是应该整理出相关的根因分析，并列出相应的解决方案，方便运维人员分析和排查，如表 5-2 所示。

表 5-2　错误分析表

错误分类	错误根因	解决方案
业务流程问题	业务系统页面弹出未知弹出，导致页面元素获取失败	（1）下降错误应用。 （2）邮件通知。 （3）收集页面会出现的问题。 （4）健壮流程，对于会出现的页面弹出，在流程里面管控

续表

错误分类	错误根因	解决方案
业务流程问题	业务系统有动态脚本，元素获取失败	（1）下架应用。 （2）邮件通知。 （3）修改流程：第一种，通过通配符匹配；第二种，修改元素特征使用界面探测器
	业务系统页面被修改，导致流程元素获取不对	（1）下架应用。 （2）邮件通知。 （3）修改流程。 （4）测试完成之后重新上传流程包
	业务系统数据流程错误（例如出现派单失败等提示）	（1）健壮流程，在数据流程的节点加入流程判断，根据流程逻辑判断继续执行剩余或者中断执行。 （2）管控中心节点提示
	业务系统下载表格失败：业务系统手动下载也不行	（1）下架应用。 （2）邮件通知。 （3）修改流程，使用循环点击的方式下载表格
	CRM 多点登录	（1）下架应用。 （2）邮件通知
数字员工设计问题	业务登录时，找不到元素，导致登录超时	（1）下架应用。 （2）邮件通知。 （3）修改流程：第一种，通过通配符匹配；第二种，修改元素特征使用界面探测器
	鼠标、键盘没有点击，元素没有获取到	（1）下架应用。 （2）邮件通知。 （3）修改流程：使用组件属性启用，置顶元素，勾选模拟键入
	解除预占解除—刷新时登录超时	（1）管控中心，节点通知。 （2）流程使用定时任务方式，同时在流程中加入白名单、黑名单机制（防止节假日运行）
	流程包上传用旧版客户端发布老版本引擎	（1）下架应用。 （2）使用新版本后设机器发布
用户问题	用户未填写验证码、验证码使用超时	（1）流程改造，加入验证码输入延迟，并能给出验证码重输入机制。 （2）管控中心节点配置用户验证码提示。 （3）用户培训
	用户主动停止	（1）管控中心错误统计不应纳入此项错误。 （2）任务执行状态改变为成功

续表

错误分类	错误根因	解决方案
用户问题	传入参数错误	（1）审批人员应检查上传应用。 （2）用户培训
	修改执行引擎配置，与测试管控中心连接	（1）禁止业务人员使用正式虚拟机。 （2）虚拟机管理员定时检查
环境问题	24 小时任务会出现浏览器崩溃、无响应	（1）流程健壮，在流程种加入重试机制。 （2）配置常用虚拟机环境底层库。 （3）进行 IE 浏览器配置
	虚拟机环境锁屏导致： （1）.COM 接口调用失败； （2）启用组件使用失败	在虚拟机环境放入自动解锁脚本
	Excel 版本过低，未激活	（1）激活虚拟机环境，相关文档已经下发。 （2）升级 Excel
产品缺陷问题	虚拟机进行锁屏操作	临时方案：虚拟机加入解锁脚本。 完善方案：执行引擎加入解锁功能
	执行引擎上传节点信息，出现 503 错误	（1）流程加入 try，catch。 （2）加入循环，更新节点配置
	虚拟机重启，无法自动重启执行引擎	研发进行开发

5.4.4　运营推广

运营推广工作是 RPA 生命周期中一个容易被忽视的阶段，但是又是最容易给组织带来利益的阶段。运营和推广是密不可分的两个方向，运营是将现有的机器人、人力、设备等资源最大化地利用起来，产生最大的效益，而推广则是在当前运营的基础上，扩大影响的范围，通过复制的模式将现有的效益扩展到组织内其他部门，甚至组织外的上下游单位。

1．运营

好的运营工作，可以使已经上线的 RPA 机器人达到最高的生产效率，并不断推动机器人的更新换代、业务流程改善，属于较少投入带来较大利益的阶段。对于已经广泛实施 RPA 的组织，庞大的 RPA 基数更是滋润运营的土壤。

持续不断的运营工作，才能让 RPA 持续不断地给企业带来利益，也让 RPA 健康发展和成长，所以，RPA 能给组织带来的利益的多少与持续运营紧密相连。

在实践中，运营的工作需要专职的人员负责，可以将这些 RPA 机器人类比为员工，而运营人员则是它们的主管，合理安排 RPA 机器人的工作、衡量 RPA

机器人的 KPI、提出更好的业务需求是他们主要的工作。很多已经有 RPA 卓越中心体系的组织中，运营是必不可少的一部分。运营的大量工作需要业务人员和技术人员，他们也许不属于 RPA 卓越中心核心团队，但是共同参与并推动了整个项目的成功实施落地。

在持续运营的过程中，运营人员应该要关注以下几点：

（1）职责分离，RPA 机器人的开发、部署、运维和运营人员的职责应妥善分离。首先要确保开发人员只能访问开发环境，而不可访问生产环境。机器人开发完成后将被部署到中心平台，此时应确保只有一人负责该操作。一旦部署到位，运营人员即可开始监控机器人的操作和运行流程，由于运营人员不能访问 RPA 流程，因此需要将观察到的任何问题全部按照标准反馈给开发团队。

（2）数据权限，对 RPA 机器人这种虚拟劳动力的任何访问都应该统一归口，集中管理对不同 RPA 平台的访问权限应集中管理，相关措施具体如下。生产环境的访问权限应该由 RPA 组织的运营主管来确定运营规范，如果有 RPA 卓越中心体系则需要得到 RPA 卓越中心经理的批准。例如，RPA 开发人员不可访问生产环境，业务人员不能看到运营类指标数据等。同时，生产环境可以选择和创建具有不同访问权限的概要文件，例如，仅可编辑的机器人、仅可查看的机器人，等等。

（3）审计追诉，RPA 机器人审计追踪是被动发生的，可能发生在任何时候，是确保机器人的执行过程有效的一种手段。那么，运营的相关平台就需要将任意一个机器人发生的事件都记录下来并保证可追溯。记录的日志内容，是可以达到复现机器人执行过程中发生的相关事件的方式，例如在三方业务系统中进行的创建、编辑、删除业务数据的过程（一般不包含业务敏感数据），并且保存原始输入和机器人身份表示、事件发生时间、行动内容等信息，保证日志可读性。运营人员可以从运营平台拉取归档的日志，按照运营的统一标准，合理审查日志内容，根据机器人需求、业务场景等因素，专业的角度判断日志内容，并且进行处理，或将问题转派到开发或者分析人员来进行更加深入的处理。

如果组织中已经包含了 RPA 卓越中心体系，那么在持续运营的过程中，为了能提升运营的效率，还需要关注以下几点：

（1）价值扩张。从 RPA 的本质来说，最重要的价值就是它可以快速地提高流程效率。在 RPA 卓越中心体系的前提下，运营的工作可以通过 RPA 卓越中心的组织作为桥梁，实现跨部门范围内推广流程自动化，并且可以加速这一重要价值，实现在短时间内在某一些部门获得巨大的利益回报。然而，由于业务、技术等特性的不同，RPA 在不同部门之间所带来的价值实现往往还是有一些区别的，在快速扩张之后，衡量 RPA 的回报需要综合考虑到各个部门的实际情况，还需要按照各个部门自己的特色，建立符合自己部门特性的价值理解，逐渐完善RPA卓越中心体系。

（2）长期收益。对于周期短、见效快的RPA来说，组织很容易产生“短平快”的期望，我们需要避免这样的短期收益的心态，需要通过持续运营来实现长期的收益。在组织的RPA卓越中心体系下，建立组织内部跨部门的协调和技术整合工作规范，在内部和外部进行充分的交流，是建设持续运营的基础。由于各个部门的价值实现不同步，因此给予一定的时间周期用于衡量RPA卓越中心的成效将是客观必要的。从数字化转型的整体战略来看，有持续运营的RPA是一个具有长期回报的项目，也是检验CoE体系的本质所在。

（3）扩大范围。RPA卓越中心体系已经建立了规范机制，并且嵌入到现有的组织结构中，需要考虑到其对组织的上下游的影响，新的自动化工具对上下游业务涉及的权限分配、汇报路径、劳资关系等因素提出了新的挑战。即便RPA作为组织数字化战略中的主力军，也不能单靠开发者、业务员等角色，需要运营人员来有效地简化多个机器人带来的管理难题，并且对可能发生的各种变化保持敏捷应对。为了尽量减少运营管理和职责隔离的有关风险，每个组织都应当建立一些适当的规范机制。

2．推广

RPA的推广工作，是将RPA的场景作为典型案例在组织内扩展，应得最大的收益。随着业务的增长，RPA初期的顺利落地，相应的需求可能从各个方面袭来，RPA实施后的推广扩展工作也应随之一起演进。如果是采用RPA的RPA卓越中心模式沉淀出的场景，该场景一般保持着功能齐备，可以轻松扩展。

RPA在组织内不断推广的环境下，除了业务流程会不断优化和提效，组织内部人员的职责也会不断地整改和改进。在推广扩展的过程中，如果没有来自项目管理过程的监控、六西格玛、Lean等方法论的掌握来控制业务流程或持续改进，那推广和扩展的工作也很难推进下去的。

可以把RPA的实施看成一个自动化游戏，它要不断学习，组织会从不断地开始、娱乐、结束、重新开始的过程中成长起来，整个过程应该是微笑面对的。一次次的经验积累中，发现RPA给组织带来的共同点，在组织内的不同领域进行推广，使得整个组织的成员能够快速上周，RPA的场景数量和给组织带来的机制也会随着推广影响的范围，而指数级别地增长。在将来，甚至可以影响到整个行业的变化，推动人类的进度。

推广和扩展也会对组织内容带来影响，例如岗位的调动、业务流程调度、技能要求的提升等，会产生一些不适应。但是，组织应该要拥抱RPA带来的变化，根据这些变化所带来的影响，让组织发生从量到质的变化，如何确保组织在竞争中保持领先。

在组织进行 RPA 推广扩展的过程中，需要一套体系和行动来支撑，主要包括培训、评估、宣传等方面。

1）培训

组织如果想要 RPA 在组织内能够推广扩展，必须确保足够的资金和资源用于 RPA 培训，并且培训的工作是持续的、有目标的、面向不同人群的。

我们建议开展组织内的 RPA 培训学习会议，按照不同的培训目的，邀请组织内不同行业、领域的专家、一线人员参加。

对于一线人员，除了普及 RPA 的基本概念，也会进行 RPA 使用的培训、RPA 机器人设计的培训，并且分享已经有的成功 RPA 场景案例，让他们能够在自身的工作中发现 RPA 的机会。同时，一线的业务人员也会是 RPA 扩展和推广的主力对象，他们有着对业务本身精通的优势，再加上 RPA 技术、流程管理类知识的加持，有潜力成为 RPA 的开发者、RPA 的分析专家，他们基础庞大，是 RPA 持续发展过程中不可忽略的对象。

对于技术人员和领域专家，除了 RPA 实践技术的培训、分享已经有的成功 RPA 场景案例，也可以开展探索性的讨论，研究其他自动化技术和创新技术，例如人工智能，以了解它的能力适用于哪些场景，如果在机器人设计工作中与 RPA 集成使用。

组织的成长需要不断地学习，请记住，学习是一种胜利——即使有挫折。

2）评估

组织对自身进行 RPA 成熟度评估。这将决定组织愿意带入多少资源来发展 RPA，也影响着 RPA 的推广和扩展，同时也是一个在组织内部发展的方向，并朝着该方向有计划地努力。很多企业都询问过 RPA 成熟度模型的定义，来帮助推进内部的改善工作，但是在业内还没有一个完全成熟的版本，下面是我们推荐的分级标准：

- 级别1：组织愿意为RPA投入资金。级别1中的RPA工作通常由外部供应商服务。组织每年可以执行至少5个实施场景。组织内至少有3个或更少的部门参与，并致力于完成RPA的场景。
- 级别2：组织愿意为RPA工作投入资金和资源。这项工作可以由外部供应商和组织内部共同进行，同时，RPA的知识和工作有计划逐渐向内部转移。有4～6个部门涉及RPA，并且有一个既定的RPA机会清单作为目标。RPA的相关文档知识库已建立，但仍处于草稿形式，需要不断完善。
- 级别3：组织致力于发展RPA的内部成长，并承诺投入一定的资金和资源。整个RPA实施的工作都有明确的指挥链。有6～9个部门从事RPA，并且有一个既定的RPA机会清单作为目标并设定KPI，组织中的每个人都需要为这些机会做出努力。有正式的RPA文档知识库，并设定有管理的规范。RPA机会与组织的发展战略之间存在明确的关联。

- 级别4：在级别3的基础上，有更为完善缜密的指挥链。范围上升到至少10个部门从事RPA，并且组织内的大多数部门引入到RPA的工作中，RPA机会列表需要让组织内所有人都知晓。RPA文档知识库更加丰富，并且具备组织之间交流分享的基础。
- 级别5：在级别5的基础上，整个组织都加入到RPA的工作中，有完善的指挥链并严格按照执行，组织内每个成员都需要努力做出贡献。RPA作为组织的重要战略目标，KPI与组织涉及的每个细分市场中完成的自动化数量息息相关。

3）宣传

组织需要进行 RPA 实施成功、实施经验的宣传，宣贯企业的目标，保持业务的先进性，提升自身和成员在市场中的竞争力。为了在竞争中保持领先地位，不断学习、不断改进，并不断致力于将 RPA 成熟度提升，并建立内部资源体系，以通过宣传宣讲、丰富文化等手段，加深对自动化带来改变的理解，接受 RPA 作为组织战略目标。

组织为了在 RPA 的创新游戏中保持领先，必须持开放态度，保持创新的想法，不断让组织内的成员学习进步，并在组织中鼓励具有挑战性的思维方式。

第6章 RPA在电信行业的应用

本章基于亚信科技多年来在电信行业内的深耕，深入挖掘并探索电信行业各类业务场景。在十数年深度参与我国电信行业建设的同时，也深刻地感知到电信行业内无处不在的数智化转型诉求。本章将向读者剖析现阶段电信行业各部分业务中存在的业务流程自动化需求，并以实际案例说明 RPA 技术在解决这些问题时所表现出的对于企业数智化转型过程中的卓越推动作用。

6.1 行业背景

电信（Telecom）是以电为基础发展由来的，它包括提供信息传输服务的行业和与信息传输相关的网络运营维护。电信行业属于技术密集型产业，在国民经济中占有重要地位。据发布的《中国电信运营商行业现状深度分析与未来投资预测报告（2022—2029 年）》显示，我国电信运营通信市场普及率较高，4G 技术较为成熟，但电信运营技术还在不断向 5G、6G 完善和发展，电信运营商行业整体还处于成长周期。

随着人口红利的减少，传统通信业务市场日趋饱和，产业竞争不断加剧，电信运营商发展遇到前所未有的压力和挑战。全球电信行业普遍面临新动能乏力同质和互联网跨界竞争加剧等问题。国内三大运营商彼此之间的竞争日趋激烈。因为电信技术不断进步，电信综合价格水平持续下降，电信运营商从传统业务获得的利润空间被不断压缩；另外，电信终端日益个性化，电信新兴业务日益多样化。

近些年，全球电信业经过 3G、4G 甚至 5G 网络的快速发展，已经成为全民所依赖的一种最基础产业。尤其是 5G 时代，超高速的新一代通信网络带来新的机遇，大量数据的涌入、连接、传输为通信业务注入新动能，数字化已成为电信运营商战略转型的重要抓手，因此处理包括客户、销售人员、网络提供商和工程师等在内的大量数据是保障企业高效运转的重中之重。然而，电信行业数字化仍存在数据处理效率低、信息孤岛等问题，数字化服务能力有待提高。一方面，电信运营商由于高昂的基础设施投资，利润空间也逐步被压缩，需要在很长一段时间内利用高效、低成本的业务运营模式来维持利润的持续增长。2018年3月，政府工作报告中再次敦促电信运营商提速降费，要求年内取消流量漫游费，且移动资费年内降低至少30%，并降低网络宽带用户费用。另一方面，电信运营商需要更好地提高服务质量，并控制服务人员的增长。这些都要求电信行业积极运用新技术实现数字化转型，优化原有的组织运营流程。自2020年年初新冠肺炎疫情暴发以来，疫情防控进一步激发全社会数字化消费需求，倒逼企业大力推进数字化转型。

2022年是我国迈向中国特色社会主义现代化新征程的一年，是“十四五”规划推进的关键一年，是党的二十大召开之年。2022年政府工作报告指出，今年我国发展面临的风险挑战明显增多，经济增长目标确定为GDP增长5.5%左右。电信业作为国民经济基础性、战略性、先导性产业，2022年发展趋势如何值得关注。2022年政府工作报告提出：“促进数字经济发展。加强数字中国建设整体布局。建设数字信息基础设施，推进5G规模化应用，促进产业数字化转型，发展智慧城市、数字乡村。加快发展工业互联网，培育壮大集成电路、人工智能等数字产业，提升关键软硬件技术创新和供给能力。”2022年1月，国务院印发《“十四五”数字经济发展规划》（以下简称《规划》），提出到2025年，我国数字经济迈向全面扩展期，数字经济核心产业增加值占国内生产总值比重达到10%。《规划》从优化升级数字基础设施、大力推进产业数字化转型、加快推动数字产业化等8个方面提出明确要求。可以看出，“十四五”期间，国家正从战略高度大力推进数字中国建设，加快数字化发展。

总体来看，在我国信息消费升级、电信行业数字化转型已是大势所趋，只有充分利用数字化，才能“低成本、快速精准、规模化”地满足客户需求。

6.2 场景需求

从业务层面，电信行业的业务可以分为基础电信业务和增值电信业务。基础电信业务又分为第一类基础电信业务和第二类电信基础业务。首先是第一类基础电信业务，包含：

- **固定通信业务：** 固定通信是指通信终端设备与网络设备之间主要通过电缆或光缆等线路固定连接起来，进而实现用户间相互通信，其主要特征是终端的不可移动性或有限移动性，如普通电话机、IP电话终端、传真机、无绳电话机、联网计算机等电话网和数据网终端设备。固定通信业务在此特指固定电话网通信业务和国际通信设施服务业务。固定通信业务包括：固定网本地电话业务、固定网国内长途电话业务、固定网国际长途电话业务、IP电话业务、国际通信设施服务业务。

- **蜂窝移动通信业务：**蜂窝移动通信是采用蜂窝无线组网方式，在终端和网络设备之间通过无线通道连接起来，进而实现用户在活动中可相互通信。其主要特征是终端的移动性，并具有越区切换和跨本地网自动漫游功能。蜂窝移动通信业务是指经过由基站子系统和移动交换子系统等设备组成蜂窝移动通信网提供的话音、数据、视频图像等业务。蜂窝移动通信业务包括：900/1800MHzGSM第二代数字蜂窝移动通信业务、800MHzCDMA第二代数字蜂窝移动通信业务、第三代数字蜂窝移动通信业务。
- **第一类卫星通信业务：**卫星通信业务是指经过通信卫星和地球站组成的卫星通信网络提供的话音、数据、视频图像等业务。通信卫星的种类分为地球同步卫星（静止卫星）、地球中轨道卫星和地球低轨道卫星（非静止卫星）。地球站通常是固定地球站、可搬运地球站、移动地球站或移动用户终端。根据管理的需要，卫星通信业务分为两类。第一类卫星通信业务包括：卫星移动通信业务、卫星国际专线业务。
- **第一类数据通信业务：**数据通信业务是通过因特网、帧中继、ATM、X.25分组交换网、DDN等网络提供的各类数据传送业务。根据管理的需要，数据通信业务分为两类。第一类数据通信业务包括：因特网数据传送业务、国际数据通信业务、公众电报和用户电报业务。

其次是第二类基础电信业务，主要包含：

- **集群通信业务：**指利用具有信道共用和动态分配等技术特点的集群通信系统组成的集群通信共网，为多个部门、单位等集团用户提供的专用指挥调度等通信业务。集群通信系统是按照动态信道指配的方式实现多用户共享多信道的无线电移动通信系统。该系统一般由终端设备、基站和中心控制站等组成，具有调度、群呼、优先呼、虚拟专用网、漫游等功能。集群通信业务包括：模拟集群通信业务、数字集群通信业务。
- **无线寻呼业务：**无线寻呼业务是指利用大区制无线寻呼系统，在无线寻呼频点上，系统中心（包括寻呼中心和基站）采用广播方式向终端单向传递信息的业务。无线寻呼业务可采用人工或自动接续方式。在漫游服务范围内，寻呼系统应能够为用户提供不受地域限制的寻呼漫游服务。

- **第二类卫星通信业务**：主要包括卫星转发器出租、出售业务、国内甚小口径终端地球站（VSAT）通信业务。
- **第二类数据通信业务**：主要包括固定网国内数据传送业务、无线数据传送业务。
- **网络接入业务**：网络接入业务是指以有线或无线方式提供的、与网络业务节点接口（SNI）或用户网络接口（UNI）相连接的接入业务。网络接入业务在此特指无线接入业务、用户驻地网业务。
- **国内通信设施服务业务**：国内通信设施是指用于实现国内通信业务所需的地面传输网络和网络元素。国内通信设施服务业务是指建设并出租、出售国内通信设施的业务。国内通信设施主要包括：光缆、电缆、光纤、金属线、节点设备、线路设备、微波站、国内卫星地球站等物理资源，和带宽（包括通道、电路）、波长等功能资源组成的国内通信传输设施。
- **网络托管业务**：网络托管业务是指受用户委托，代管用户自有或租用的国内的网络、网络元素或设备，包括为用户提供设备的放置，网络的管理、运行和维护等服务，以及为用户提供互联互通和其他网络应用的管理和维护服务。

而增值电信业务也包含第一类增值电信业务和第二类增值电信业务，其中第一类增值电信业务包含：

- **在线数据处理与交易处理业务**：在线数据与交易处理业务是指利用各种与通信网络相连的数据与交易/事务处理应用平台，通过通信网络为用户提供在线数据处理和交易/事务处理的业务。在线数据和交易处理业务包括交易处理业务、电子数据交换业务和网络/电子设备数据处理业务。交易处理业务包括办理各种银行业务、股票买卖、票务买卖、拍卖商品买卖、费用支付等。
- **国内多方通信服务业务**：国内多方通信服务业务是指通过通信网络实现国内两点或多点之间实时的交互式或点播式的话音、图像通信服务。国内多方通信服务业务包括国内多方电话服务业务、国内可视电话会议服务业务和国内因特网会议电视及图像服务业务等。
- **国内因特网虚拟专用网业务**：国内因特网虚拟专用网业务（IP-VPN）是指经营者利用自有的或租用公用因特网网络资源，采用TCP/IP，为国内用户定制因特网闭合用户群网络的服务。因特网虚拟专用网主要采用IP隧道等基于TCP/IP的技术组建，并提供一定的安全性和保密性，专网内可实现加密的透明分组传送。

- **因特网数据中心业务：**因特网数据中心业务（IDC）是指利用相应的机房设施，以外包出租的方式为用户的服务器等因特网或其他网络的相关设备提供放置、代理维护、系统配置及管理服务，以及提供数据库系统或服务器等设备的出租及其存储空间的出租、通信线路和出口带宽的代理租用和其他应用服务。

而第二类增值电信业务主要包含：

- **存储转发类业务：**存储转发类业务是指利用存储转发机制为用户提供信息发送的业务。语音信箱、X.400电子邮件、传真存储转发等属于存储转发类业务。
- **呼叫中心业务：**呼叫中心业务是指受企事业单位委托，利用与公用电话网或因特网连接的呼叫中心系统和数据库技术，经过信息采集、加工、存储等建立信息库，通过固定网、移动网或因特网等公众通信网络向用户提供有关该企事业单位的业务咨询、信息咨询和数据查询等服务。呼叫中心业务还包括呼叫中心系统和话务员座席的出租服务。
- **因特网接入服务业务：**因特网接入服务是指利用接入服务器和相应的软硬件资源建立业务节点，并利用公用电信基础设施将业务节点与因特网骨干网相连接，为各类用户提供接入因特网的服务。用户可以利用公用电话网或其他接入手段连接到其业务节点，并通过该节点接入因特网。
- **信息服务业务：**信息服务业务是指通过信息采集、开发、处理和信息平台的建设，通过固定网、移动网或因特网等公众通信网络直接向终端用户提供语音信息服务（声讯服务）或在线信息和数据检索等信息服务的业务。信息服务的类型主要包括内容服务、娱乐/游戏、商业信息和定位信息等服务。信息服务业务面向的用户可以是固定通信网络用户、移动通信网络用户、因特网用户或其他数据传送网络的用户。

而从大数据领域来分，电信行业可大致分为B域（Business Support System）、O域（Operation Support System）和M域（Management Support System）三大数据域。

B域，又称业务域，简称BSS。B域有用户数据和业务数据，比如用户的消费习惯、终端信息、ARPU的分组、业务内容、业务受众人群等。业务支持系统（BSS）主要实现了对电信业务、电信资费、电信营销的管理，以及对客户的管理和服务的过程，它所包含的主要系统包括：计费系统、结算系统、账务系统、经营分析系统、客服系统等。客户作为电信服务商的核心焦点，如何处理不断增长的客户期望与管理之间的矛盾，是每个服务商需要思考的问题。据安永的一项研究报告显示，68%的电信行业受访者反映客户体验管理是其需要处理的首要任务。现实情况则是，由于运营的扩张和他们所面临其他方面的挑战，公司通常很难满足他们的客户需求。据调查，在B域日常业务中通常涉及大量的查询类工作（如批量查询用户状态、订单信息等）。面对这些场景，通信企业会在其后台部署大量IT系统以方便工作。为了处理包括客户、销售人员、网络提供商和工程师等在内的大量数据，后台工作人员需要在各种系统、平台、应用程序和数据库之间来回切换，手动输入各种数据以供查找，并将查好的数据填到Excel、录到其他系统中，从而完成数据的搬运。日常工作涉及大量简单且重复的操作，不仅耗时，一旦出现遗漏，还会导致订单处理不及时、服务交付延迟、跟踪业务活动变难，客户满意度也随之降低。

O域，又称运营域，简称OSS。O域有网络数据，比如信令、告警、故障、网络资源等。运营支撑系统（OSS）主要是面向资源（网络、设备、计算系统）的后台支撑系统，包括专业网络管理系统、综合网络管理系统、资源管理系统、业务开通系统、服务保障系统等，为网络可靠、安全和稳定运行提供支撑手段。面向O域设备运维平台建设，亟须自动化手段提升运维效率、增强巡检能力，主要包括：

- **告警及资源采集监控：**在IT设备运维业务流程中，告警信息及资源信息采集是必要的前提条件。运维相关人员需要通过Agent主动采集OS系统的告警、网络设备CPU、内存、端口状态、设备的操作系统名称、内核版本、计算机类型、主机名、操作系统版本、系统启动时间、处理器型号、处理器物理核数、每个CPU的核数、逻辑核数、处理器频率、内存大小资源等信息。并通过多条件进行查询，查询结果以列表形式呈现并可进行导出和打印。
- **运维巡检作业：**运维巡检主要支持对巡检项内容的自定义、自动执行、结果查看及整合能力。系统支持对巡检作业的新增、删除、修改等功能，以满足自定义巡检项的要求。任务管理提供任务列表查询、任务添加、任务删除、任务停止、任务运行及结果查看等功能，以满足巡检自动执行、巡检结果查看。通过结果管理完成对巡检结果的统计和整合。
- **巡检作业计划自动填报：**根据运营商EOMS系统提供的接口规则，每天整理出各业务系统巡检结果，自动上传EOMS作业填报系统。在此业务流程中，每天的业务系统巡检结果整理和上传重复且烦琐，需要实现自动化的巡检结果获取和整理，并根据填报业务流程准确快速地进行自动上传填报。
- **告警短信通知能力：**告警生成后可通过配置规则，将告警短信发送给对应的管理人员。告警的生成判断及告警短信的发布动作需要准确，进而及时通知相关人员进行问题排除。

- **对接北向上级网管：**系统采集的告警、资源、性能等数据可通过北向接口上报至故障管理系统、资源管理系统、质量管理系统等上级网管。对于多方系统间的数据流转处理，需要打破数据孤岛，联动多个系统，实现数据跨系统的搬运和传递，代替人工进行有规律的数据填写录入工作，在不对当前系统造成任何影响的前提下，代替人工做有规律的数据填写录入动作。

M 域，又称管理域，简称 MSS。M 域有位置信息，比如人群流动轨迹、地图信息等。管理支持系统（MSS），包括为支撑企业所需的所有非核心业务流程，内容涵盖制定公司战略和发展方向、企业风险管理、审计管理、公众宣传与形象管理、财务与资产管理、人力资源管理、知识与研发管理、股东与外部关系管理、采购管理、企业绩效评估、政府政策与法律等。其中，人力资源部门的数字化转型对于企业发展至关重要，企业亟须自动化手段提高人才招聘与管理的效率和效益，进而完成企业的数字化转型。

- **招聘管理：**招聘过程中最耗时的环节是简历筛选和申请人入围，亟须自动化手段帮助HR快速分发招聘信息、收集在线申请表、筛选简历，通知应聘人复试，将候选人数据与所有适用的工作要求进行比较，实现招聘自动化管理，提高人才招聘率。
- **入职管理：**当新员工入职后，HR需要为新员工设置新的用户账户和电子邮件地址，并在入职过程中授予其对必要信息、软件和IT设备的访问权限。HR必须结合来自多个系统的数据来完成这些任务。
- **离职管理：**当员工离职后，HR需要整合离职人员的数据并反馈给下游系统，生成离职文档，撤销系统访问权限；其次，HR还需要将员工档案信息录入到电子系统当中，分类管理并设定重要提醒，定期维护更新。
- **员工数据管理：**人资最重要的领域之一便是员工数据管理，通常需要跨各种数据库采取全面有效的信息。还需要执行数据清理活动，确保各个数据库之间的数据一致性。
- **部门考勤核对：**每月HR都需要从系统里面导出两个表：请假表和考勤表。然后根据表中各项核对条件进行校验，从而生成缺勤但没有请假的人员名单。整个过程不仅耗时费力，还容易遗漏，亟须自动化手段替代。

因此，从运营商业务以及 B 域、O 域、M 域的场景需求来看，运营商行业亟须引进自动化技术来帮助业务实现降本增效。工信部数据显示，上半年，我国电信业务收入平稳增长，电信业务总量保持两位数增幅。具体来看，上半年，电信业务收入累计完成 8158 亿元，同比增长 8.3%。按照上年不变价计算的电信业务总量同比增长22.7%。其中，固定互联网宽带业务收入稳步增长。上半年，三家基础电信企业完成互联网宽带业务收入为1220亿元，同比增长9.2%，在电信业务收入中占比为15%，占比同比增长0.1个百分点，拉动电信业务收入增长1.4个百分点。移动数据流量业务收入低速增长。上半年，三家基础电信企业完成移动数据流量业务收入3336亿元，同比增长0.7%，在电信业务收入中占比为40.9%，拉动电信业务收入增长0.3个百分点。新兴业务收入增势突出。三家基础电信企业积极发展IPTV、互联网数据中心、大数据、云计算、物联网等新兴业务，上半年共完成相关业务收入1624亿元，同比增长36.3%，在电信业务收入中占比为19.9%，拉动电信业务收入增长5.8个百分点。其中云计算和大数据收入同比增速分别达139.2%和56.4%，数据中心业务收入同比增长17.3%，物联网业务收入同比增长26.9%。语音业务收入持续下滑。上半年，三家基础电信企业完成固定语音和移动语音业务收入104亿元和580亿元，同比分别下降10.8%和4.4%，在电信业务收入中总占比8.4%，占比同比回落1.2个百分点。

从当前运营商的营收表现来看，主体业务收入的增速进入一个低速增长的环节。运营商也在积极地应对这一局面。除了面向新兴行业的猛烈攻势之外，针对主体业务进一步提升利润率也是运营商关注的重点方向，其中推行降本增效，实现数智化转型是目前看来最有效的方式之一。

“RPA（机器人流程自动化）+AI（人工智能）”的应用，替代了运营商工作中大量重复、耗时的劳动密集型工作任务（如客户服务、计费、业务办理、订单履行、网络运维等）。通过知识经验的沉淀，帮助企业生产和管理流程优化，让后台员工从单一而繁杂的事务中释放出来，可以去完成附加值更高的工作，从而实现降低运营成本，提高工作的效率与准确率，改善客户体验，提升客户满意度和企业竞争力。

6.3 应用案例

目前，RPA在三大数据域中已有大量的落地场景（如图6-1所示），RPA通过管理后台操作和大量重复、基于规则的任务，提高电信人员的工作效率。通过将复杂、劳动密集和耗时的任务简化执行，降低客户服务类人员的投入，减少相关成本，及时响应客户，提升客户体验，提升整体运营效率以及流程操作规范性。

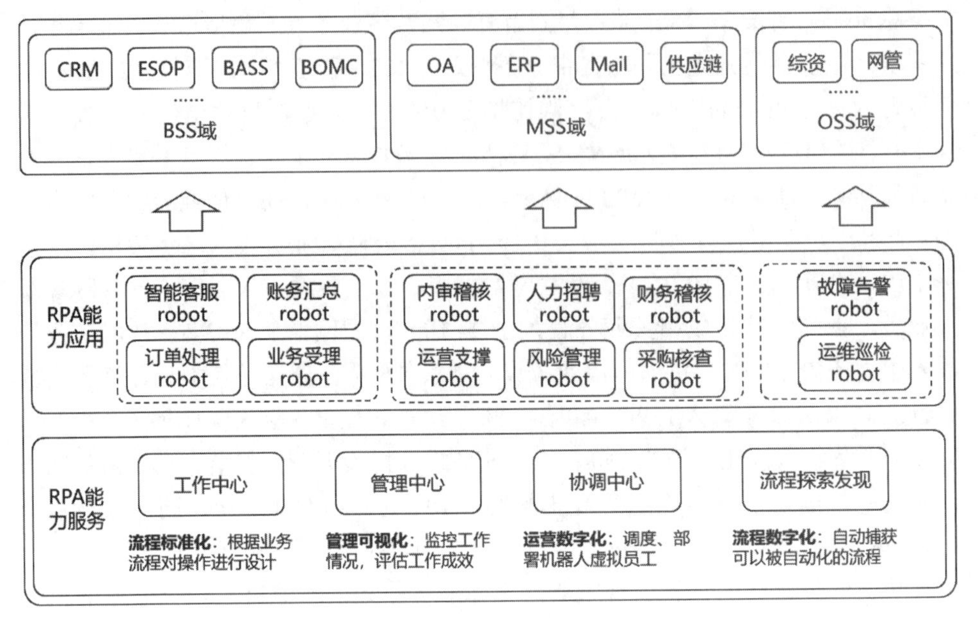

图 6-1　RPA 在电信行业的落地场景

6.3.1　电信B域案例

1．营业厅班后作业

营业厅班后作业由一系列分散的活动组成，这些活动又是由无数员工完成的，重复性高且手工任务繁重。在一线调研过程中，发现这些作业流程复杂，且系统化干预步骤较少，严重影响一线员工的工作效率，耗费大量人力。目前的业务服务系统支撑更多面向客户感知层面支撑，亟须面向后台人员的系统化支撑，提升工作效率。

RPA 助力某省营业厅智慧运营转型，对班后作业存在的大量人工操作（如图 6-2 所示）、报表下载、数据核对、数据录入等繁杂人工业务，通过使用 RPA 机器人能辅助营业厅人员实现此类应用的自动化，不仅提升数据准确性，在效率方面也会有明显提升。生成的盘点结果不仅可以根据业务需求以邮件形式发送，也能按照安全策略存储到核心数据服务器内，做到安全、快速、准确。

营业厅班后作业流程主要包括促销物品盘点、实物设备回收盘点、营业收入报表打印、业务量分类统计四个部分。

- **促销物品盘点：**营业厅班后需要专人登录CRM系统，通过人工查询统计系统记录的促销物品各状态数量，与厅内促销物品实物数量核对，每日形成促销物品盘点结果，人工盘点需耗时1小时以上。

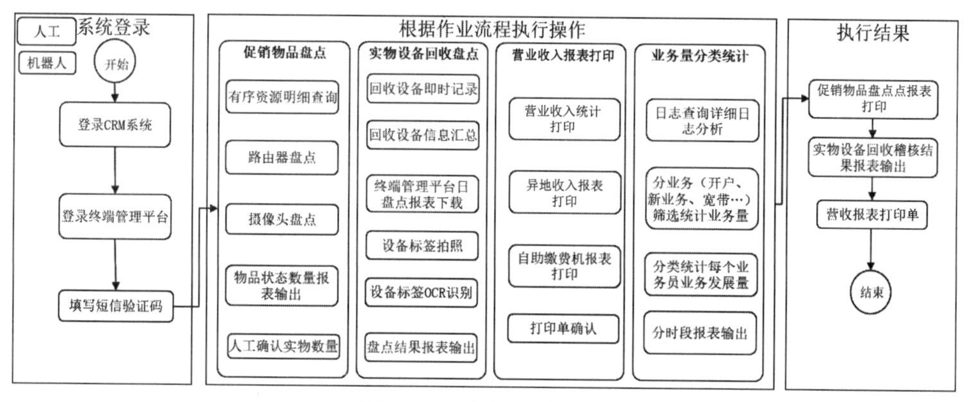

图 6-2　案例场景流程图

- **实物设备回收盘点**：营业厅进行光猫、机顶盒等实物设备回收时，需要营业员即时地手工记录设备型号、编号、手机号等标签信息，班后登录终端管理平台对系统报表数据、营业员记录数据、实物数据进行核对，耗费人力且易出错，人工盘点需耗时1.5小时以上。
- **营业收入报表打印**：营业厅每日收入明细报表，包括营业收入统计报表、异地收入报表、自助缴费机报表，都需要班后进行查询并打印留存，人工打印相关报表需耗时0.5小时以上。
- **业务量分类统计**：营业厅每日重点工作进度，需要分时段通过日志查询获取营业厅业务受理明细，并根据营业员工号、业务分类，如开户、新业务、宽带等实现业务发展量监测通报。每日最少4次的统计分析，需耗时2小时以上。

RPA 机器人介入后，将大部分重复性、规则明确的工作流程自动化实现，极大地提升了班后作业工作效率。

2．通信运营商 ToB 业务批量填单

在某通信运营商 ToB 业务批量填单过程中，客户经理填单需要完成信息填写、信息比对和上传附件等操作，平均耗费 50% 工作时间。人工批量填单操作烦琐重复，耗时耗力，且流程冗长，沟通成本较大，运营商期望通过机器人自动完成业务办理，从而将客户经理的更多精力投入到更高价值的市场拓展工作中。

基于 RPA 的通信运营商，ToB 业务批量填单流程包括批量填写业务申请单、根据遍历所得数据办理业务、获取执行结果处理 3 个步骤（如图 6-3 所示）。其处理过程中使用 OCR 技术识别合同图片，支撑该业务基本信息自动录入；使用图像处理技术识别印章，支撑该业务事前认证稽核；通过 AIRPA 自动读取 Excel 等文件，支撑其他信息自动录入。

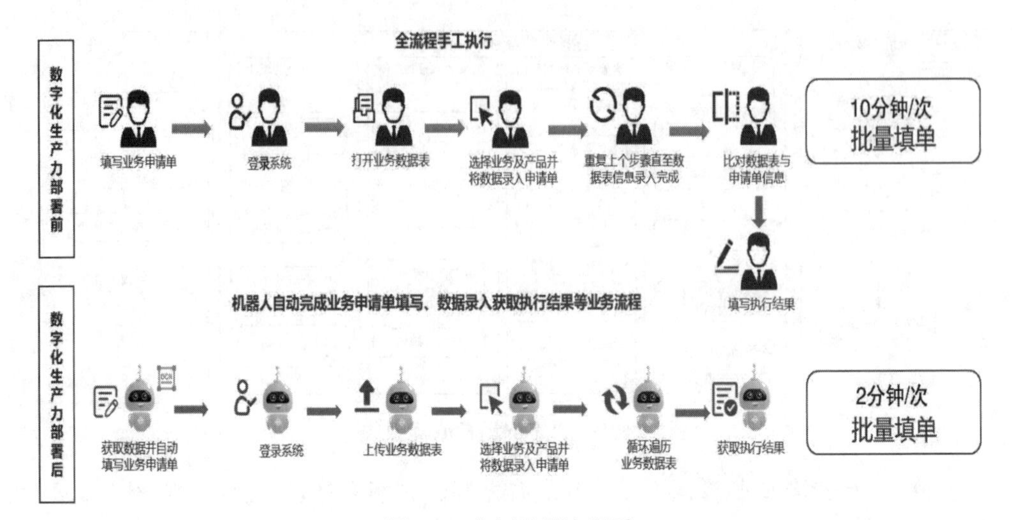

图 6-3　案例场景流程图

RPA 实现政企业务智能化、自动化。单次填单，客户经理办理业务需要比对信息，上传附件，耗时 10 分钟，而机器人 2 分钟就能完成一份填单，提升效率 5 倍，节省人力成本。其次，客户经理可以投入全部精力到市场拓展工作中，实现人力资源价值最大化。

3．停复机流程自动化

停复机业务包括两部分，一部分是手机通信服务临时停止服务，另一部分是开通服务业务。复机的意思与停机相反，是指用户把原挂失、报停后的手机重新办理开机，恢复其移动电话号码使用的业务。停机时手机不能拨打和接听电话，也不能收发短信，直到办理复机手续之后才能恢复正常使用。营业厅工作人员需要登录到相应系统中进行操作，完成停复机业务的办理。该业务存在重复性高、操作费时费力的问题，亟须自动化手段替代。

使用 RPA 模拟人工管理停复机的操作过程，包括两个流程：①读取未读邮件，通过邮件内容进行分析、分类，下载附件，将邮件关键内容与附件进行核对。②打开浏览器登录 CRM 系统，办理停复机业务，生成结果总表，自动回复邮件。从而实现管理停复机流程自动化（如图 6-4 所示）。人工处理每单停复机业务流程需要 6 分钟，RPA 每 30 分钟扫描一次邮件，批量处理业务，无须人工介入，将人力资源从低效重复的业务中解放出来，从而转入到更高价值的工作中。

4．运营商投诉工单转派

当运营商收到客户的投诉时，需要及时将具体投诉工单转派至业务人员，然后加以处理。此业务，使用 RPA 及 NLP 技术自动完成业务流程（如图 6-5 所示），主要包含两部分：一是业务受理平台的投诉工单显示（使用 NLP 技术进行自动分类展示）、投诉工单获取；二是投诉工单转派流程自动化，将两者结合后实现投诉工单转派的全流程作业。人工完成一次完整的派单流程需要 13 分钟，RPA 完成一次完整的派单流程仅需 4 分钟，减少了月末、季末、年末的投诉工单的积压量。

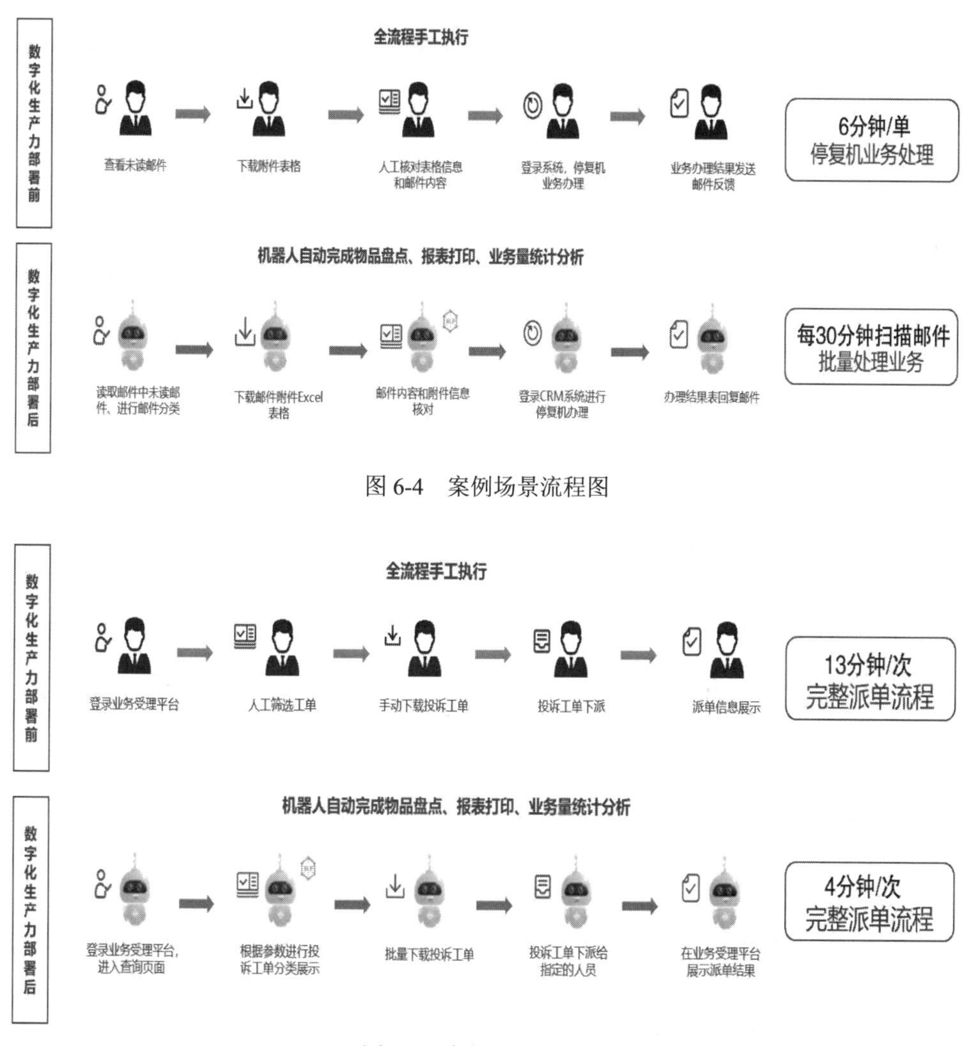

图 6-4　案例场景流程图

图 6-5　案例场景流程图

5．企业宽带融合产品受理自动化

通过 RPA 实现企业宽带融合产品、云展示融合套餐、云宣传融合套餐、云广告融合套餐、企业宽带、云空间、云桌面、云主机及云网融合促销活动等自动化订购。业务经理需要对每个集团用户进行相关业务订购，忙时需要处理一整天，RPA 读取用户信息，自动为集团用户订购相关产品，只需人为触发，业务经理可以将时间投入到其他高价值的工作中。

6.3.2 电信O域案例

1．自动分单

某部门之前对设备维护的信息数据，如设备故障时间、受理部门、故障类型、维护人员信息等大都用人工稽核和派单处理，这种处理方法要花去大量的人力和时间，以往的手工操作已经不能适应现代通信办公的需要，改变烦琐的劳动提高工作效率，利用机器人进行处理应为必然。使用功能完善及安全可靠的流程自动化机器人可以大大提高资源的利用率，及时得到设备运行情况的信息，并充分发挥工作人员的工作效率。利用 RPA 可以完成设备故障查询、故障工单稽核、维护人员资料管理，提高员工的工作效率，能有效地对故障进行派单、查询、稽核，并能实现整个流程的自动化。

自动分单场景采用了先进的 RPA 技术和自动化应用场景，RPA 技术有诸多好处，它可以在后台运行，从不休息，也不会犯错，更安全合规，可以大幅度降低使用成本。使用中无须改变现有系统架构，不仅支持与人工共同工作，也支持集成 OCR 等人工智能模块实现更多功能，可依据预先设定的程序与现有系统进行交互并完成预期的任务。

使用 RPA 技术可以实现设备故障派单和投诉工单稽核的自动化，通过机器人的循环执行减少设备监控的人员，同时也可以加强设备的故障管理，并且大大提高设备的修复及时率。

自动派单场景采用有人值守单击运行方式，机器人 7×24 小时运行，固定时间下载并更新《工单班表》，同时机器人在池中捞取工单并按照《工单班表》分担，包含新增和历史回退单据。2021 年 11 月使用 RPA 机器人代替人工，共处理工单 165265 单（如图 6-6 所示），1 个机器人每天处理超过 5 千单，峰值期每时 600 单、一天最多 7652 单，每日节省 20 小时，RPA 机器人运行平稳。

2．基站建设智能质检

随着我国 5G 建设，预计到 2030 年 5G 基站将会达到 1500 万个，数据量庞大，基站建设质量控制将是一个巨大工作量。5G 基站建设质量控制目前是通过人工进行稽核，通过视频播放的形式查看八项内容是否与系统信息相同。使用人工稽核的方式，质量检测的具体项目固定、工作内容重复性高；人工质检需要专业人员逐一观看视频进行质量判断，效率低。现下能够高质量、高效率完成如此庞大数据量且重复性高的的质检问题亟须解决。

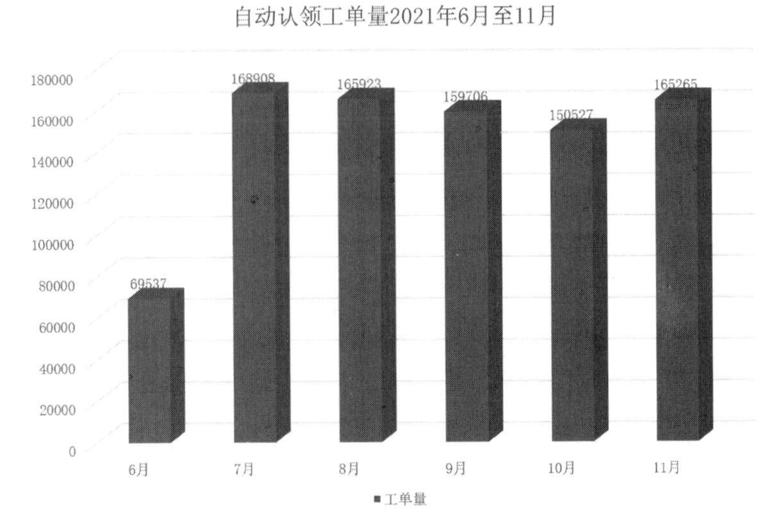

图 6-6　自动认领工单量

RPA 从能力建设与业务实现两个目标着手，完成视频中八项信息的识别、提取、自动审核，以及质检审核平台的全面部署（如图 6-7 所示）。其通过调用 AI 视觉识别能力，识别经视频抽帧及编码操作获取的图片，将识别出的视频中多数帧相同信息作为本视频数据，进而使视频信息与系统信息相对比，信息“相同”通过审批，否则机器人审批失败。最后将信息保存为 csv 文件，以便后续优化 AI 视觉，进入下一个工单审核。

图 6-7　案例场景流程图

相比于人工审核，基于“RPA+AI”的审核机制可以进行 7×24 小时审核，极大缩短基站建设验收时间。其次，其审核通过率在 99% 以上，每个省每月份建设量为约 2000 个基站情况下，相当于约 1700 个基站审核无须人工参与、每个省每月节省约 340 个工时，每个省每月节省约 42.5FTE。解放了运营商网络运营人员工作量，使得网络运营人员集中精力保障通信质量。

3．设备信息统计与巡检

为保障信息网络设备安全稳定运行，信息运维人员需时刻关注设备运行状态，每日多次登录巡检系统，手动输入巡检命令，查看分析返回的结果，手工记录 CPU 使用率、内存使用率、磁盘使用率、服务器健康运行时长等指标数据，巡检业务存在数据量大、重复性高、操作耗时耗力等问题。

利用 RPA 机器人与巡检系统融合，可实行人机协作的运维机制（如图 6-8 所示）。机器人自动登录巡检系统、自动连接主机、自动调用巡检脚本、自动输出标准化巡检结果，匹配规范性巡检要求，形成规范性巡检报告，巡检过程减少人工干预，人工重在结果分析，促进信息设备巡视巡检质效提升。

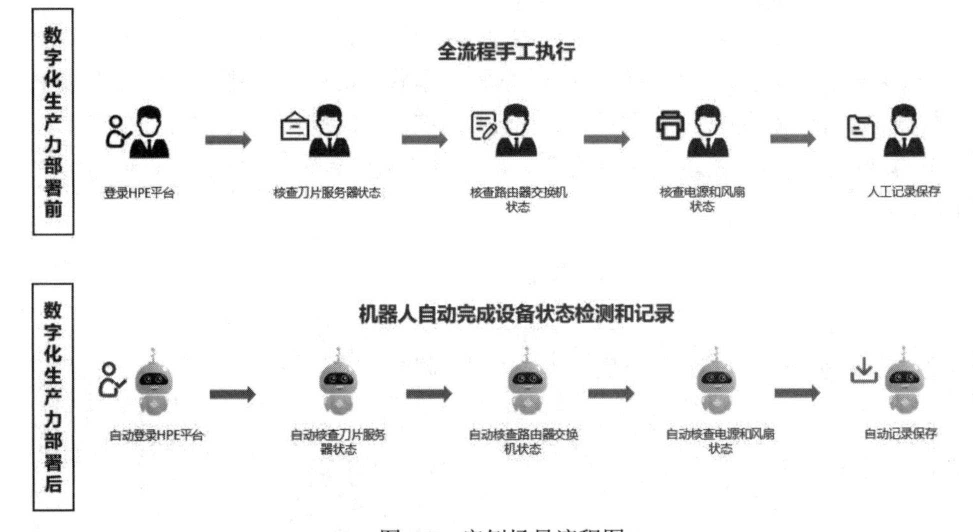

图 6-8　案例场景流程图

使用人工进行日常巡检耗时耗力，现在使用 RPA 机器人后，操作时长由 3 分钟 / 台缩短为 20 秒 / 台，巡视过程减少人工干预，人工只需将关注重点放在巡视结果异常的设备上，大大提高了巡视巡检效率，推进信息统计与巡检业务自动化、智能化、高效化。

4．EMC 磁盘阵列巡检

对于 EMC 磁盘阵列的使用情况需要定期检查排除异常情况。RPA 技术可实现流程的自动执行，首先自动登录 VMware vSphere Client，进入系统后 RPA 根据预设规则自动核查设备列表中各设备的 CPU、内存和磁盘空间的使用情况并自动记录保存，如发现告警记录则单独记录用于后续人工介入（如图 6-9 所示）。单轮巡检需检查 6 个设备共计 18 项内容 54 项数据，人工操作需 5 分钟，利用 RPA 完成单轮巡检仅需 30 秒。

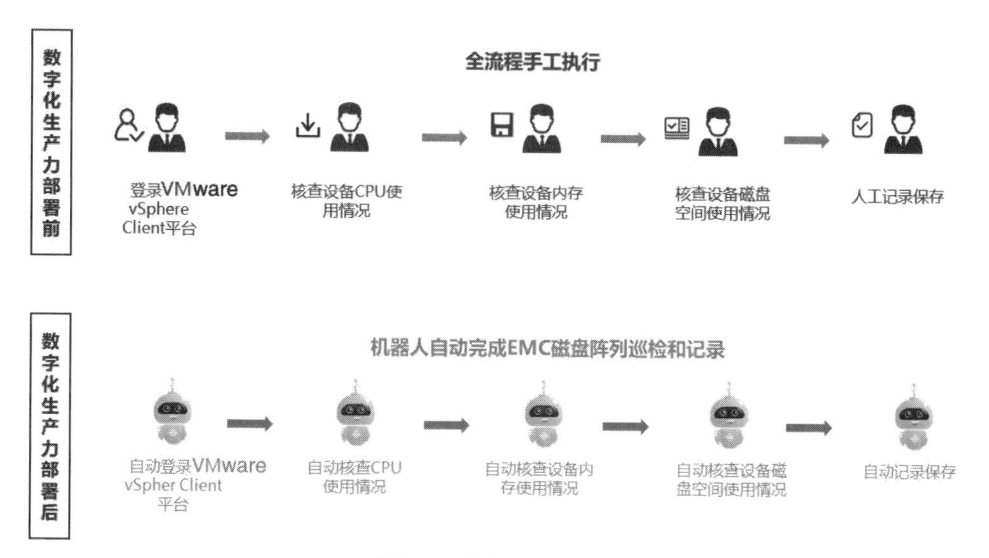

图 6-9　案例场景流程图

5．故障工单移交

RPA 基于桌面自动化技术自动登录进入运维管理系统的工单处理待办页面并自动根据处理时限完成工单排序，基于 OCR 能力识别工单的相关内容并结合业务规则判断该条工单是否需要进行处理。进入工单后 RPA 根据 OCR 和 NLP 能力判断该工单的处理方式，自动确认或自动回复后根据业务规则自动移交（如图 6-10 所示）。人工处理一次完成流程需要 5 分钟，RPA 处理一次完成流程需要 1 分钟。

6．VPN 在线用户信息抓取

目前对于 VPN 的管控无登录日志存档，无法对异常登录用户进行异常登录数据统计及日志回溯，RPA 机器人实现日志存档，帮助运维人员实现异常数据回溯，并根据筛选规则实现异常数据分类汇总。

6.3.3　电信M域案例

1．招聘管理

人才质量非常重要，关乎企业未来发展。但想招聘优秀的人才，需要不断地筛选和收集简历信息，人工操作不仅费时费力，还容易遗漏。RPA 机器人则可帮助HR快速分发招聘信息，筛选应聘简历，通知应聘人面试、员工入职全流程。实现招聘自动化管理，减少手动操作，提高人才招聘率。

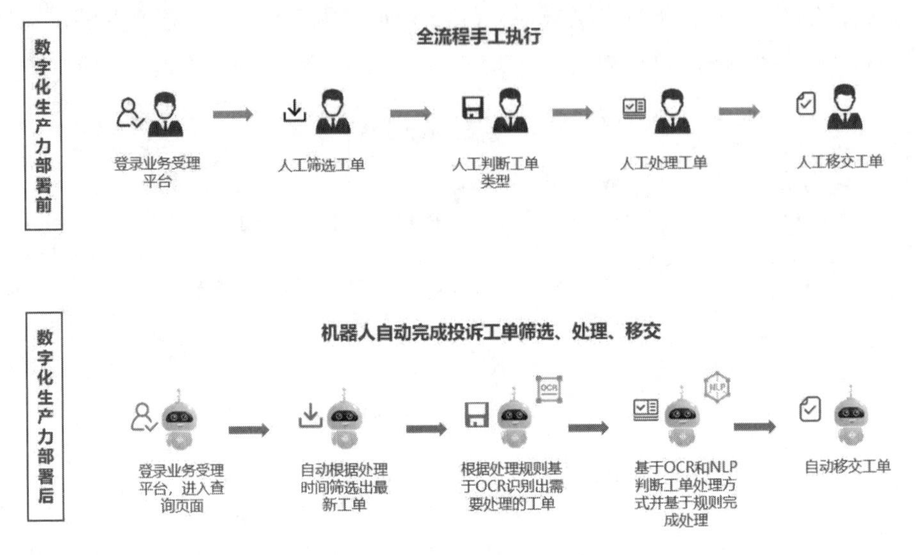

图 6-10　案例场景流程图

在整个流程中，RPA 通过提取 HR 的招聘信息，根据用户设定，将这些信息发布至指定的人才招聘平台上。在招聘平台收到简历时，RPA 将根据用户规则设定自行筛选简历，并将符合条件的简历发送至 HR 处进行查筛，并通过邮件的方式通知候选人前来面试（如图 6-11 所示）。

当新员工入职后，企业必须为其申请新的用户账户、电子邮件地址、座位分配、应用程序访问权限以及必要的 IT 设备，这中间涉及多个关联方和相关系统，是一个冗长和烦琐的过程。而新员工对公司环境缺乏了解，通常会手忙脚乱。原来的做法是为员工定制一份步骤繁多的待办事项清单和联络人清单。而 RPA 机器人可以在创建用户账户以后，自动触发多个预定义的入职工作流程，而且待办事项清单中的联络人分配也由机器人来完成。原来需要花费一天的入职流程，RPA 机器人能够自动完成 80%，新员工只需要完成少量的确认工作。

2．采购管理

采购是企业生产经营中必不可少的环节之一，也是企业成本构成的主要因素，其重要性对于现代企业而言毋庸置疑，电信运营商也不例外。企业采购形式多样，包括招标、竞争性谈判、磋商、询价、竞价等。如何提高采购流程的效率，关乎企业正常生产是否能够顺利进行。能否不断降低采购成本，则关系企业经济利益最大化能否快速实现。

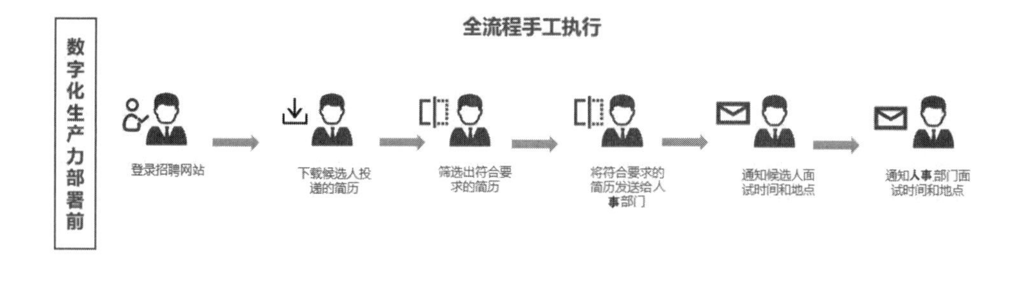

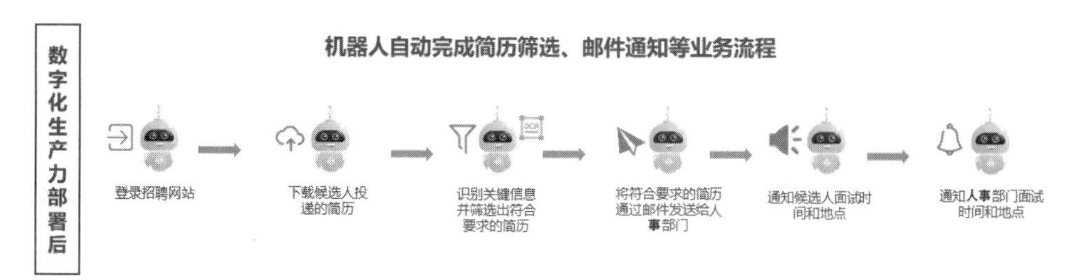

图 6-11　案例场景流程图

尽管很多企业设有独立的采购部门，但不少企业的采购管理还未完全实现线上化，仍存在管理混乱、效率低下等问题。通常采购流程中包含采购计划、供应商的选择和考核、询价 / 比价 / 议价、评估、决定、请购 / 订购、协调与沟通、进货检收、整理付款等一系列环节。各环节中又涉及大量的数据处理、表单制作等重复任务，往往要耗费大量人力和时间。

然而，在数字化浪潮之下，相较于企业其他部门，采购部的自动化进程略显落后，大多流程仍需员工通过手动操作 Excel 进行管理。实际上，采购环节中的不少劳动力密集型流程，完全可以通过 RPA，由软件机器人代替员工执行大批量、可重复的任务，从而实现流程的自动化。

作为“数字化劳动力”，RPA 软件机器人能够根据事先编写好的脚本，执行重复、机械的任务，用自动化处理来代替人工手动操作。某公司的整个采购流程（从首次提案到最终付款）包括 40 多个步骤，采购流程中的合同和付款对整个公司的成功至关重要，容不得错误和延时。公司决定在采购部门部署 RPA 以优化流程，进行数字化转型。

实施 RPA 前，采购部的几十名员工，每月要手动处理近万份的合同和付款业务。由于业务量较大，手动操作难免出现人为失误，而返工耽误了进度，甚至导致业务积压。实施 RPA 后，软件机器人简化劳动密集型的手工工作，人机协作，减轻工作量，提高了合同和付款业务的处理效率，有效避免人为失误。

3．银企对账

随着电信运营商业务规模的不断扩大，交易数量日益增多，其银行账户和账单的管理也越发复杂。银企对账需要按银行、按账户逐个核对，重复烦琐，人工对账还存在疏漏风险，亟须自动化解决方案实现银企对账流程的高效运转。

银企对账即通过寻找银行账户交易流水与企业交易记账流水之间的“平衡”，基本不需要操作人员具有较高的专业知识，只需要按既定步骤下载银行账户交易流水，导出财务系统企业交易流水，对两者发生额进行比对，记录比对不一致的情况即可。所有的操作路径都是可以线上化、标准化、客观化的。为提升企业银企对账的准确性，增强数据多源对比时的数据可信溯源与校核纠错能力，并将员工从低效重复的校验工作中解放出来。

整个流程使用 RPA 机器人自动机械地执行任务，通过登录银行系统获取银行流水账单信息，登录企业的财务核算系统获取对账单，利用 OCR 技术智能识别数据信息，并自动地执行全部账户的对账操作。使用 RPA 机器人可实现业务模式的升级与流程的优化，机器人按照预设的规则机械地执行任务，保障了数据溯源的可信度与数据校验纠错的能力，在技术上帮助企业非侵入地实现线上流程自动化操作，在管理上丰富企业成本控制手段、提升运营质量及效率。利用 OCR 技术可以完成银行账单及财务账单关键字段的识别与处理，准确而又快速地抓取所需信息，RPA 与 OCR 的融合，则减少了业务流程中人机交互、人工复核的环节，可以全面满足企业自动化的需求。使用“RPA+OCR”的解决方案实现银企对账流程自动化，不仅大大提升了工作效率，并且将更多的财务人员从高重复性工作中解放出来，能够有更多的时间来做其他更有价值意义的工作，为公司创造更大的价值：

- 降低重复劳动，银企对账工作属于规范性重复工作，引入RPA机器人可大大降低人力成本，释放人力，实现企业降本增效。
- 提升流程运行效率和质量，RPA机器人直接登录网银系统，抓取信息进行对账工作，基于RPA的银企对账方式相对人工处理来说，耗时由小时级降至分钟级，出错率接近0，大大提高了银企对账的效率和质量，同时大幅降低人工风险及对企业造成损失的概率。
- 提高银企对账效率后，企业的应收、应付等资金循环周期都将变短，客户及员工的满意度得到提高。

4．风控数据智能化采集

对于企业财务部而言，风控数据的采集需要对数十万企业信用信息在线查验、小微企业地址信息核对等操作，工作量极大且容易造成数据操作等错误。企业期望通过机器人完成自动化、智能化的数据采集方式，实现企业降本增效。

使用数字员工支撑财务部对企业客户进行预开票前信用的审核，其过程使用大数据爬虫爬取企业关键信用信息；通过定制化 OCR 技术提取验证码信息，规避客户手工登录；使用机器学习算法对企业信用等级进行五分类（A、B、C、D、E）划分，为预开票提供决策参考。

风控数据智能化采集数字员工实现信用审核环节的智能化、自动化，减少财务人员在互联网上人工查验的工作，助力企业实现降本增效（如图 6-12 所示）。在某 10 万 + 的企业试点期间，财务人员需要花费数月完成信用确认，而数字员工只需数日就可以实现批量审核，并且基本无差错、无遗漏，准确率高达 100%。

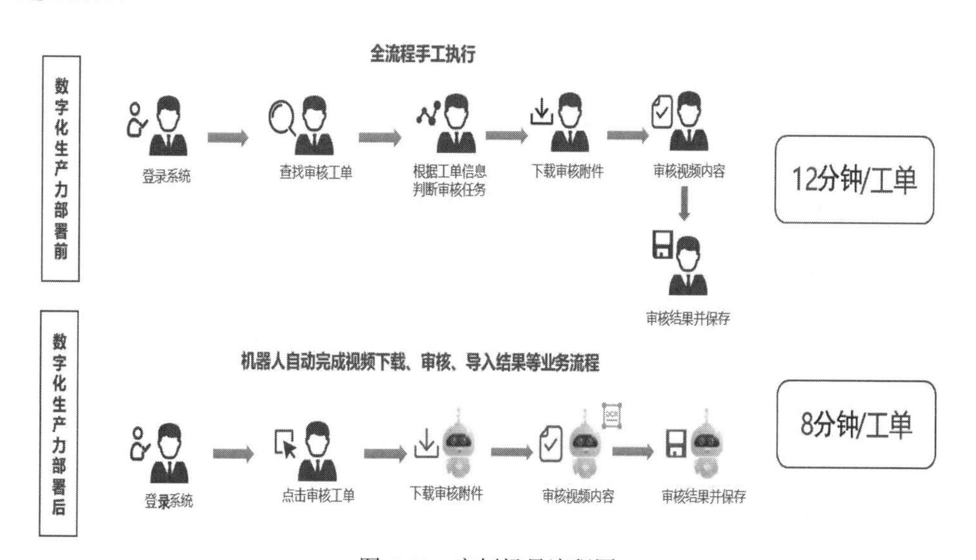

图 6-12　案例场景流程图

5．按部门奖金拆分汇总

RPA 根据部门信息，将一个 Excel 内的奖金分配信息分解为各部门单独的文件，并发送给各部门负责人审核，反馈后再汇总到一个总文件内。人工对各部门奖金进行拆分，各部门反馈后再次汇总，人工处理每次耗时 2 小时以上，使用 RPA 机器人处理后，实现自动拆分汇总，将流程耗时缩短为 3 分钟内。

6．核实无合同报账数据

RPA 自动登录 ERP 系统导出报账合同数据，剔除数据中有合同编号、无供应商的数据，对数据进行透视，取出数据明细，并对数据明细进行汇总；保留符合指定单据状态和流程状态的数据，对数据进行透视，取出数据明细，并对数据明细进行汇总。人工登录 ERP 查询系统导出报账合同数据，筛选分类并汇总数据大约花费 2 个小时，通过 RPA 机器人完全解放人力，从下载到数据处理完成仅需 2 分钟。

第 7 章 RPA 在金融行业的应用

本章重点向读者介绍目前 AIRPA 产品在金融行业的行业背景、场景需求以及实际落地的应用案例。

7.1 行业背景

近年来，随着新一代信息技术加速突破应用，以移动金融、互联网金融、智能金融等为代表的金融新业态、新应用、新模式正蓬勃兴起，我国金融业开始步入一个与信息社会和数字经济相对应的数字化新时代，金融数字化转型成为金融行业转型发展的焦点。

2022 年，人民银行印发《金融科技发展规划（2022—2025 年）》明确提出新时期金融科技发展指导意见，从战略、总体思路、组织、管理、发展目标、重点任务、路径、实施保障以及考评等方面将金融数字化打造成金融机构的“第二发展曲线”。

2020 年以来，新冠肺炎疫情对人们的支付习惯产生了深远影响，60% 的金融机构报告称，数字交易量正在增长，与此同时，随着全球新冠肺炎疫情的蔓延，2020 年上半年接受数字支付的人数翻了两番。线上金融服务的迫切性需求增加，信贷、理财、保险等采用非接触式的服务方式开始提速，金融业务的线上化、数字化、智能化成为刚需，我国商业银行平均线上业务服务替代率已经达到 96%。中国财政科学研究院的研究显示，新冠肺炎疫情以来数字金融指数增长了 60.4%，是数字经济增长最快的领域，凸显了金融科技不可估量的价值。

随着线上金融需求的增长，金融机构积极加大资金和人员的投入，全面推进数字化转型。根据统计，在 2021 年 14 家银行金融科技资金投入合计 1554.17 亿元中，6 家国有大行毫无悬念地依旧占据绝对主导地位，投入合计 1074.93 亿元，同比增长 10.77%。其中，工行金融科技投入排名第一，为 259.87 亿元，同比增长 9.10%，占总营收比例为 2.76%，较 2020 年增加 0.06 个百分点；余下的 5 家按科技资金投入由高到低排序依次为建行、农行、中行、邮储银行、交行，占总营收比例分别较 2020 年下降 0.07 个百分点、增加 0.07 个百分点、增加 0.12 个百分点、持平、增加 1.18 个百分点。此外，还有 16 家大中型银行成立了金融科技子公司，专门从事数字化转型的相关业务。

从历史的角度看，将科技融合到金融领域一直是金融发展进程中的重要内容和典型特征。从改革开放初期到 20 世纪末，我国金融业依托计算机技术、网络技术等科技手段，实现了“从无到有、从手工到电子、从单机到联网”的突破。进入 21 世纪，金融业在电子化建设基础上，充分运用信息通信技术、数据库技术等新手段，重点围绕数据集中化、渠道网络化、管理信息化等领域，实现了金融的信息化。

数字经济并不是对原有经济体系的补充和融合，更是对传统经济的变革和重塑。数字经济的发展，使得很多传统商业模式发生了根本性的改变，无论是个人客户还是企业客户，在习惯于线上和平台经济的交易之后，对金融的数字化服务成为必然的内在要求。所以说，新冠肺炎疫情的暴发只是金融业数字化转型的催化剂，数字经济的崛起才是金融数字化转型的根本推动力。

据国际咨询公司德勤的问卷调查显示，传统金融的业务逻辑是跨周期的资产配置，金融机构利用信息不对称成为资本中介，客户只有和风险标准相匹配，才能获得金融服务，金融机构相对客户处于优势地位。在数字经济时代，金融服务的逻辑有所不同，数据将替代资本成为金融业核心资产。海量的数据和算法分析将会逐渐解决信息不对称问题，快速优化并升级风控模型，由此客户规模将迅速扩大，金融机构作为信息中枢的重要性将会下降，如何满足差异化的客户需求才是金融服务的核心和优先选项。以客户为中心，就要通过重新构建业务模型和流程，加强客户交互，将服务嵌入到客户的日常生活中，与客户建立更深厚的关系，在便利性和功能性方面进一步满足客户需求。

而金融行业中的数字化转型，在很大程度上对 RPA 技术有依赖性。麦肯锡发布的《Fintech 2030：全球金融科技生态扫描》报告认为，七大技术将持续影响金融行业的未来，分别是 AI、超自动化、区块链、云计算、物联网、开源软件和无代码开发平台。其中，AI、超自动化、低 / 无代码开发平台三项技术都指向了 RPA。“RPA+AI”是当代 RPA 的主要产品形态，为 RPA 的快速落地提供了必要条件；以 RPA 为主要工具的超自动化会加速各组织的自动化进程，并且让“自动化优先”成为新的企业管理思维；低代码技术让 RPA 开发更加简单，同时只有一线业务人员成为开发大军，才能加速机器人“人人可用”时代的到来。

历史经验表明，技术的进步推动着商业社会的发展和进步，无论历史多么悠久、体量多么巨大的行业，如果没有跟上技术的步伐，实现和技术的融合，都会被淘汰。金融机构必须跟上数字化的浪潮，实现数字化的转型，才能在未来的竞争中立于不败之地。

7.2 场景需求

数字经济是促进“双循环”发展新格局、引领金融机构发展的重要力量，金融机构作为数字化转型的实践者、改革者和推动者，必将在与数字经济、实体经济的同频共振中实现高质量发展。对于当前的银行业来说，数字化变革既是对其服务、模式、生态等领域的严峻挑战，又是行业重塑的重要机遇。无论是储蓄、支付还是信贷业务，在这场数字化革命中，其渠道和管理模式等都发生了深刻的变化。抓住发展机遇并借力实现数字化转型，利用新兴技术更快速和便捷地服务客户，突破依靠物理网点和密集人力连接客户的局限，将新技术融入金融机构的核心业务，这些将成为银行新时代的核心竞争力。

在此过程中，RPA 作为一项重要的技术手段，创新性地结合图像识别、自然语义处理、大数据、知识图谱等人工智能技术，赋予 RPA 机器人感知、认知能力，推进 RPA 向超自动化演进，构建数字员工，为金融行业数字化转型提供强有力的支撑，同时可节约人力资源、运营成本等，在实现金融数字化转型的“最后一公里”发挥重要作用。

随着技术更新迭代速度的加快和数字化经济时代的到来，虽然金融数字化服务是跨越式发展的新领域，但是金融机构在数字化转型方面仍面临着以下几点挑战：

- 人才结构变化：不仅仅是传统集中化的技术团队，整个金融机构都需要懂数字化技术的金融人才。
- 追求短期目标：数字化转型需较长时间，受限于金融结构业绩评价机制，管理者往往会追求短期的目标成效，与数字化转型远期目标相悖。
- 制度过重限制转型资源：金融机构内部组织复杂、制衡因素过多，对于预算等资源审批过于严格，甚至僵化，只关注短期成效，限制了技术创新应用资源的投入。
- 部门壁垒：数字化转型带来技术对业务的优化，业务流程的改变要求员工具有高敏捷性，金融机构采用清晰的业务条线分工机制，各业务条线由众多部门承载，员工往往在短时间内难以适应业务流程与要求的改变。

- IT系统基础不牢：数字化转型是IT系统与服务能力的全面提升，在一些金融企业中，对于资金流、数据流、业务流仍缺少IT化支撑，数据流转存在阻断，业务流程仍然低效。
- 外部合作效果不佳：外部合作企业的技术产品化程度不足，以及专业服务能力的缺乏，造成在金融机构内部的持续技术应用存在障碍，合作难以达到预期。

针对金融机构数字化转型存在的挑战，从中分析出对RPA有以下几点需求：

第一，在效率层面提升效能。针对金融机构中高频、重复、有规则的操作行为，RPA都可以替代人力执行处理，不只是专业的技术人员，服务更多的是一线操作人员。从而在降低运营成本的同时还能实现高数据量下的不同系统、平台等对接，有效解决金融机构各系统间衔接、协同薄弱等所产生的信息孤岛问题，最终实现金融机构核心效率的大幅提升。

第二，降低运营成本。从成本层面来看金融机构引入RPA技术可大幅降低整体运营成本，对于金融机构日常大量烦琐、重复的人力岗位工作均可实现用RPA机器人替代，以日常对公开户为例，RPA可以实现从系统登录、查询、核对信息、生成报表等一系列自动化操作，大大减少各流程环节人工对接处理的时间与成本。通常来说，引入RPA可使企业整体流程处理成本降低并帮助其快速取得一定投资回报。

第三，降低流程风险。从风控层面来看金融机构凭借传统风控管理操作，已无法完全适配现有业务的风险识别与风控效率的要求。而RPA机器人严格遵循设定程序，永不疲倦，永不犯错。它们操作规范，始终如一，可靠性高，风险小。整个过程在监控下进行，可完全控制其按照现行法规和标准进行操作，有效避免了人为风险识别错误及其他主观因素导致的风险提升。

7.2.1 银行领域场景需求

在银行领域，现阶段随着智能化程度的普及，很多需要到银行柜台的操作渐渐转移到了手机等移动端，这就导致银行需要提供更加快捷与便利的服务方式来满足客户的需求。然而现在很多银行的流程还在依赖着传统的方式，这就导致了很多时间成本与人力成本的流失，加之互联网金融的不断发展，银行面临的困难愈加明显，只有实现更加智能化与信息化的工作流程，才能在激烈的竞争中立于不败之地。

- 银行客户需求服务：银行往往需要大批量处理从账户查询、贷款查询等多种业务查询，客服团队很难在很短的时间内解决和获取这些数据。而

RPA机器人可以有效地解决低优先级查询，使客服团队能够专注于高优先级查询。不仅如此，RPA还可以帮助客服团队减少从不同系统验证客户信息所需的时间与成本，从而有助于改善银行与客户的合作关系。

- 银行应付账款查询：应付账款（AP）是一个单调的过程，需要使用光学字符识别（OCR）技术对供应商的发票进行数字化扫描，从发票复杂、繁多的信息中提取目的信息，并予以验证，然后对其进行处理。RPA可以自动执行此行为过程，并在协调错误和验证后自动将付款记入供应商的账户。
- 银行信用卡处理：从前银行会花费几周的时间与很多的客服来验证和批准客户的信用卡申请。漫长的等待时间与查询骚扰常引发客户不满与牢骚，有时甚至导致客户取消申请请求。但是在RPA的帮助下，银行能够加快信用卡的申请速度。RPA软件只需几个小时即可收集客户信息的文档，进行信用检查、背景检查和收入核查，并根据客户的征信做出决定是否发放信用卡。
- 银行抵押贷款处理：鉴于不同银行审核与放款速度的不同，通常而言，银行完成抵押贷款至少需要15～30个工作日才能完成整个流程。对于急需用钱的客户，这是个漫长而又焦急的过程，因为申请必须经过各种审查检查（如信用检查、征信检查）。而来自客户或银行方面的轻微数据误差与错误，就有可能会导致该流程的延迟甚至取消。借助RPA，银行现在可以根据设定的规则和算法加速该流程的完成，并清除流程延迟与数据准确的瓶颈。
- 银行账户关闭流程：银行每月都会收到关闭账户的请求。有时，如果客户未提供操作账户所需的证明，也可以关闭账户。考虑到银行每个月需处理大量的数据以及他们需要遵守的清单，人为错误的范围也会扩大。银行可以使用RPA向客户发送自动提醒，要求他们提供所需的证明。RPA机器人可以在短时间内以100%的准确度基于设置规则处理队列中的账户关闭请求。
- 银行流程合规化：由于银行遵守的规则很多，这对员工来讲是一项艰巨的任务。RPA使银行更容易遵守规则。据埃森哲2016年的一项调查，73%的被调查合规官员认为RPA可能成为未来三年内合规的关键推动因素。RPA可以全天候运行，减少全职人力工时（FTE），提高合规流程的质量；通过消除单调任务，并让员工参与到更具想象力、创造性的任务来提高员工满意度，从而提高生产力。
- 银行KYC（流程：Know Your Customer）了解您的客户（KYC）是每家

银行非常重要的合规流程。KYC至少需要150～1000多个FTE才能对客户进行检查。据汤森路透（Thomson Reuters）调查，一些银行每年至少花费3.84亿美元用于KYC合规。考虑到流程中涉及的成本和资源，银行现在已经开始使用RPA来收集客户数据，对其进行筛选和验证。这有助于银行在较短的时间内完成整个流程，同时最大限度地减少错误和人力。

- 银行欺诈检测：银行需要面对数量不断上升的欺诈案件。随着新技术的出现，欺诈事件的实例将会成倍增加，银行很难检查每笔交易并手动识别欺诈模式。RPA使用“if-then”方法识别潜在的欺诈行为并将其标记给相关部门。例如，如果在短时间内进行了多次交易，RPA会识别该账户并将其标记为潜在威胁。这有助于银行仔细审查账户并调查欺诈行为。
- 银行验证与总账：银行必须确保其总分类账更新所有重要信息，如财务报表、资产、负债、收入和支出。该信息用于编制银行的财务报表，然后供公众、媒体和其他利益相关者访问。考虑到从不同系统创建财务报表所需的大量详细信息，确保总分类账没有任何错误非常重要。RPA的应用有助于从不同系统收集信息，验证信息并在系统中进行更新而不会出现任何错误。
- 银行报告自动化：作为银行日常工作的一部分，银行必须准备一份关于其各种事务的报告，并将其提交给董事会进行汇报。考虑到报告对银行声誉的重要性，确保报告没有任何错误与时间误差显得非常重要。RPA可以从不同系统来源收集所需信息，验证信息的准确性，以设定的格式排版信息页面，帮助银行生成数据报告。

7.2.2　证券行业场景需求

证券行业是金融科技的主战场，激烈的市场竞争，将各大金融科技服务商对证券业的垂涎体现得淋漓尽致，也体现了证券厂商对增效降本的极度渴求。数字经济的高速发展，让越来越多的证券厂商走上数字化转型之路。尤其是以科技技术为核心竞争力的厂商，更加注重自动化、智能化创新技术的应用。随着行业竞争的加剧，提升证券机构内部运营管理水平，降低人力成本，加快实现智能化运营与数字化运营，也成为目前证券企业的机遇和挑战。

证券公司在经历高速的规模扩张后，原有的粗放运营模式导致成本高、效率低的问题凸显，普遍存在流程自动化不足、业务监控不全面、数据统计和分析能力薄弱等痛点，且证券业的波动性特征，需要建立更精细化的管理方式。

同时，证券行业的日常业务，积累了大量基础数据。如何最大化发挥这些数据价值，对于其运营至关重要。但证券企业应用业务系统连续性要求高，架构复杂，因此在自动化的建设中需要综合考虑系统现存的问题。

面对这些问题，能够实现智能化、自动化的 AI 技术也就成了首选。只是，AI 发展到现阶段仍在弱人工智能范畴，应用于更复杂的业务场景往往需要更多的投入，并不适合多数证券企业。由此，作为人工智能的落地载体，融合 AI 技术并能够连接多方系统的 RPA，也就成了证券厂商的更好选择。

RPA 具备非侵入、易部署、成本低、见效快等诸多优点，无须改变现有系统即可在用户界面实现操作，能够打通独立的系统并集成起来，实现信息共享，并且帮助企业规避数据安全合规风险。如今，RPA 已在助力证券厂商打造智能自动化平台对外赋能上，发挥着重要的作用。

RPA 在证券行业的常用业务场景，包括业务清算、自动开闭市、定期巡检、开市期间监控、资管系统操作、托管系统操作、柜台交易系统操作、零售系统操作、财务系统操作、报表报送等。同时，随着 RPA 产品的不断完善与证券厂商更加个性化的需求，更多的业务场景也正在被探索与开发。

7.2.3 保险行业场景需求

对比全球保险行业较为成熟的国家和地区，当前国内的保险深度还远远低于发达地区的水平，甚至离全球平均水平还有一定差距。眼下保险业面临的机遇与挑战并存，一方面，保险业面临市场持续增长、产品结构逐步优化、客户保险意识崛起等发展机遇；另一方面，部分保险公司由于长期粗放经营面临着综合成本率高、客户触点低频、欺诈风险高等挑战。

据《2019 年中国保险行业智能风控白皮书》显示，传统保险业发展“三高”仍然存在：综合成本率偏高、欺诈比例较高、代理人流失率高。此外，保险公司与客户保持低频交易，平均每年与客户接触仅 1 ～ 2 次，客户关系薄弱。由此导致的保险公司盈利困难、客户服务效率和满意度低等问题亟待破局。

保险公司由于保单类型繁多，业务流程的办理操作也相对复杂，且险种及相关业务的关联性又比较强，规则较多。人工手动操作通常使核保和理赔处理变得费时费力。伴随大众金融意识的逐渐提升，在保险产品多样化的今天，不仅客服所需处理的数据量众多，很多新保险产品还需要在原有系统中进行大量的人工操作，工作量巨大。特别是，近年伴随人力成本的上涨、数字技术的发展，实施 RPA 成了保险公司提高业务效率、节约成本的绝佳选择。

在数据处理上，RPA 有着得天独厚的优势，其模拟人工操作键盘鼠标的方式，进行跨系统的操作，解决了大量重复的工作，显著提高工作效率。RPA 在保险业主要应用于以下 8 大场景：

- 索赔处理：要求员工从各种文档中收集信息，并将信息复制、粘贴到其他系统中。RPA机器人可自动跨系统处理索赔数据。
- 保单更新：人工从文本文件中提取数十项保单数据，效率低下且易出错。RPA机器人可将多项保单数据从文本文件中提取，并自动更新到应用程序的不同页面之中，高效准确。
- 保单照片上传：业务人员每天需要根据保单号获取照片影像信息，并将其上传至系统中。RPA机器人可代替人工自动操作，节省大量时间。
- 保单取消：取消保单必须与电子邮件、保单管理系统、CRM、Excel和PDF等进行交互，过程烦琐耗时。RPA机器人可在不同平台系统间相互切换，无须人工手动操作。
- 车险交强险录单：各险种的录单工作，通常需要十多个人同时录入，量大、重复、烦琐。RPA机器人可辅助人工，解放人力，使录单工作变得高效。
- 同业分析：员工每周需要去同业网站上获取业务数据，整理成报表并分析，数据抓取和整理工作极其耗时。RPA机器人可以自动抓取数据并形成报表，速度快，效率高。
- 财险产品备案登记：财险营运部门通常需要登录保险协会网站完成财险产品的自主备案登记，过程烦琐。RPA机器人可代替人工自动填写和上传相关资料。
- 客户服务：保险电销过程中，客服需访问多个系统获取各种信息数据回复客户。RPA机器人可帮助客服进行客户身份验证、保单状态检查、到期日信息确认等，快速准确算出数据并自动提交请求执行后续操作。

7.3　应用案例

在国内金融业，RPA 技术已经广泛应用在银行、证券、保险等行业中（如图 7-1 所示）。RPA 可以帮助金融从业人员快速地改善业务流程，大幅缩短开发周期。除此之外，RPA 还可以简化流程降低人为操作风险，如数据泄露、数据篡改、错误输入等，数字员工可以基于一定规则自动执行大量重复、枯燥的业务，保证处理的准确度。本节以某证券公司和某地工商银行为例，介绍 RPA 在金融行业的应用和落地案例。

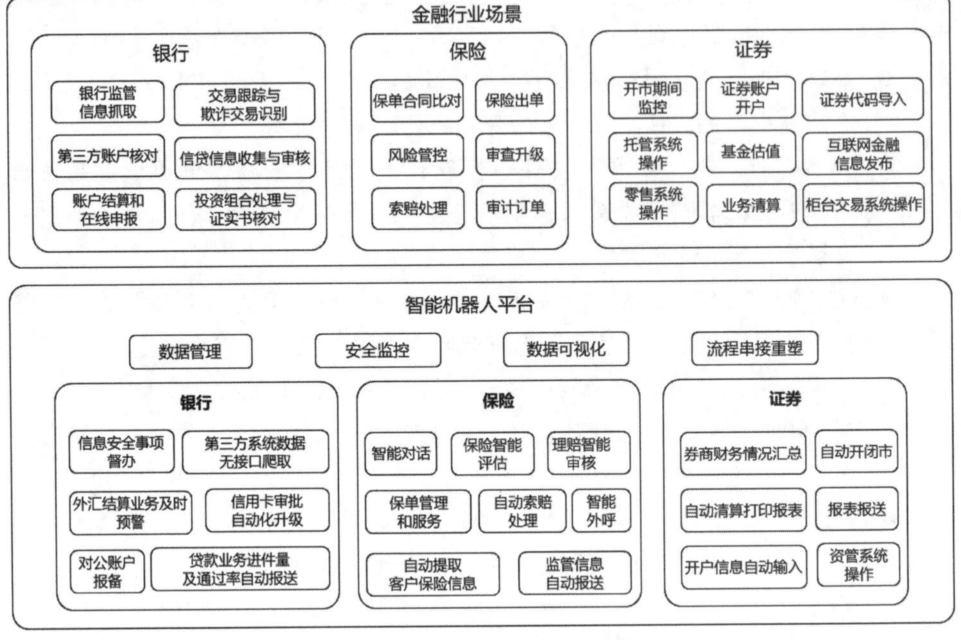

图 7-1　RPA 在金融行业的落地场景

7.3.1　案例：证券公司财务机器人

RPA 应用在证券公司的财务部门，可以优化总部财务人员的角色与职能，重塑业务流程运行模式，更加高效、规范地完成财务部日常工作流程，用科技赋能证券公司的发展。以财务部门为抓手，可以将 RPA 进一步嵌入东兴证券合规、风控、财富、人力、IT 等多部门多业务场景，为更多业务流程提供智能化支撑。

1．案例背景

在全球化和信息技术日新月异的今天，国家不断深化改革、扩大开放，外资不断涌入，对国内证券公司产生了巨大的冲击和挑战。为提高国际竞争力，降低公司运营成本势在必行。信息化建设是企业降本增效的重要工具，财务部门在信息化建设过程中扮演着重要角色，财务信息化大致经历了会计电算化、财务信息化和财务智能化 3 个重要阶段，即从笔纸簿记、计算机簿记、ERP、财务共享服务中心（FSSC）到财务机器人（RPA+AI）。从 FSSC 到财务机器人在技术上已有质的变化，而财务机器人是基于大数据、人工智能、区块链等技术，将全产业链上下游、前后台运营全面深度融合，彻底颠覆传统意义上的财务职能边界与专业价值。

金融科技正在引发证券行业商业模式的颠覆性变革，以科技赋能金融，已成为越来越多券商战略发展的重要驱动引擎和核心竞争力之一。全球智能财务服务中心正在快速应用数字技术，成为企业数字化转型的催化剂。在此大背景下，某证券股份有限公司为实现更高成本效益和业务增值，以 RPA 技术为载体，创新性地打造了智能财务中心。

据此证券公司内部相关负责人介绍，财务部工作人员在日常工作中涉及大量的数据查询、下载、人工核对、系统登记、数据补录、导出上报等工作。以往数据报送字段不一致、多数业务系统和财务系统没有直接对接等因素拖慢了财务部的工作效率。

因此需要 RPA 平台结合证券公司实际工作环境特点，将受限于系统孤立局面下的大量手工工作设计通过自动化的方式提升业务运营效率。需要使用机器人对文档进行高准确度的关键信息提取、内容比对、审核、溯源等，精确实现文档理解，自动完成不同字段定义下的表单填写。完成填表后，机器人自动打开并登录对应的财务系统，将数据导入，并依次单击“提交”和“审批”。

2．案例痛点

RPA 软件并不是专门为应对财务工作而开发出来的，但在实际的财务工作中却有很多的 RPA 应用场景。究其根本，主要是财务相关的工作中，有大多数流程都存在以下 4 大痛点。

- 简单且重复性的操作：在财务工作流中，经常需要机械重复地操作信息系统。这种操作过程固定、规则明确的流程，通常可以通过逐步单击按钮或其他机械操作即可完成。这类操作存在重复性高、附加值低的问题。
- 业务量大且易出错：当企业有大量业务时，需要匹配大量的银行凭证和会计凭证，并对输入的发票进行核对和验证。如果在一定时间内，工作量增加，财务人员需要高强度工作，正常工作时间很难满足企业的需要，处理业务的效率将显著下降。
- 对人工操作依赖较大：传统财务工作的推进通常依赖人工操作完成。在大量财务数据的计算、核对、整合、验证的过程中，由于数据处理工作量大，需要投入较高的人力资源去处理，导致人员占用高，人力成本高。
- 系统间难以兼容：特别是对于多个异构系统间的数据流转，常需要人工分别登录多个系统，进行数据的采集、迁移、输入、校验以及上传、下载和通知等操作，面临工作效率低、错误率高、人员占用高等问题。

3．案例介绍

RPA 通过模仿员工的操作执行业务流程，可以模拟人工完成系统登录、文件的移动创建、数据的键入复制与粘贴、读取结构化数据或利用 OCR 等技术读取非结构化数据、识别用户界面控件等工作。这使财务人员可以从简单机械的操作性工作中解脱出来，去从事需要经验和主观判断的高价值的工作，为企业创造更大的收益。对于财务机器人的风险管理则需要根据企业实际应用 RPA 的场景和流程进行分析。

RPA 技术虽然能够使原有的业务流程自动化地运行，但不会改变业务流程的操作方式和最终达到的效果。RPA 一般情况下并不能直接创造出收益，而是更侧重于帮助企业降低成本。因此，选择 RPA 流程时，应当关注那些当前运行成本较大的业务流程。此外，RPA 的一大技术特点是通过模拟人工的真实操作来完成各项流程。因此，在选择 RPA 使用场景时，应当关注耗费人工工时较多的劳动密集型流程。对于异构系统间的数据交互等业务流程中存在的一些自动化盲区，以及实时预警提醒等功能特点，也可以考虑应用 RPA 作为有效补充。

由于财务共享服务中心业务流程标准化程度高、业务量较大、主观判断程度低，这些流程往往成为 RPA 技术的典型应用场景。在该证券公司财务部门，共实施了费用报销、资金结算等多个场景的流程机器人，其中的常见业务流程有：

- 费用报销：财务机器人可以利用OCR技术自动识别报销单及附件，提取发票等原始凭证信息。按照预先设定的审核逻辑，自动核对报销单据、检查重复报销、匹配预算控制规则，批准合规申请、驳回异常申请，将审核结果邮件发送给财务人员。
- 资金结算：财务机器人可以自动登录企业网银，根据设定的资金划线自动执行资金调拨的数据录入，生成资金支付申请单。通过分析订单和供应商信息，自动进行收付款操作。可以自动登录企业网银查询账户余额，进行银企对账。
- 固定资产核算：财务机器人可以利用OCR技术识别固定资产照片、购买合同等文档，提取固定资产信息后自动录入固定资产卡片。自动登录系统获取资产使用情况、折旧分配情况和账龄情况等，为资产管理部门提供即时的资产分析报告。
- 采购到付款：财务机器人可以利用OCR识别技术对发票等单据进行扫描，自动对发票、合同、订单、收货单、审批单等自动匹配并校验。自动登录国家税务局发票查验平台，输入提取的发票信息，查询并验证发票真伪，自动下载保存查验结果。利用NLP和OCR技术可以自动将供应商财务报表和营业执照等资料上传系统。

- 总账到报表：财务机器人可以自动完成关账、对账、账务结转、凭证打印等工作，自动进行报表项目数据汇总、合并抵消、外币折算、关联交易处理、数据导出等步骤，生成初始报表，经由人工输入调整分录后生成最终报表。
- 成本核算：财务机器人可以跨系统获取物料信息，自动登录成本核算系统完成物料数据的录入并执行成本核算操作。可以自动完成记账、成本结转等操作，对成本数据进行分析并提供自动化报告。
- 订单到收款：财务机器人可以自动登录网银获取银行账户交易流水，将符合记账条件的数据录入系统。可以自动登录企业网银下载收款银行交易流水，登录财务系统下载账户科目余额，将银行流水与相关科目余额进行对账。
- 档案管理：财务机器人可以利用OCR技术识别纸质档案信息，自动完成纸质文档的电子化，并进行分类归档处理。可以根据收到的查询申请，自动从电子档案数据库中查询有关档案信息并导出到文件发送给申请人。
- 发票开具：财务机器人可以自动根据开票申请和开票信息在开票软件中录入数据并操作开具增值税发票，同时将涉税项目生成表格文件发送给财务人员提醒入账。
- 纳税申报：财务机器人可以在期末自动登录财务系统，获取纳税申报所需数据，根据预设公式校验财务与税务报表的数字，按照预设逻辑自动生成纳税申报表，自动登录纳税申报网站完成申报表及附表填报，最后经人工复核确认后提交。
- 预算管理：在预算管理场景下，财务机器人可以根据预设的预算模型自动编制和分解预算，在预算执行过程中自动监测和审计预算占用和使用情况，并生成预算报告。

RPA技术可以为企业融资提供高效、便捷、安全、可控、价格合理和高质量的自动化办公机器人解决方案。RPA机器人可以应用于财务领域的多个环节，可以代替人工执行财务流程中批量烦琐和重复的操作，跨系统处理财务数据信息，最大限度地提高企业财务流程的效率，同时降低财务运营成本。

RPA还可以执行多任务和跨平台操作，包括访问多个系统进行数据采集、在系统之间传输数据、更新不同系统中的相同信息等，而不会干扰或影响计算机上的现有软件系统。针对财务的业务内容和流程痛点，RPA机器人可以取代财务的手动操作，优化财务流程，提高业务处理的效率和质量，将资源分配给更多的增值服务，促进财务的数字化转型。

RPA 机器人模拟基于明确规则的手动操作和判断，将财务人员从简单重复的低附加值工作中解放出来，不仅降低了人工成本，而且使财务人员可以投身到更具创造性和价值的工作中。企业数据和信息的安全性和可控性保障了企业业务发展和管理决策中的数据需求，为财务改革和转型奠定了数据基础。

7.3.2 案例：工商银行落地实践

1．案例背景

在当前全球化进程受到严峻挑战，国际分工重新定义，以及新冠肺炎疫情暴发的背景下，我国对于科技自主创新、数字经济的大力推动提到了前所未有的重要阶段，金融机构作为国家战略力量的重要组成部分，其数字化转型不仅仅是技术领域的转型，更涵盖了对内的员工管理、员工体验、技术运营，对外的客户体验、数字化效益等。

因此，提升加速金融机构的数字化转型，已成为推动国内技术创新、自主技术应用以及实现金融供给侧改革的重要实践手段与推力。RPA 在推动金融行业数字化转型和激发业务新增长活力方面表现出的明显优势已被业界普遍认可，随着技术积累、企业用户认知提升、行业统一生态的搭建，RPA 行业也将迎来快速发展的新机遇。

2．案例痛点

银行内部自动化转型面临以下挑战：制度过重限制转型资源，银行机构内部组织复杂、制衡因素过多，对于预算等资源审批过于严格，甚至僵化，只关注短期成效，限制了技术创新应用资源的投入；部门壁垒现象，数字化转型带来技术对业务的优化，业务流程的改变要求员工具有高敏捷性，金融机构采用清晰的业务条线分工机制，各业务条线由众多部门承载，员工往往在短时间内难以适应业务流程与要求的改变；IT 系统基础不牢，数字化转型是 IT 系统与服务能力的全面提升，在一些金融企业中，对于资金流、数据流、业务流仍缺少 IT 化支撑，数据流转存在阻断，业务流程仍然低效；外部合作效果不佳，外部合作企业的技术产品化程度不足，以及专业服务能力的缺乏，造成在金融机构内部的持续技术应用存在障碍，合作难以达到预期。

对于单个业务场景而言，有以下痛点：

质检作业需要对客户申请资料中的影像件进行复核，需要大量人力资源去判断识别是否填写完整、申请日期是否合规、章程是否抄录完整、重要信息修改是否有本人签名，并记录不合规项，确认影像件内容与电子申请内容是否一致，完成比对后人工判断是否通过客户申请资料进入建账环节。在这个场景中有以下业务痛点：业务进件量大、日均处理业务量几千笔；规则明确且重复，占用大量人力资源进行机械重复的劳动。所以希望通过引入 RPA 机器人，在复核环节实现自动化审查、UI 界面字段抓取、自动化审查，以及通过 OCR 完成客户影像件审查及资料比对，全面替代人工进行自动化复核，达到释放人力、减少各个环节人与人之间的接触，提升发卡效率的目的，为全流程自动化审查审批积累经验。

票据估值监测场景需要查询并下载最新的会计主体清单以及上一日票据估值的单票信息、估值结果及会计报表信息，对下载数据进行预处理后，形成票据估值监测清单（即到期未兑付清单、本金差异清单），并将全部下载和预处理信息、监测清单发送给业务人员进行后续分析处理。在这个场景中有以下业务痛点：操作步骤多，流程单一且重复，花费时间多，人工处理成本高；人工处理数据速度慢，易错漏，每天有几万条数据需要处理；直接面对客户，错误易造成不良影响。所以希望通过引入 RPA 机器人，自动获取和下载数据，根据预设规则精准执行，自动生成并处理报表给业务人员，完成票据估值数据合并、筛选、透视表等操作。将到达缩短处理工时、提升数据加工效率的效果。

国库信息数字比对场景需要查询并下载退库信息表和退库审批表，根据一定的数据比对规则对退库信息表和审批表进行数据的信息比对，记录结果并将结果文件发送给代理库的人员进行后续账务操作。在这个场景中有以下业务痛点：比对规则较多，数据间映射关系复杂，个别种类数据需进行多重比对；业务量大，业务峰值单个国库数据日均几千笔；数据量大时人工比对时间较长，操作烦琐。引入 RPA 产，通过机器人自动在系统中完成下载退库信息和审批信息，比对数据，并将数据比对结果发送给制定人员，达到大幅度减少退库信息比对时间、解放人力的效果。机器人比对速度快，成功率高，将大幅度提高工作效率。

3. 案例介绍

银行通过构建企业级数字员工平台，实现三大主要能力：第一，能够对各种品类的 RPA 机器人进行集中管控、统一调度、弹性供给，并实现对数量众多的数字员工进行统一运营管理；第二，开展数字员工能力组件建设，将 RPA 能力微服务化，并集成相关 AI 能力，将 RPA 能力进行云端部署，实现共享、共用，解决机器人易用性及复杂业务场景应用问题；第三，建设 RPA 知识中心，集中管理、分析、分享 RPA 相关知识和信息，促进企业内部学习、共享、再利用和创新，提高企业员工利用 RPA 技术、应用数字员工的能力。

RPA 在银行内部落地的方式有两种：一种是总行集中式管理；一种是总分分布式管理。其中总行集中式管理采用总行数据中心集中部署，统一对总分行进行服务，统一由总行进行业务处理和工作场景的管理，业务环境集中在数据中心搭建。这种方式的好处在于管理职责明确，管控力度强。另外一种是总行负责 RPA 系统平台的管理、推广和支持，省分行科技部负责分行平台部署、需求实施，总行建设 RPA 平台为各省分行使用场景提供支持。此方案的优点在于实施灵活，能迅速实现分行需求。

AIRPA 在某工商银行的 RPA 平台，定位为全行统一的技术平台，面向全行各部门提供流程自动化的输出能力，提供企业级自动化流程开发框架和共享技术能力，针对基于明确规则的重复性人工工作流程，通过非侵入式的客户端流程及数据集成技术，实现工作流程的自动化，达到解放人工劳动力、提高工作效率和质量的目的。该平台主要分为机器人控制中心、机器人设计器和机器人三个模块。

其中控制中心负责机器人的运营管理，工作任务的流程编排和调度，对机器人执行任务过程的监督、管理和控制，并通过对机器人资源池的管理，实现机器人的动态分配，最大化使用机器人资源。设计器提供便捷友好的方法、界面以及丰富的流程设计组件，由开发人员实现任务流程的录制、配置或开发，形成指令集并发布至机器人控制器中，由机器人控制器按照设定的策略调度机器人运行。机器人负责运行具体的任务流程。根据机器人控制器的调度，加载并执行任务流程对应的指令集，完成任务流程。

RPA 平台为分层架构（如图 7-2 所示），其中展示层包括网页、移动端和大屏，服务层提供机器人管理、系统管理以及报表查询接口，应用层完成机器人、系统管理以及报表生成等功能。由于 RPA 同时有结构化和非结构化的数据，计划同时采用 SQL 和 NoSQL 两种数据存储。

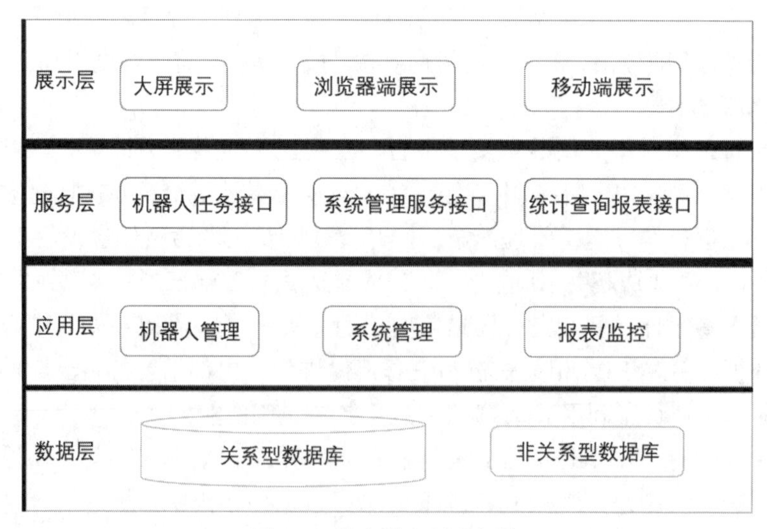

图 7-2　数字员工平台架构

在该银行的RPA落地中，有以下的典型应用场景：

- 信用卡考核报表自动生成：银行每月要从分行人工获取各种新增卡、活动卡、注销卡以及具体的消费笔数、消费金额等数据，并需要对这些数据进行人工统计，然后将统计数据整理汇总成报表，且要依据一定的规则对各行信用卡业务进行综合评分。在实施自动化之前，员工需要每一步都自己操作，效率低且易出错。使用RPA可以实现从数据仓库每月自动抓取每个分行的数据进行统计，自动生成汇总报表后依据规则自动给出综合评分。总体工作量减少60%。数据提取成功率高达100%。并且可以让员工将时间花在更有价值的任务上。
- 银行内部账号信息管理和对账流程自动化：银行内部每天都有大量指定对冲账号需要管理和对冲信息需要更新和跟踪，每个账号需要收集进账和支出信息。需要把对应信息保存到指定Excel里面，以便工作人员把相关有联系的信息关联后再提出对冲要求。RPA可以减少大量收集信息工作所需的时间，并提供数据给相关人员进行处理。机器人能在非正常工作时间处理一些收集工作，并在第一时间提供信息给人工进行处理，进而提高人工的效率。该项目还有进一步提高效率和操作更多的系统可能，以实现最终无人操作处理更多内部账号处理和对冲处理，并发出相关有异常的交易提醒的功能。
- 理财资产项目还本计划整合流程自动化：资产项目还本计划整合由于数据量较大，目前有九千多条，利用人工处理工作量较大、重复性高、效率低、人工成本高。RPA可以帮助客户实现这个重复的工作，使用RPA之后人工处理时长只需要2～3分钟/笔，每天定时自动执行任务，不需要过多人工干涉，大大提高了业务效率，节约了人力成本。

基于RPA技术的银行数字员工平台，可以提升银行业务处理效率，促进业务数字化发展，并带来显著的经济效益。以该工商银行为例，数字员工平台每年能够为数千名员工提供流程自动化服务，在节约数亿元人力、运营成本的同时，提升了业务处理效率，增强了服务能力，提高了服务质量，具体体现在以下三个方面：

一是在人工和信息系统大量交互的场景中，数字员工平台可替代人工完成大量简单重复、规则明确的人机操作。通过RPA机器人替代人工操作，不但可提高效率，而且几乎可实现零差错，可解放大量人力资源、降低运营成本。

二是在业务处理响应时效要求较高的场景中，利用数字员工响应时效性高、业务处理速度快的优势，以及不易出错的特性，可及时响应并处理业务，降低单笔业务处理时间，提升服务效率。

三是在系统与系统之间的交互场景中，系统和系统之间的交互可以通过改造系统来打通连接，但改造系统是“伤筋动骨”的事，难度大、战线长。尤其是银行等金融机构出于信息安全保护的需要，在网络规划方面有严格要求，导致内部系统和外部系统之间有时产生无法逾越的鸿沟，改造难度很大。数字员工平台的出现，让这些系统能够快速实现交互，而无须进行系统改造，节省了大量系统改造费用，并快速满足业务需求。

第8章 RPA在政务行业的应用

数字政府是当前中国政府建设的重要发展方向。随着信息技术的不断发展，人类已经进入大数据时代，数字政府的建设进程也在不断推进。如今，人工智能在各行业开展得如火如荼，AI加持的RPA打造的数字员工，能够处理更多重复且规则的流程。而在数字政府的建设过程中，RPA将会发挥巨大的作用：一方面，它可以实现降本增效，减少基层人员的工作负担与投入时间；另一方面，它可以规范基层工作人员的工作方式，以实现国家对政府的监督管控。

本章首先介绍了政务行业的发展现状与面临的痛点，在此背景下找到了RPA技术与政务工作的结合点，并探讨了RPA技术能够带来的应用价值；然后从案例背景、案例痛点及案例详情三个方面分别介绍了RPA在政务行业应用的典型案例，包括一网通办、数字社工、12345坐席助手/智能派单及税务管理自动化。

8.1 行业背景

当前各项改革已经进入关键时期，矛盾和问题日益凸显，困难和阻力与日俱增。地方行政审批制度改革是我国全面深化改革的重要组成部分，关系到群众切身利益。面对改革中遇到的困难和阻力，需要地方政府各部门充分协同与联动，形成整体性合力共同推动改革走向深入。目前阻碍地方行政审批制度改革中各部门协同与联动的原因主要是官僚科层制带来的“碎片化”问题。

审批制度改革中部门协同与联动存在的问题及成因，并对在“最多跑一次”改革中体现出来的部门协同与联动的具体做法、成效及经验启示进行了总结分析，在此基础上，进一步提出了加强地方行政审批制度改革中部门协同与联动机制的具体对策。为打造服务型政府，要求政府建立为企业全程服务和长效服务的工作机制，解决企业办事“最后一公里”问题，建立全覆盖、全方位的各级行政服务体系，增加了一大批编外人员。在财政规模既定的约束下，行政成本增加，投入公共产品和公共服务的支出就会相应减少，从而导致企业满意度下降。

此外，小部制行政机构设置模式是导致我国行政成本高和行政效率低的根本原因，也是导致企业和群众到政府办事难、环节多、费时长和成本高的关键因素。

中共中央办公厅、国务院办公厅印发的《关于深入推进审批服务便民化的指导意见》，把“浙江省‘最多跑一次’经验做法”作为典型经验之一向全国全面推广。创造性推进全面深化改革实践的一个鲜亮标志。“最多跑一次”改革之所以能够作为先进经验向全国推广，是因为其具有重大现实意义，在改革实践中积累了丰富经验。

当前，由于传统的政务服务中的数据信息互通与传输能力较差，且个人数据信息只是在部门系统内互通，这不仅会使得现代人们在办理相应的政务服务时存在问题同时也会造成较为严重的信息审核问题，使得现代人们在实际办理业务时无法得到方便快捷的服务体验。随着现代社会经济与科技的不断发展，现代社会不断向着大数据时代的方向发展，大数据不仅适合应用在“工业 4.0 ”当中，同时对于 BI、云计算、物联网等领域也可以被广泛地应用，其能够将传统的档案式数据信息转化为互联网数据信息，同时还可以将部分部门中的数据信息进行互通，使得现代人们在办理政务业务时能够确保得到较为方便快捷的业务办理效率。近年来，党和国家大力推进“互联网 + 政务服务”的建设，提出了利用新技术、新手段推动简政放权、放管结合、优化政务服务改革、加快政府职能转变的要求，建设人民满意的服务型政府。

与此同时，在通过大数据对数据信息进行互通时还需要通过相关政府的签字同意，使得互联网数据信息具备实际法律效益，从而能够为数据信息的真实有效性提供保障。除此之外，还需要加强数据信息互通的实际应用效果，由于基于现有情况将大数据内数据信息互通实际应用在“最多跑一次”政务服务的改革中，存在历史系统无法及时转变，因此就需要针对实际应用大数据内数据信息互通的过程中加强对于实际应用的管理，以便能够有效提高数据信息互通的服务理念，从而为“最多跑一次”政务服务的改革工作提供保障。

8.2　场景需求

大型央企作为我国国有企业的重要组成部分，是由中央管理的企业，一般都在一个行业或者关键领域占据了支配地位，在产业变革和经济转型中承担着重要的历史责任和使命，同时也面临着诸多的挑战。如何对工作流程进行优化和重塑，更有效地利用人力资源是需要解决的问题。

信息化、智能化是企业发展的潮流和趋势，但信息化的发展给企业带来难得机遇的同时，也令企业面临着巨大的挑战。传统政府职能部门也不例外，为了高效完成内外部业务的处理和管理工作，政府引入了众多信息系统，但这些信息系统只关注各自领域的数据管理与业务处理，由于缺少相应的接口标准和规范，它们各自为政，相互之间无法进行信息共享与业务集成，从而形成一个个“信息孤岛”，又称“数据孤岛”，信息孤岛是数字时代企业之痛，伴随企业信息化的进程广泛存在于每个企业中。随着部门规模的不断扩大，应用系统不断增加，对信息共享、跨系统操作和软件重用方面的要求越来越高，这些相对独立、标准各异的“烟囱”式系统已经不能满足业务的需要，对企业来说无疑是巨大的挑战。

另外，随着适龄劳动力资源持续短缺以及劳动力价格的上涨，我国的“人口红利”正在不断消失。然而，在基层政务中，重复、单调、低价值操作类任务仍然存在，例如材料整理、事项审核、数据统计、要素填写、信息通知等流程存在很多重复工作，人工处理不仅需要耗费大量时间而且易出错，会给业务人员带来较沉重的工作负担，政务领域对于数字化劳动力的需求也日益增加。

尽管大部分政企一直在进行信息化建设，但是各系统间的数据搬运却一直由人工来完成，效率难以保证，亟须自动化手段代替人工解决诸如数据搬运、填报等一系列重复、低价值、易出错的工作，从而将业务流程化繁为简，提升工作效率与质量，降低企业风险。

以上政务场景存在的难点，可以运用数字化劳动力来解决。十九届四中全会明确提出“推进数字政府建设”，数字政府建设进入全面提升阶段，全国各地大力推动政府数字化转型。由“AI+RPA”技术驱动的数字化劳动力，成为了政府业务流程和服务模式数字化、智能化的新选择。

针对以上种种问题，RPA 可以提供三个方面的解决方案：协助业务人员完成日常工作、实现不同业务系统的对接、帮助老旧业务系统升级改造。

1．协助业务人员完成日常工作

在政务行业的日常工作中，业务人员常常面临着大量问题，例如人工数据录入工作量大，业务人员需要将大量精力与时间投入到耗时、低效、重复的劳动中，并且在录入的过程中还会出现信息重复多次录入、数据录入错误的情况，亟须数字化劳动力协助业务人员去机械地执行任务，提高工作效率的同时减少出错率。

其次，在政务行业的工作范畴内，存在多种不同类型的业务种类（如图 8-1 所示），例如政务审批、文档管理、信息管理、许可证管理、政务审核等。其中最常见的莫过于政务审批，而单单政务审批就包含很多种类型，诸如内部流转审批、政务专网外网数据对接、单板事项审批、企业设定审批等多种类型的审批。而部分审批工作则需要多个部门协同办理，A 部门处理结束后需要转接到 B 部门继续处理，在这个过程中常常会出现部门转接错误，或是转接不及时耽误整个流程审批的进度。因此，行政部门需要数字化手段实现审批流程由线下到线上的转化。

图 8-1　政务领域部分关键业务

此外，行政审批事项通常涉及不同的业务系统，当前部分地方政务服务中心存在“综合办理窗口”系统和各委办局审批系统数据接口并未打通，常常需要工作人员逐一登录各审批系统进行信息录入操作，各级系统之间的数据无法同步，业务人员工作量大且烦琐，严重影响了群众办事效率，也增加了业务办理出错的风险。

利用 RPA 机器人协助业务人员完成日常工作可以极大缓解以上问题，并将业务人员从大批量、重复、低价值的工作中解放出来，从而将精力投入到更高价值的工作中。

2．实现不同业务系统的对接

随着企业信息化建设突飞猛进，企业管理职能精细划分，信息系统围绕不同的管理阶段和管理职能展开（如客户管理系统、生产系统、销售系统、采购系统、订单系统、仓储系统和财务系统等），企业中“多系统并存、系统数据耦合度高”的情况越来越明显，比如生产部门用 ERP、销售团队用 CRM、人事部门用 HRM 等。因此数据被封存在各系统中，部门之间数据无法共通，业务平台、软件系统之间形成了严重的数据壁垒。

与其他行业相比，政务行业的信息化水平虽高，但各业务系统间相互独立，缺乏数据和系统的协同，主要依赖人力或者高成本的 API 进行数据交互；强监管要求较高的安全性与合规性，在监管报送方面需要耗费极大的人力成本去支持。而 RPA 则可以替代人力完成高频重复的操作行为，低成本地实现不同系统之间的数据对接。

自 RPA 技术发展以来，因为其跨系统协作的能力引得资本竞相追逐。在业务对接的过程中，RPA 不仅可以充当不同业务系统之间的桥梁，而且可以实现企业信息的跨系统打通。RPA 系统的出现，解决了以往企业只有 API 这一根“链接桥梁”的不便。通过创建一个灵活的、低代码（甚至无代码）的业务规则引擎——RPA，企业可将快速实现不同系统间的数据迁移。

3．帮助老旧业务系统升级改造

据调查发现，目前政务行业的重要数据大多数都保存在旧系统中，基本上，这些古老的结构为业务流程奠定了基础。可随着信息化时代的技术发展，这些旧系统越发缺乏灵活性，难以满足不断变化的客户需求与偏好，并且随着系统数量的增多越来越难以管理。从某个角度来看，旧系统往往存在缺乏敏捷性的特点，因此及时开发新的业务系统来替代旧系统至关重要。但人工进行系统间数据迁移常常会出错，并且由于公司的员工需要随时能够访问系统，因此系统更换的工作需要尽快完成。因此，政企需要一种全新的技术，能够在不影响原有系统内部结构和正常运行的基础上，完成数据迁移，实现业务系统的智能化改造。而 RPA 自身具有的“扩展性”和“无侵入性”可以跨不同系统，在上层的部分执行整合，无须修改原有系统架构就可以完成老旧业务系统的升级改造。

8.3 应用案例

目前 RPA 已广泛应用在政务行业（如图 8-2 所示），利用 RPA 的人工智能组件，已经成为某些政务部门优化业务流程的有效手段，使用 AI 技术手段可提高政府部门在办公、监管、服务和决策等多方面的智能化水平，用于优化申请和审批流程，缩短政府服务的办结时限，以提高政府服务的办事效率和用户体验。

8.3.1 案例：“RPA+AI”“一网通办”

1．案例背景

“晕头转向跑断腿，一进政务大厅两眼黑”是不少群众在办理业务时对政务服务现状的普遍认知。这背后反映出的，是我国各级部门在政务信息化过程中所存在的互联互通难、数据资源共享难和业务协同难的典型“三难”问题。

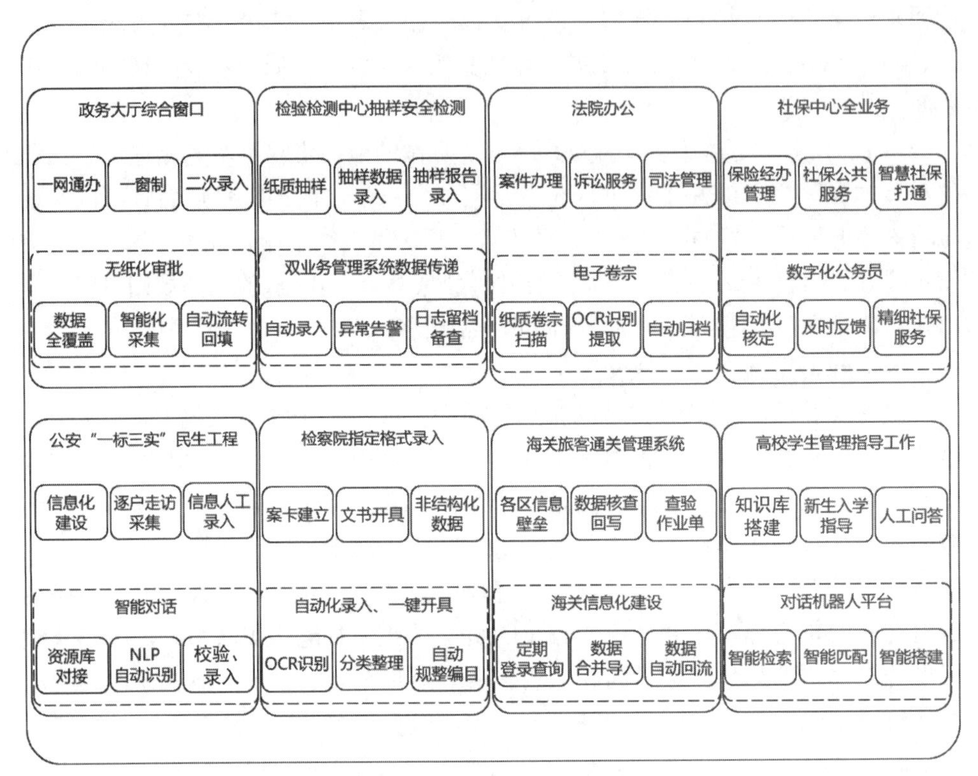

图 8-2　RPA 在政务行业的落地场景

2018 年，经李克强总理签批，国务院印发了《关于加快推进全国一体化在线政务服务平台建设的指导意见》，就深入推进“互联网 + 政务服务”，加快建设全国一体化在线政务服务平台，全面推进政务服务“一网通办”做出部署。

2021 年，国家发展改革委发布《关于推广借鉴上海浦东新区有关创新举措和经验做法的通知》，明确新一批向全国推广借鉴的 51 条“浦东经验”，其中包括“一网通办”服务探索，诸如全覆盖集成整合人才审批业务、全场景推进智能审批应用等。从国家印发的种种政策来看，推行行政审批改革创新迫在眉睫。

2．案例痛点

“一网通办”场景通常存在企业端与政府端两类用户，针对不同的用户存在不同的痛点。

1）企业端

“一网通办”场景对企业端来说痛点如下：

- 在线业务办理流程不完善：自2016年国务院出台"互联网+政务服务"技术体系建设指南，进一步明确了政务服务标准化、精准化、便捷化、平台化、协同化的建设方向。目前，由于各级各部门间系统壁垒，部分政务在线化办理仍未实现或存在不合理情况。目前部分政务网站仍未打通业务办理功能，便已发版使用，导致企业用户无法在线进行相应业务的办理，有些甚至提交材料后并无反馈，浪费企业用户的时间，对企业用户业务办理造成困扰。
- 办理阶段无实时提醒：企业用户在线上、线下提交业务审批后，无法查看办理进度，缺少审核结果的提醒通知，企业用户希望可以随时查看业务审批的进度，并提供提醒功能。
- 提交及审批流程繁杂：此前的业务审核方式需要向用户收集每个部门及每个审核环节所需的材料，部分材料不必要或已在之前的审批中核实提交。以工程建设为例，由于企业法人在申请项目备案时，已提交大量基本信息或者这一环节的证件可直接作为下一环节申请的依据。这样不可避免地增加了企业用户提交的内容，影响用户使用体验。针对这个方面，在企业端，可以进行流程优化，提交材料内容精简，尽可能地做到一次提交办结业务。
- 缺乏客服引导功能：由于办理业务较为复杂，且填报材料众多。因此，对企业用户需要业务办理的讲解与引导。搭建智能客服引导功能，可对常见问题及常用模板进行设置，解决大部分企业用户问题，人工服务解答特定问题，使审批流程高效进行。

2）政府端

"一网通办"场景对政府端来说痛点如下：

- 存在"数据孤岛"：政府系统构建已久，数据量庞大，迭代开发困难，因此易形成数据不互通，单流程上同一数据需重复录入的情况，且造成信息冗余。如需向上级汇报业务人员需从多个系统收集信息，多维度信息获取困难，极大阻碍了政务信息化进程，增大业务人员工作量。若打通政府系统间沟壑，将极大增加政务信息化进程，提高信息利用效率，消除数据孤岛。
- 审核内容及流程复杂：此前的业务审核方式需要逐一审核每个部门及每个审核环节涉及的所有材料。以健康卫生委员会为例，由于企业法人在申请开办医疗机构的时候会提交大量的数据与自身医疗机构的详细信息进行备案。这样一方面保证了开办的医疗机构的信息齐全度，但是也不可避免地增加了政府办事人员的工作量，政府工作人员在给医疗机构发放打印准可证前要录入大量的信息，这种信息不仅信息体量大，而且重复的操作特别多，在这个方面，政府工作人员的需求就是要简化操作的流程，减少工作量，尽可能地做到一键式信息录入，然后打印许可证。

- 缺乏“一站式”审批流程：部分政府业务工作人员，由于涵盖多环节审批职能，需要在完成一项审批后切换系统/账号进行后续的审批工作。以工程建设类为例，由于工程项目建设审批的类别特别多，所以在进行审核时涉及多个账号切换的问题，频繁地进行账号的切换，不仅造成行政人员精神上的烦躁，同时也增加了审核出错的风险。
- 审核出错风险大：政府工作人员在对企业提交的资料进行审核时，有大部分时间是在对固定的内容进行机械化、重复的审核，这样的审核过程，极大地造成了政府工作人员工作量的增加，而重复机械的操作，也增加了审核出错的风险。

3．案例介绍

某市政务部门为持续深化“放管服”改革优化营商环境，以“互联网+政务服务”思路为指导，积极引入 RPA 机器人流程自动化技术改变传统人工审核模式，创新“RPA+AI”智能审核模式。基于 RPA 技术的智能审核模式通过自动填充办事表单和快速推送办事材料，结合政务资源交换共享平台、全国信用信息共享平台、证明事项告知承诺制等信息化平台和工作举措，提供秒填、秒报、秒核、秒批、秒办、秒回的自动受理、自动核验、智能审查、自动办结的无人干预自动审批模式，代替人工自动完成“一网通办”政务服务全流程，同时利用大数据分析对审批流程做全方位的分析，不断地迭代优化审批流程。其次，在流程处理过程中，调用 OCR 技术智能识别材料关键信息，完成结构化数据整理，即时反馈进程且自动同步结果至多系统，形成某市特色审批经验，统一平台审批形成该市审批大数据以及企业大数据沉淀。

以上政务场景涉及跨系统、操作烦琐、枯燥重复，需要耗费大量人工的时间来处理的业务。基于 RPA 的“一网通办”解决方案实现某审批局相关流程由线下到线上的转化，打通“数据孤岛”，建立了企业结构化数据库；实现业务办事办结效率提升预估 50% 以上，沉淀了某市智慧审批模式，展现出其优越的行政审批成果，更是将政务工作人员从重复烦琐的工作中解放出来，使政务工作人员集中精力在群众“急难愁盼”的问题上，切实提升政务服务效率，让企业群众办事实现网上办、简化办。

8.3.2　案例：数字社工

1．案例背景

社区工作人员作为最基层的工作人员，常年奋斗在一线。当下，在新冠肺炎疫情蔓延的情况下，社区工作人员除了日常的民政服务、综治服务等工作外，还要处理日常防疫工作，这些重复、机械的工作让社区工作人员面临着人力不够、人力工作误差大等一系列问题，亟须引进可以降本增效、释放人力的数字社工解决方案。

根据国家七部委联合印发的《关于促进"互联网+社会服务"发展的意见》，提出要实现社会服务的"五化"，即数字化、网络化、智能化、多元化和协同化，这为加快社会服务一体化进程提供了新的契机。

2．案例痛点

社区工作人员日常工作主要包括人房信息维护、疫情自主上报、低保资料录入、表单二维码生成、填报任务监控、自动分表机器人等，重复性高且任务繁重，存在诸多痛点，亟须自动化手段代替人工完成相关工作，提升社区人员工作效率。

- 人房信息维护：各大社区人房信息维护日常面临人口流动量大，信息维护记录及时性不高，人工更新数据效率低，成效慢等诸多痛点、难点。
- 疫情自主上报：联防联控疫情自主上报录入工作，根据收集的信息，人工进行录入，由于疫情一直处于反复状态，信息录入的工作数量多，压力大，并且是重复无创新的指尖工作。
- 低保资料录入：各街道每半年需将收集的低保家庭信息资料全部复录一遍，并且日常每周也会有10条左右的低保家庭信息录入，人工录入需安置一个人力岗位专职去做录入工作，工作内容重复操作多，创新性低。
- 表单二维码生成：联防联控系统自主上报填报信息收集表单每次有改动时，所有酒店统一填报模板均需要重新生成新的填报二维码，人工进行重新生成需耗费大量时间。
- 填报任务监控：每次有填报任务时，收集信息过程中需要每日核对未填报信息的居民，再及时通知居民进行填写，效率低并且频率并不及时。
- 自动分表机器人：每次有填报任务时，社工每次筛选符合要求的人员信息生成新表时，由于楼栋和分管网格员众多，分管任务时非常耗时。

3．案例介绍

为积极响应社区基础人员减负的要求，该方案加入了数字社工模块，使用RPA工具打造自动化数字社工，代替社区人员自动完成日常工作（如图8-3所示），深入挖掘基层人员急需减负的需求，通过自动化手段减少高重复性与低效率的事务性工作，一方面通过数字社工能力平台建设完成试点需求支撑；另一方面深入基层一线，打造轻量化业务支撑工具。

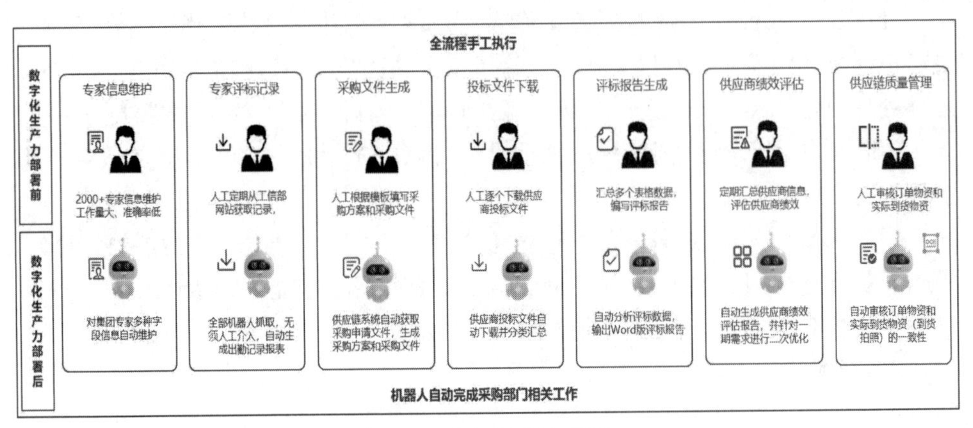

图 8-3　案例场景流程图

数字社工结合 AI 中台能力，面向全域提供跨平台、跨系统、跨应用的流程集成能力，通过自动化手段减少高重复性与低效率的事务性工作，通过数据智能方式实现流程数据异常自动发现、流程变化自动识别、流程知识自动积累，持续探究社区内部效率瓶颈和价值空地，推动流程智慧化重塑，减负增效、敏捷创新。其产生的价值主要体现在以下四个层面：

- 业务层面：实现操作简单、部署灵活、执行可靠的应用效果，减少人工干预，解决了业务处理人工作业量大、机械重复且数据质量低等系列问题，更好地简化流程，降低错误率、减少处理时间和降低总体成本。
- 服务层面：拓展数据收集范围，快速感知和响应因业务拓展、战略调整、法律法规等变化带来的流程改进诉求，提高居民体验，关注端到端关键指标，持续审核跟踪度量，提升信息洞察力，帮助重塑社区新模式。
- 管理层面：实现7×24×365、准确、高效、透明、可溯源的工作模式，将人力资源投放于分析型、战略型等高增值任务，提高人资效率和管理合规性，同时强化社区数据信息安全防护。
- 运维层面：提供可视化统计分析、智能化预警等能力，从而降低运维工作量，预测系统未来的运行状态、过程异常和性能瓶颈，平滑有序地完成系统稳定性保障工作，并有效控制运维工作对业务连续性的影响范围。

8.3.3 案例：12345坐席助手+智能派单

1．案例背景

2021 年 1 月 6 日，《国务院办公厅关于进一步优化地方政务服务便民热线的指导意见》印发，进一步优化地方政务服务便民热线（以下简称政务热线），提高政府为企便民服务水平。各地区设立的政务热线以及国务院有关部门设立并在地方接听的政务热线实现一个号码服务，各地区归并后的热线统一为“12345 政务服务便民热线”，语音呼叫号码为“12345”。

12345 政务服务便民热线（简称 12345 热线），指各地市人民政府设立的由电话 12345、市长信箱、手机短信、手机客户端、微博、微信等方式组成的专门受理热线事项的公共服务平台，提供“7×24 小时”全天候人工服务。12345 热线一般可用于对行政职能职责、政策规定、办事流程和其他公共服务信息的咨询；对行政管理、社会管理、公共服务方面的投诉以及意见和建议；对行政职权范围内非紧急类管理、服务方面提出的求助等，从而提高为民服务水平，推进依法行政，创新社会治理，维护自然人、法人和其他组织的合法权益。

2．案例痛点

“12345”自提出起便直接面向群众和企业提供服务，目前已成为解决群众生活难题的“民生之友”。尽管如此，根据零点有数《全国政务热线运行质量年度评价报告（2011—2020）》统计的数据显示，“12345 政务热线”仍然存在自己的“难题”。例如，2020 年政务热线接通率仅为 68.43%，平均接通时长为 15.39 秒，而接通率在 95% 以上的热线只有 72 条，占比为 20.87%，政务热线总体接通情况有待提高。

其次，疫情期间，民众诉求普遍增加。据了解，自疫情暴发以来，上海推出了“随申码”，用于识别市民身份信息及健康状况，但在使用的过程中常常伴随二维码显示不准确、信息缺失的情况发生。此种情况下，市民常选择拨打 12345 热线寻求帮助，与此同时 12345 热线中心的工作量也随之大幅增加。据调查，单个话务员每天产生近万条工单，人工处理一人一天最多能解决 150 条左右的工单，处理压力很大。面对疫情下激增的工作量，热线工单处理问题亟须解决。

3．案例介绍

为提升 12345 群众诉求处理效率，创新 12345 业务处理模式，本方案使用 RPA 机器人辅助人工完成咨询业务流程。在市民来电接听过程中，RPA 机器人结合 ASR 技术将对话实时转换成文字展示给坐席工作人员，让工作人员在与市民对话的过程中，节省打字的时间，全身心投入到与市民对话中，以便更高效地解决市民咨询的问题，从而提升市民满意度。其次，将录音内容与具体的工单绑定后留存，形成一个可随时查看的录音文本库，解决坐席忘记市民诉求或弄混市民诉求的问题，大大提高了坐席工作效率。引入 RPA 坐席助手代替人工完成高频、低效、时间长且附加值低的人工操作，12345 的热线处理效率与质量得到了显著提升。

为优化政务热线，本方案使用 AIRPA 机器人每天自动循环查询待分派工单，并基于固定规则自动将工单分派到相应部门，进一步将 12345 政府热线打造为便捷高效的服务平台、协同治理的重要枢纽，对于有效利用政务资源、提高服务效率、增强政民互动、提升企业和群众满意度具有重要作用。

通过使用 RPA 技术，可实现热线工单的智能下派，有效促进各承办部门工单处理效率，提升业务办结成效；通过实现机器人自动化智能辅助，可提升业务人员办理效率与准确率，从而提高群众满意度。具体可表现在以下几个方面：

- 推动降本增效：使用机器人完成重复、高耗时的工单分派业务，成本降至原人工执行的1/9～1/5之间，效率提升5～10倍。
- 助力解放人力：机器人7×24小时在线，解放人力，推动员工技能升级和价值升华，从而执行更有创造性的操作。
- 结果准确可靠：由机器人进行敏感数据或业务处理，非侵入式操作，防止信息泄露；按照预设规则执行，避免人工错误操作。基于提供的固定规则前提下，工单转派的准确率高达92%以上。

8.3.4 案例：税务管理自动化

1．案例背景

税务管理是指税收征收管理机关为了贯彻、执行国家税收法律制度，加强税收工作，协调征税关系而开展的一项有目的的活动。税务管理是税收征收管理的重要内容，是税款征收的前提和基础性工作。税务管理主要包括税务登记、账簿和凭证管理、纳税申报等方面的管理。

企业税务管理作为企业管理的重要组成部分，在规范企业行为、降低企业税收成本、提高企业经营效益、规避税务风险、提高企业税务管理水平和效率方面有积极的作用。在市场经济发达的西方国家，从企业角度研究税务管理，在理论和实践上均取得了丰硕的成果；而我国由于多方面因素的影响，企业税务管理整体水平较低。随着世界经济一体化进程的加快，企业间竞争日趋激烈，加强企业税务管理显得尤为重要。

2022 年 3 月 24 日，中办、国办印发的《关于进一步深化税收征管改革的意见》

（以下简称《意见》）立足解决当前税收征管中存在的突出问题和深层次矛盾，从业务流程、制度规范、信息技术、数据要素、岗位体系等方面推进征管改革。《意见》提出，加快构建功能完备的税务信息化系统，迫使企业提升税务管理数字化、自动化、智能化水平。

2. 案例痛点

税务管理作为企业管理中的一环，至关重要，但是，企业在税务流程的处理上，往往也存在一些痛点，比如：

- 企业在纳税申报时涉及的税种、报表较多，填报操作烦琐易出错。
- 在面对诸如增值税专用发票填写和校验等工作的执行上，企业需要投入大量人力资源，烦琐的开票流程导致的人工输入效率低下、频繁出错以及反馈不及时等业务难题。
- 一个税务专员的日常工作涉及很多大量重复的操作，比如办理日常税务相关事务，包括申报、年检等工作；管理增值税专用/普通发票，购买、领取、登记发票；编制税务、统计等对外报表；申请、报批公司有关税收优惠政策的手续，加强公司同税务、统计等部门的联络；税金计提收集和整理数据，等等。
- 针对以上税务管理流程存在的痛点，企业亟须自动化手段实现税务数字化转型。

3. 案例介绍

针对企业招聘过程中存在的耗时长、效率低等问题，可使用 RPA 机器人代替人工去完成大部分工作，比如：

- 税务开票自动化：增值税专用发票的填写，往往是不少企业无法回避的痛点。发票作为一种非结构化数据，处理复杂，涉及大量重复操作。手工录入数据通常会占用大多数财务人员的时间和精力，这很枯燥且缺乏竞争力。特别是对于专业的财务公司来说，繁重的票据录入和管理工作消耗了大量的人力成本。早期的RPA技术更擅长处理结构化数据，随着AI技术的发展，RPA可以利用人工智能的自学习和认知能力来识别更复杂的非结构化数据，将其转换为计算机可以理解的结构化数据，更好地收集和集成各种业务系统之间的数据。RPA的应用，使得增值税发票填写的问题变得简单又迅速。以往企业人工开票单张耗时3分钟多，使用RPA之后，整个流程包括发送邮件只耗时约30秒，整体效率提升达到近100%。
- 纸质发票信息归档：虽然无纸化办公时代已经到来，但事实上，纸质发票仍有很高的应用场景，所以企业常常需要将纸质发票进行电子归档，按需对电子发票进行分类及汇总，建立企业专有的电子发票档案及电子发票数据库。这里RPA机器人利用了OCR能力自动识别纸质发票信息，待机器人获取到关键信息后就可以自动将其进行数据搬运，并存储至对应的档案或数据库中。根据已落地的案例实施效果表明，RPA机器人每个月仅用10小时工作时间就可以完成企业上万张发票的自动归档。

- 纳税申报自动化：大型企业，常常具有较多的纳税主体。由于纳税申报的数据来源于财务信息系统、开票软件以及其他台账等不同系统或平台中，人工处理部分占比过高，数据处理和报表编制效率不高。RPA非常适合纳税申报的自动化操作，例如税务分录的编制与自动输入，根据纳税、缴税信息完成系统内税务分录的编制。对于设计递延所得税，RPA可自动进行递延所得税资产或负债的计算并完成系统内入账。

第9章 RPA在零售行业的应用

本章主要通过向读者分析电商零售行业的行业背景，从而向读者展示零售行业内对于业务流程自动化的场景诉求，以实际的应用案例向读者展示RPA在零售行业内的应用，让读者对RPA在零售行业内的应用价值有所了解，并熟悉如何通过对RPA技术的有效应用促进零售行业的数智化转型。

9.1 行业背景

零售业是指以向最终消费者提供所需商品及其附带服务为主的行业。2016年11月，国务院发布《关于推动实体零售创新转型的意见》，明确提出推动我国实体零售创新转型发展，新零售行业发展提上日程。

根据2021年10月开始实施的国家标准《零售业态分类（GB/T 18106-2021）》，零售行业主要分为有店铺零售和无店铺零售两大类，有店铺零售细分为便利店、超市、折扣店、百货店、购物中心等10类，无店铺零售细分为网络零售、邮寄零售、电话零售等7类。

零售行业一直跟人们的生活息息相关，作为全球范围内体量最大、增长最快的行业之一，零售行业内的竞争也越发激烈。零售业在竞争压力下一直积极求变，随着市场规模的普遍增大，业务规模的快速增长，其所涉及的交易数据量也将持续攀升。特别是近年商业环境的错综复杂，加之人力成本不断飙升，零售企业为此承受的压力徒增。

特别是从传统线下门店模式转为电商新零售模式之后，零售从业者们在积极拥抱行业新趋势的同时，也同样面临着新的挑战。电商新零售的模式下，尽管从业者不再需要进行实体店铺的管理，但线上销售伴随的客服处理、供应链管理等问题仍需要零售从业者投入大量的精力进行打理，并且，随着移动支付在中国的普及，现阶段零售行业内的大多流水是基于移动支付完成的，而移动支付的订单号等数据的妥善管理也成为令从业者们头疼的问题。

因此，零售行业在快速发展的过程中，对于自动化的渴望也在与日俱增，据麦肯锡公司的数据显示，零售或快速消费品（CPG）行业中超过一半以上（54%）的工作有可能将被自动化所替代。

RPA 通过种种技术优势，正在改变零售行业的游戏规则。RPA 的出现，能够有效控制并改善商业流程，优化零售企业供应链，解决传统业务流程难以承受过高业务量等难题。为企业节省成本，提高生产力，增强客户体验。

RPA 致力于解决企业中普遍存在的大量、重复的固定业务流程。作为一种软件程序，它能够替代人工的手动操作（如键盘录入、鼠标单击及移动、系统的触发与调用等），出错率极低，并且永远不会休息。

RPA 在极大地提高现有工作效率的同时，将生产力提升到全新的高度。更重要的是，RPA 是以一种“外挂”的方式存在，可以在不影响零售企业现有 IT 结构的情况下完成部署，成本较低，安全易用。

9.2 场景需求

零售行业中的业务繁杂，涉及产品销售、资金管理、客户服务、运营管理、供应链管理等多个环节，复杂的业务给零售行业从业者们带来巨大的挑战。可以看到，现阶段零售行业存在以下痛点：

（1）业务量过大限制业务增长。零售行业中的各项业务的工作量与其交易量直接相关，一般而言，交易量越大，涉及的业务流程越多，产生的数据也就越多，因而处理这些数据所需的投入也就越大。这也因此形成了一个有趣的悖论：在没有办法很好地解决重复批量劳动的问题之前，如果无法及时增加投入，销量的零售厂商难以扩大规模。这一点在电商中更为常见，国内各大电商平台中存在大量的个体商户，整个店铺的工作人员低于两位数，正常情况下维持店铺的正常运转是没有问题的，然而一旦出现特殊情况，如出现爆品或历经“双十一”之类的购物节，都会引起销量猛增，此时店铺所面临的主要问题就是业务量超出人力范畴，因此亟须引入新的资源进行处理。

而随着人力成本的逐步提升，越来越多的店铺选择用新的技术替代人工，RPA 无疑是这类场景下的首选。电商零售领域存在大量重复操作的应用场景，在供应链管理方面，RPA 可以解决供应链成本计算中涉及的员工手动计算众多账户流程。RPA 机器人能够在 Excel 中处理与供应链相关的事务，并将处理后的数据直接回传到 SAP 系统中。RPA 还会允许员工直接使用已经处理的数据计算成本，极大减少整个流程的手动工作和不准确性。在订单到收款方面，RPA机器人能够对电子订单或数字化纸质订单进行识别、输入，对有变更需求的订单进行变更。另外，RPA还可以根据订单信息，抓取销售开票数据并进行开票。待发票开具后，RPA还能将开票信息传递至相关业务人员，通知其进行发票寄送。在营销分析方面，RPA机器人可以根据用户规则，从系统中自动提取销售数据，并根据数据属性，予以分类。之后，RPA将分好类的数据按不同时间的整体营销情况，与上一时间的数据进行对比。得出详细数据后，RPA会自动出具报表，最终将数据报表自动发送至管理员邮箱。而上述只是RPA在电商零售行业应用中的一部分，但已经可以充分体现出，RPA产品对于零售行业内的复杂重复业务高效的处理能力。

（2）涉及系统繁多，对接复杂。零售所涉及的系统的复杂性体现在多个方面。

首先，零售作为复杂供应链的最后一环，势必涉及与供应链、库管等业务系统的对接，如果涉及多家供应商，那对应的对接以及管理难度直线上升。其次，针对店铺管理，物料盘点、收费、退换货等日常管理动作也往往涉及多个业务系统，并且业务系统之间的数据搬运几乎已经无法基于人工完成。简单举个例子，国内现阶段已经处于移动支付时代，支付过程中是以订单号作为凭证，涉及退换货时也需要基于订单号实现退款等操作，而订单号有的已经长达30余位，如果通过人工方式进行转录基本不现实。以及运营管理，包含运营后台、商业分析等。最后，电商零售的激烈竞争环境下也需要时刻关注竞品动态，而如何在多个平台上快速获取竞品信息也是需要解决的问题。

而上述的问题正是RPA价值的体现，RPA基于桌面自动化技术可以很好地实现数据和业务的跨系统搬运，实现业务和流程的顺畅运转，这一点对于业务横跨多个系统的零售行业而言，无疑是个值得考虑的选择。

当然，零售行业内部还存在诸如数据价值利用不充分、管理容错率底等问题，但从根本上分析，仍然是上述问题的引申，因此，利用RPA解决上述的问题成为零售行业的迫切需求。

9.3　应用案例

RPA在电商零售行业中的应用场景广泛，使用频繁，诸如销售分析、商品上架、供应管理、物流跟踪等都可以通过RPA技术实现降本增效的作用。业内的RPA厂商也基于电商零售行业场景实现了诸多项目的落地，接下来将会从几个案例介绍RPA在零售行业内的具体应用。

9.3.1 案例：产品上新

1．案例背景

受互联网大潮和移动支付的影响，电商零售的行业竞争的激烈程度空前，为了保持足够的竞争力，电商从业者采取诸多方式吸引消费者。除了常见的打折促销等形式外，最能吸引消费者目光的当属新产品的推出。新产品的推出一方面可以使得自身的产品体系更新迭代，给消费者以新鲜感，另一方面也可以实现与友商的差异化竞争。

此外，各大电商平台也充分给予新产品的关注度，都有独立的板块进行上新产品的宣传，因此，产品上新成为从店铺到平台吸引消费者的关键举措。

2．案例痛点

尽管上新已经成为电商零售行业从业者的家常便饭，但这并不意味着相关从业者对于产品上新的工作就完全驾轻就熟，毫无阻碍了。每年都有部分店铺因上新时的人工操作失误导致产品设置出现偏差，进而造成损失，国内甚至因此出现一类叫作“羊毛党”的团体专门寻找此类店铺用以获利。

那为什么会出现这种问题呢？因为电商场景下的上新并不是简单地将新产品的链接发布，而是需要经历上新宣传、上新申请、信息录入、产品上架、状态跟进修改等等步骤。而在此过程中，存在大量的重复机械操作，容易出现人工误操的情况。例如：

- 海量信息采集耗时耗力：正规店铺在上新前往往会进行竞品调研，基于竞品调研的数据如规格、价格、销量等关键信息决定是否上新以及上新的产品各方面规格。而这类调研方式尽管对于产品上新而言是一件非常有利的事情，但却少有店铺可以进行。主要原因就在于此类调研方式需要较多的友商数据作为支撑，而这类数据尽管获取不难，但是面向多个平台多个友商的多个产品，逐一进行数据采集汇总的难度往往让很多人力不足的店铺望而却步。
- 产品上新规格复杂：产品上新时除了要对产品的规格、介绍、价格、图片等相关产品信息进行配置，还需要对新产品进行宣传，如对高活跃度客户发送上新宣传短信。而在此过程中，依靠人工操作除了耗时耗力外，还容易因为操作的复杂导致错误。我们经常看到有厂家错误配置产品价格导致造成巨额损失的新闻。

3．案例介绍

在某电商平台的购物节活动前夕，某店铺经理预计在购物节中上新一批新产品，配合购物节的流量热度冲击爆品，提升店铺业绩。由于该店铺在上一次购物节时忙中出乱，导致当时有三款新品价格设置仅为目标价格的十分之一，半个小时内损失数字达到六位数。本次购物节为了避免重蹈覆辙，店铺经理选择使用 RPA 协助上新。

RPA 在上新过程中，基于流程配置，自动登录平台店铺后台，进入产品上新页面，按照平台上新流程要求完成产品的信息填写。包括商品的类别选择、商品详细信息填写、公益宝贝设置、打折配置、优惠券设置等，并在上新后自动读取后台的高活用户名单，自动发送上新产品短信吸引用户。

相较于上次购物节，不仅避免了损失，还将原本 5 人一天的工作量缩短至 3 个小时，效率提升超过 90%。

9.3.2　案例：退换货处理

1．案例背景

电商零售行业中，顾客在进行商品购买后一般仍然可以享受厂家提供的售后服务。尤其是在电商平台上，甚至会提供七天无理由退换。而顾客本身也可能出于客观原因选择退换货，比如商品选择错误、地址填写错误、商品数量错误、商品物流问题、商品有破损等。在合理的情况下，商家一般会同意给消费者进行退换货。

2．案例痛点

对于电商店铺而言，退换货虽然已经是日常工作中必不可少的一部分，但仍然会牵扯相关工作人员许多精力。退换货的处理涉及店铺自身的店铺商品管理系统、客服系统包括物流系统等多个业务系统的业务串联。在此过程中对于店铺而言存在着痛点：

- 涉及业务系统多，业务配合难度高：退换货业务非常常见的今天，店铺针对退换货仍需要投入较大的人力进行维护，因为不同业务系统的管理人员往往是分开的，在进行退换货时需要充分地跟各个业务系统进行沟通，确保退换货流程的顺利推进。
- 批量重复操作，人为易出错：作为零售行业内业务频次最高的场景之一，在某些特定时间段如促销活动、购物节期间，会存在大量的用户因各种客观原因发起退货，尽管平台允许商家有一定的时间进行考虑，但当业务申请超出某个峰值，就算可以有诸如24小时的商家处理期也无法实现及时的处理。而如此大的业务压力之下，人工操作难免会出现偏差，不该退的退了，该退的没退，这类场景数不胜数。

3. 案例介绍

“双十一”期间，某电商平台厂家推出活动大促。其间上架了一款新品，主打宠物零食，由于该商家之前在电商平台上的口碑不错，且活动期间价格相当划算，因此上架仅一个小时就快速打开了市场，活动当天一共销售 3W+ 的订单。但是在后续发货过程中，商家忙中出乱，其中有近 20% 的订单出现了失误，包含商品数量不符、商品类型不符等情况。顾客收到商品后迅速形成了该商品的恶评潮，对该商家其他商品的销售都造成了严重的影响。因此该商家只能花费大量精力联系客户进行沟通，并进行退换货处理。

该商家原本仅有 2 人兼职负责进行商品退换货管理，一人每天处理能力约为 300 单，两个人需要 10 天以上的时间才可以处理完这批业务，这对于商家后续的正常运营又会造成相当大的影响。因此该商家考虑之后引入了 RPA。由于退换货在电商行业内是相对通用的场景，因此引入当天就完成了流程的调整进入实际使用。RPA 在一天半的时间内就完成了全部退换货的处理，给该商家争取到了宝贵的沟通时间，逐步挽回了客户的评价。

第10章 RPA在卫健行业内的应用

本章主要向读者介绍RPA技术在卫健行业中的应用，以目前实际面临的防疫场景作为示范，向读者朋友展示RPA技术在卫健行业中所带来的变化，充分挖掘场景内所蕴含的自动化需求并提出RPA流程解决方案，为国家防疫抗疫做出贡献。

10.1 行业背景

2019年12月，湖北省武汉市陆续发现多例不明原因肺炎病例，2020年2月11日，世界卫生组织正式将新型冠状病毒感染的肺炎命名为“COVID-19”。此外，新冠肺炎疫情在全球各地陆续暴发，此后的数年中，新冠肺炎病毒数次变种后卷土重来，防疫进入常态化阶段。

2022年以来，全球经历了新冠肺炎疫情第四波流行高峰，在国外纷纷放弃防疫管控的情况下，国内的疫情防控形式空前严峻。各地为防疫投入了大量的人力物力，以2020年为例，全国各级财政共安排疫情防控资金1624亿元，在全国65万个城乡社区中有近400万名社区工作者为监测疫情、测量体温、排查人员、站岗值守、宣传政策、防疫消杀等奋斗。参与疫情防控的注册志愿者更是达到881万人，志愿服务项目超过46万个，记录志愿服务时间超过2.9亿个小时。

长久以来的防疫管控不仅投入巨大，且也对经济造成了重大影响，从消费数据来看，2022年3月社会消费品零售总额累计同比增速降至3.27%，连续第11个月下降。其中，3月社会消费品零售总额当月同比为−3.53%，是自2020年8月以来首次出现负增长。疫情的反复和经济的下行的双重压力之下，在确保防疫效果的基础上，对防疫举措提出了新的要求。

中央于2022年3月17日召开会议，分析新冠肺炎疫情形势，部署从严抓好疫情防控工作。会议中强调，“要提高科学精准防控水平，不断优化疫情防控举措，加强疫苗、快速检测试剂和药物研发等科技攻关，使防控工作更有针对性”，努力用最小的代价实现最大的防控效果，最大限度减少疫情对经济社会发展的影响，积极推动复工复产。精准防疫、科学防疫、智慧防疫成为防疫措施优化的新方向。

10.2 场景需求

疫情的常态化，意味着全国各地的防疫主旋律从“闪电战”转为“持久战”，这对防疫工作带来了新的挑战。

一方面，“持久战”下，各地的防疫人员需要持续紧绷神经，警惕可能存在的疫情风险，并持续地在各类防疫工作上重复投入，这对防疫人员而言无疑是大大增加了工作压力。另一方面，由于当时疫情来势汹汹，各地为应对，紧急建设了各种相关业务系统用于处理防疫相关工作，但也因为紧急建设的原因，导致业务系统之间存在流程复杂、业务割裂等问题，这在常态化防疫工作时，无疑将会给工作带来更多的负担。

因此，在当前的防疫形式下，继续沿用原有的防疫措施不但给防疫人员带来了更多的工作负担，而且对现有的防疫工作也形成了负面影响。可以看到，目前防疫场景中存在以下几点需求。

- 降低防疫投入成本。防疫的持续投入和经济下行的双重影响对各地的财政已经形成了巨大的压力，一方面积极促进经济发展，推动复产复工，另一方面则是充分响应中央的号召，不断优化防疫举措，要用最小的代价实现最大的防控效果。当前防疫工作中，大量工作是通过不计代价地投入人力进行解决，尽管存在一部分志愿者，但无法改变需要进行大量资金投入的情况。而通过RPA技术可以替代防疫人员进行重复烦琐的劳动，而这类劳动又往往最耗时耗力，因此RPA技术的引入将对降低防疫投入起到显著的效果。
- 提升防疫工作效率。这一点的重要性上，防疫工作与其他行业不太一样，那就是对部分防疫工作的时效性要求极高，甚至可能直接造成严重的后果。在类似疫情流调、核酸检测结果核查等工作过程中，如果人工花费时间过长，不仅对民众的日常生活造成不便，且一旦存在阳性，晚一分钟都会对社会造成极其恶劣的影响。因此，RPA作为机器人，在执行相关工作时的高效，相较于人工而言存在明显的优势，同时RPA可以7×24小时工作，不知饥渴地工作，将会大幅提升相关防疫工作的效率。

- 提升防疫工作准确性。防疫工作中的容错率极低，尤其是涉及核酸检测结果统计等工作，一旦出现人工导致的误操作，都会带来严重的后果。但由于我国人口众多，在防疫常态化的政策下，城市乡村都会定期进行全员核酸检测，以我国城市的人口规模，一天时间内出现近百万人次的核酸检测和结果统计都是有可能的，在这种情况下经由人工进行汇总统计的话，可能会出现误操作。而RPA机器人会固定按照预设规则运行，大大提升了流程的稳定性和安全性。
- 实现跨系统的业务流程顺畅运转。前文提到，因为疫情来势汹汹，部分区域在建设防疫相关业务系统时，没有充分考虑业务的关联性，导致部分新建设的业务系统之间以及与既有业务系统之间存在业务割裂。如省市区县的核酸采集系统、流调系统等没有打通，其间需要依靠人工进行数据的搬运，这一点也是当前部分区域的痛点。

因此，防疫工作中所普遍存在的问题正是 RPA 的核心价值体现，通过 RPA 可以很好地解决上述的痛点，接下来，笔者将从实际的应用案例出发，具体分析 RPA 在防疫场景中所发挥的作用。

10.3 应用案例

疫情防控近几年一直是各界关注的重点，RPA 厂商准确把握防疫工作中存在的大批量、重复烦琐等通用需求，深入结合了场景需求，提供了多种解决方案。诸如定时定点更新风险地区信息，采集疫情流调数据、统计住户疫苗接种情况，定期跟踪重点人员身体情况等场景均是防疫工作中运用 RPA 的典型案例。接下来本节将从实际落地的案例中摘取部分进行介绍，详细说明 RPA 在其中发挥的价值以及应用前后的效果对比。

10.3.1 案例：外来人口流调

1．案例背景

在疫情防控工作中，流调是避不开的话题，作为各地防疫工作中的重心，往往是各方关注信息中的第一序列。流调的全称是流行病学调查，用于调查目标对象在过去的重要时间段内的空间轨迹和活动记录，用以判断传播疫情的可能性或被感染的风险程度。

流调是疫情控制的关键，因为其可以追踪传染源（患者）的活动轨迹，其次可以评估疫情可能波及的范围，划定风险区域，同时可以追踪密切接触者、排查高危人群，最后它也是开风险评估、制定疫情防控政策的基本依据。因此，目前各地在疫情防控中，首要的动作都是对外来人员或重点人员进行流调分析，尽量在疫情传播初期就进行阻断，避免造成更严重的后果。

2．案例痛点

现阶段各地针对疫情流调都已建立其相应的机制，如人工问询、扫码登录、短信通知、电话调查等方式。单一机制的流调不可避免地会出现漏调的情况，因此各地逐渐开始启动多种流调方式并用的方案：基于通信运营商、铁道公路交管部门所提供汇总的外地人员名单，基于扫码、短信、电话等各种技术手段进行普调，对于未主动登记的人员，再通过人工的方式上门调查。

但这又带来了新的问题：

- 工作量大：因为技术手段底层的系统数据不互通，部分地区流调系统的信息化建设因客观原因并未实现各来源数据的统一拉通。人工问询录入的数据、互联网公司渠道的登记数据、电信运营商采集的短信、电话调查结果等数据各自保存在独立的系统中，在此基础上数据的汇总、统计、清晰、筛选等动作不可避免地需要人工介入。对于一、二线城市这样人口流动量较大的地区而言，这是很大的工作量。
- 重复流调：单一技术手段的运用各地已经相当熟练，但当面向多技术手段结合的流调时，面临的问题是采用哪些技术手段、哪些先用、哪些后用、怎么避免重复的流调等。各地的政务平台中存在大量类似的投诉：进入某地区配合进行某种形式的流调后，仍然会反复收到各部门的流调通知，给公民的生活造成了一定的困扰。
- 效率低下：因为上述两个问题的存在，都需要大量人力的介入。无论是人工的数据处理或是人工的流调方式调度，都存在效率低下的问题。在面向大规模的人口流动时，流调动作的效率势必会受到影响，对于疫情流调而言，时间就是生命，这将直接影响到当地防疫工作的成效。

3．案例介绍

在某地的社区流调工作中，根据当地运用的多种流调技术，针对性地设计了 RPA 机器人。RPA 充分利用了短信、AI 语音、闪信强推等信息强触的前沿技术，合理设定了多种流调技术的配合方式，最大程度保证流调的覆盖率以及避免重复流调。

首次通过发送流调短信，引导目标人员基于短信中的链接进行个人信息、行动轨迹等流调信息填写。对于未填写的用户通过 AI 语音电话二次通知，通过对话机器人进行流调信息的填报引导。

通过 5G 消息初次触达，引导用户填写行动轨迹和个人信息，对未填写或未触达用户用 AI 语音进行二次触达或通知，对辖区流调信息进一步完善，最后借助闪信霸屏进行最终强触达提醒，为社区自动化提供及时、准确的第一手人员活动轨迹信息，最终汇总成流调信息表（如图 10-1 所示）。对于实在无法触及的人员采取人工上门确认的方式，可覆盖 90% 的人工工作量，线上流调效率提升近 30 倍。

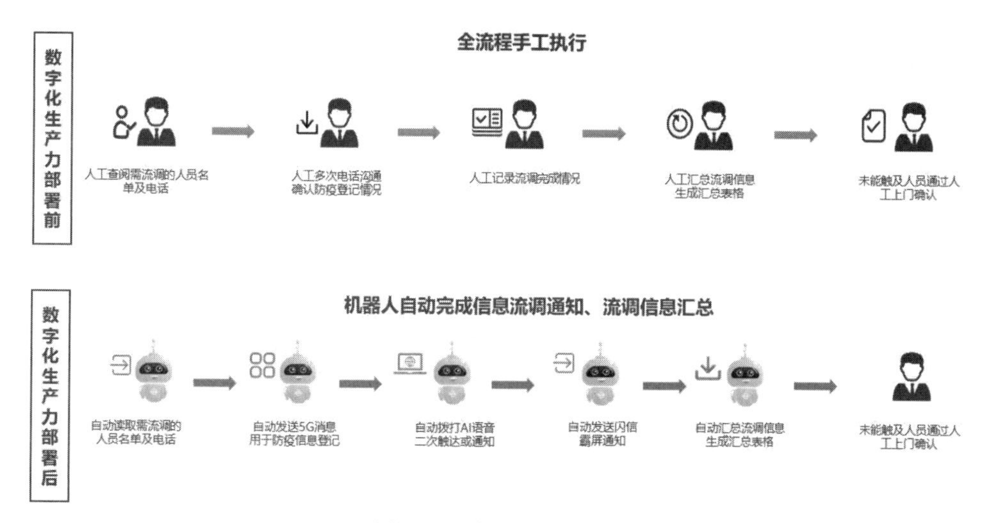

图 10-1　案例场景流程图

10.3.2　案例：住户体温数据采集

1．案例背景

随着新冠肺炎病毒不断变异，演化出了多种变异毒株，如贝塔、德尔塔、奥密克戎等，新冠肺炎病毒的传染性进一步增强，并且对于现阶段的防治手段具备更强的抗药性。以奥密克戎为例，2022 年已在国内多个城市内引发聚集性疫情，其强传染性对人民安全和社会稳定带来很大的威胁。

我国基于对群众生命财产健康负责的态度，对于疫情采取零容忍的政策，一向坚持推行社会面动态清零的防疫政策。一旦某地出现疫情，政府会迅速设置封控区以阻隔疫情传播。针对封控区内的居民，一般以社区为单位进行管理，除定期进行核酸检测外，也会定期采集居民的体温等数据作为辅助判断，对于体温异常的居民进行及时的医疗手段介入，排查其感染风险，最大程度保证住户的生命健康安全。

2. 案例痛点

我国社区数量众多，尽管近年来智慧小区等建设的推进，使得一部分社区完成了信息化改造，构建了相对先进智能的社区管理系统。但这部分社区的数量相较于全国而言比例仍然很小。同时，由于疫情发生的突发性，社区无法预先判断疫情封控的时间和规模，自然也无法提前针对疫情建立自动化的信息采集机制。所以，这也导致了一旦疫情暴发，社区内的防疫工作必须依靠大量的人力投入才能保证防疫工作的正常运行。而这样的操作也带来了一些亟须解决的新问题：

- 交叉感染风险大：由于封控小区的特殊性，在未完成彻底清零前，应尽量降低人员流动频次。而疫情暴发后，为了维持社区工作的顺利进行，不得不依靠人力的填充，防疫人员每天在各家各户之间排查、问询。尽管防疫人员有着严格的自我保护意识和措施，但这仍然存在一定的交叉感染风险。因此，在社区疫情防控工作中，可以转为线上的工作应尽量避免以线下人工操作的形式进行。
- 操作烦琐耗时：在疫情防控常态化之后，防疫人员逐步有意识地将部分线下工作转为线上进行，比较常见的形式，是基于线上的社交软件进行一些基础的信息采集，这可以很好地减少线下接触，然而同时也带来了新的问题。社区人员数量众多，尽管在问询的时候可以通过社交软件本身具备的群发等功能实现一对多的消息发送，但在面对住户的回复时，工作人员不得不通过人工记录汇总的方式从社交软件上逐一搬运到本地表格或系统中。这类操作极其烦琐耗时，对于防疫人员而言是很大的工作负担。且在这样的重复大量操作中，人工操作难免出现偏差，这对防疫工作也带来一定的影响。
- 无法7×24小时在线：社区封控期间人力资源十分紧张，社区工作人员在进行信息问询后往往没有时间等待所有用户回复就需要投入新的工作。一方面，由于其他工作繁忙，对于住户消息回复不够及时，无法第一时间掌握住户动态，及时响应住户的需求。另一方面，如果住户没有及时地回复消息，社区工作人员因工作繁忙无法及时提醒或无意间忘记回复，导致等到进行消息回复的时候可能已经是深夜，住户已经休息。这不仅影响了信息采集的完整度，也影响了信息反馈的时效性。

3. 案例介绍

某市在日常检测中发现多起阳性，初步判断在几个小区内出现聚集性感染。因此相关部门迅速采取措施对相关小区进行封控处理，并迅速组织工作人员和志愿者前往支援。在经历了前期的磨合之后，工作人员们提出了针对线上工作引入自动化工具的诉求。

在仔细分析了防疫工作人员的日常工作后，亚信科技针对性地运用 RPA 技术设计了信息自动采集机器人。机器人可在社交软件上根据设定的目标自动向对方发起体温、疫苗接种等类型的问题，同时结合 OCR、NLP 等人工智能技术，自动识别目标对象回复的消息内容并提取其中的关键信息，如体温数字、疫苗接种次数等。完成识别后，RPA 机器人自动进行数据的统一汇总，全程无须人工参与，大幅降低了防疫工作人员在此类数据采集上的低效投入。

同时，RPA 机器人可以保证 7×24 小时在线，无须休息，并且可以在指定时间内，对多次问询未回复的住户进行记录，告知工作人员进行人工干预，最大程度保证了数据采集的及时性和完整性。

在采用了信息自动采集机器人后，单个社区在此类数据采集上所投入的人力降低了 85%，RPA 仅半个小时即可完成原先人工需 4 ～ 6 个小时的问询和汇总，效率大幅提升，切实为一线的防疫工作人员减负提效。

第11章 RPA的挑战及未来趋势

前面章节向读者展示了RPA的背景、行业、技术、案例等内容，本章作为本书的最后一个章节，将给读者带来对于RPA未来发展的展望，尽管RPA技术切实为企业数智化转型带来了价值，但RPA在未来发展中仍面临各种各样的调整，同时，RPA未来将走向何方，本章也会给读者一一阐述。

11.1 RPA的应用挑战

RPA从业者或许从未经历过这样的黄金时代，在数字化转型的浪潮之下，各行各业的自动化诉求之旺盛，让国产RPA厂商以数倍于过去的发展速度迅速成长，且在可预见的未来数年中，RPA乃至自动化将仍然是业内的焦点，仍将维持一个高速发展的态势。

但与此同时，RPA从业者也需要清醒地认识到，尽管有行业大势为东风，也并不意味着RPA后续的发展就是一片坦途。“这是最好的时代，这是最坏的时代”，欣欣向荣的表象下，RPA发展也面临着许多新的挑战。

11.1.1 行业标准体系尚未完善

行业体系的标准化建设往往滞后于行业的实际发展情况，这一点在许多行业内都发生过，但并不是所有行业最终都能得到一个好的结果。行业标准体系的缺失给行业带来的负面影响是相当明显的，我们以安防行业为例，安防行业最初的建设也是各自为阵，各个厂家拿着自己的标准在行业内推广，一段时间后发现，因为标准体系的不统一，导致诸如传输、存储、调度等层面的问题，严重影响了当时安防行业内的项目建设和推广。但好在，安防行业巨头和官方牵头迅速启动并完善了安防行业内通用的国标和行标，给所有安防企业制定了统一的引导和规范，这为安防行业后面的蓬勃发展奠定了坚实的基础。

同样，RPA 行业目前也面临着安防行业早期的问题。现阶段 RPA 项目落地环节，产品层面标准的缺失使得用户难以准确地检验项目交付质量，难以系统地管理项目运维，难以合理地评估项目成效，技术层面标准的缺失让 RPA 厂商的产品体系之间不互通，对于一些同时采购多家 RPA 厂商产品的大型企业而言，无法在业务层面实现拉通。这些问题已然影响到行业的健康发展。

当然，必须承认的是，一些行业的先驱正在努力地推动行业体系的建立，但无论是力度还是进度都不尽如人意，与 RPA 进展火速的融资相比，行业标准显得有些苍白无力。

11.1.2　产品使用门槛仍然存在

几乎所有的 RPA 厂商在进行产品宣传时，都会介绍其产品的易用性，更进一步的会结合低代码等能力宣传其使用的低码化乃至无码化，这些宣传在前期确实吸引了用户的目光，毕竟从用户的视角，购买 RPA 是为了节约人力，而不是为了维护使用 RPA 再新招一大批人。

而许多用户浅尝之后就放弃了 RPA，其核心理由之一就是 RPA 的使用难度远超预期。用户所预想的情况是业务人员经过一周或者两周的培训就可以化身为 RPA 开发专家，并以超高的效率实现业务流程的自动化转变。而事实是，不论会有多少用户认真学习 RPA 的培训课程，即便经过了一段时间严格的训练和考试，在面对复杂的流程时，仍然需要厂商的手扶支撑才可以完成流程开发，但企业数字化转型的过程中，所面临的大部分问题都来自复杂流程。这意味着，在切实进行数字化转型业务自动化的过程中，单独依靠企业自身的能力，无法在短期内实现自主支撑，并且，企业需要进行一定的投入才能维持 RPA 的持续使用和运维。

而 RPA 的这一特性也将某种程度上限制 RPA 企业的进一步发展，RPA 企业需要为每个签订的项目投入人力资源用于保障交付，而以国内目前 RPA 企业的体量而言，将会面临人力资源短缺、成本管理失衡、项目交付质量降低等问题，这一点对于尚未成熟的 RPA 市场而言，或许更为致命。

因此，产品使用门槛的真实存在让 RPA 企业失去了很多原本有自动化诉求的客户。如何在技术层面进一步提升产品的易用性和在宣传上降低用户的心理预期，切实了解到产品的使用存在门槛这两者之间的平衡，或许是 RPA 厂商们需要思考的问题。

11.1.3　RPA技术本身的脆弱性

RPA 技术的工作原理是通过机器人模拟人类员工的固有操作，替代人类进行重复的操作。而所有 RPA 厂商在介绍 RPA 的应用场景时，可能都会提到诸如重复、机械、规则固定这样的一些字眼，同时，也会提到 RPA 流程的准确性和稳定性——RPA 只会按照设计人员所设定的固定流程运行，不会像人类一样受情绪和思维的影响。

但是如果我们从另一个视角进行分析的话，这些 RPA 的特性实际上也是它的限制。一方面，RPA 技术本身的特性导致其已设计好的流程对于相关系统界面的强依赖性，用户无法保证 RPA 涉及的系统和流程永远不发生变化，而一旦发生，将意味着依赖着和界面的所有 RPA 流程都将失败。同时，RPA 流程的准确性和稳定性意味着，RPA 无法进行自我调节，即当出现问题的时候，RPA 也依然会按原先设定的流程一直进行尝试。

这一问题往往在 RPA 使用之后被用户发现，对 RPA 的批量推广将产生相当大的影响，往往用户在发现系统的变更会带来数十甚至数百倍的流程修复工作后，会质疑 RPA 项目的收益，这将直接导致项目的失败。因此，如何提升 RPA 技术的健壮性是一个挑战。

11.1.4　用户缺乏企业级的RPA战略

一个很有趣的悖论，一方面企业清楚地认知数字化转型的重要性，另一方面企业不太关注具体如何进行数字化转型。当具体到 RPA 产品时，许多用户将 RPA 定义为一个补丁工具，没有对 RPA 的使用进行系统的规划，随意地在业务中使用，而这实际并不利于 RPA 在企业中的健康发展。

RPA 的使用不是单个部门的事情，而是需要从企业级的视角出发，构建一个完整的 RPA 的战略。如 Gartner，智能自动化项目的启动不仅需要实际业务部门的参与，还需要高层的支持，如果决策层没有进行 RPA 项目的把握，IT 部门和业务部门难以形成高效的配合，难以推动 RPA 的实施和应用。并且，RPA 并不是一个一次性的项目，在 RPA 项目的实际运营过程中，除了前期针对已知问题的流程设计外，还需要持续地观察流程运行效果，进行进一步的优化。在流程落地环节，持续地分析其余流程的合理性，更深入地进行企业流程的分析，挖掘出更多流程优化机会。同时，对已有流程的运维也需要关注。

因此，企业级的 RPA 战略是决定企业业务流程自动化成功的关键。而可惜的是，这往往是失败企业缺失的。

11.2 未来发展趋势

辩证唯物主义中对于新事物的发展有着这样的描述：新事物的发展是前进性与曲折性的统一，新事物的发展总要经历一个从小到大，从不完善到完善的过程。这就是所谓的道路是曲折的，而前途是光明的。这或许是对 RPA 行业发展最好的说明。

但新事物的发展并不是水到渠成的，在当前这样一个高速发展的情况下，任何一个裹足不前的 RPA 厂商都必然被市场迅速抛弃。因此，RPA 厂商必须牢牢把握 RPA 行业的难得机会，在做好当前产品的同时，持续产品的创新和突破，跟紧行业未来发展趋势，稳扎稳打持续前进。

而接下来本书将会综合亚信科技 RPA 产品开发落地经验以及行业现状，给读者们分享当前 RPA 行业的未来发展趋势。

11.2.1 RPAaaS

RPAaaS，即 RPA as a Service，机器人流程自动化即服务（如图 11-1 所示）。近年来，RPA 正在逐步向云计算进行迁移，“一切皆服务”的趋势下，为了让广大中小企业更方便地应用 RPA ，RPA 厂商逐渐将 RPA 的云化作为自己的核心发展战略。

图 11-1 RPAaaS

业内已经有一批 RPA 厂商敏锐地洞察到云化后带来的广阔市场，陆续推出了自己的云化产品。如国外的 Uipath、AA，国内的影刀、来也、亚信科技等。

Gartner 预计，到 2024 年年底，超过 20% 的 RPA 部署将基于云，高于 2020 年的 1%。同时，Gartner 预计，云交付的 RPA 市场规模将达到 1.5 亿美元以上，这一数字在 2024 年预计将增长至约 6 亿美元。

那么，什么是RPA的云化？基础的上云指RPA三件套之一的控制台上云。控制台原生即为B/S架构，云化后的部署使得其对RPA机器人的管理进一步的简化。在此基础上，将RPA的流程设计、调试测试、运行管理的全业务流程上云则是上云的进一步形态。当然，这还不是全部，与RPA紧密相关的AI能力，运营管理衍生的机器人商城、论坛，交付服务相关的线上培训认证、知识库等模块也都需要部署到云端，形成一个服务闭环。

RPA的云化和其他SaaS应用类似，具备部署方便、应用简单、成本低等特点，使用RPAaaS的组织，无须投资昂贵的基础设施、前期许可成本和大规模实施的高额咨询成本，就能获得业务流程自动化能力。同时，设计器的云化使得只要在网页登录客户端就能简单开发、配置以及管理业务流程，大大降低了RPA机器人的开发与应用难度。

这些特点，使得更多组织尤其是中小型企业在业务流程自动化方案的选择上，更倾向于RPAaaS。已经上云的企业，在不涉及核心数据的业务场景中，也会优先选择RPAaaS。各厂商大力推动RPA的云化部署，或许可以实现RPA技术最初出现时，每个RPA企业的梦想——人人一个数字助手。

11.2.2 超自动化

在人们谈论人工智能泡沫之际，RPA等技术的兴起似乎也为人工智能的未来发展提供了一个相对成功的选择：面向细分方向限定场景。或许也正因为如此，在RPA赛道持续火热的今天，也有越来越多的技术纷纷涌入RPA行业，期盼着与这位“新宠”擦出火花。RPA与AI、低代码等技术的完美结合是个不错的开始，Gartner在业务自动化、流程自动化的基础上提出了超自动化（Hyperautomation），在2022年发布的顶级战略技术趋势中，超自动化名列第七，而作为超自动化家族中最耀眼的技术之一，RPA将成为谈论超自动化时无法避开的话题。

超自动化被Gartner定义为“先进技术的应用，包括人工智能（AI）和机器学习（ML），以日益实现流程自动化和增强人员能力”。

自Gartner在2020年创造出超自动化后，它就一直处于各种技术趋势榜单的榜首。

超自动化不只连续三年入选Garnter技术趋势报告，今年还入选了其《2022年政府10大技术趋势》报告。超自动化不仅为政府等机构提供了有效、无缝连接公共服务的机会，且更专注于跨领域实现端到端业务流程自动化，以大幅度提升组织的工作效率。

超自动化是为了交付工作、涵盖了多种机器学习、套装软件和自动化工具的集合，由 RPA、LCAP、AI、iBPMS（智能业务流程管理）、流程挖掘等创新技术组成。超自动化不但包含了丰富的工具组合，还包含自动化本身的所有步骤（发现、分析、自动化、监控和再评估等）。它的诞生在于市场需求，大量组织缺乏技术与经验，无法做到根据企业经营战略扩展以及实施自动化，所以必须借助 RPA 厂商等组织为其提供完整的端到端的自动化，以进一步增强业务流程。

超自动化就是一套自动化方法论和综合解决方案，帮助企业快速实现业务流程自动化。

目前，海外 RPA 厂商的战略规划与产品组合大多都基于超自动化架构，国产 RPA 厂商也正在朝着这个方向发展。

比如弘玑 Cyclone 在 2021 年 10 月份发布了超自动化产品矩阵，华为在 2021 年 11 月份发布的覆盖全场景、全生命周期的企业级超自动化架构 RPA 产品 WeAutomate 3.0，包括云扩科技的最新产品战略也是以“RPA+LCAP”构建超自动化平台。同时，从其他厂商的最新产品线中，也能看到它们也在基于超自动化架构构建更丰富的产品组合。

据 Gartner 预测，到 2022 年全球范围内的可支持超自动化软件市场将达到近 6000 亿美元，折合人民币约 4 万亿元。同时在增效降本方面，到 2024 年，超自动化技术与重新设计的操作流程相结合，可为企业降低 30% 的运营成本。

可以预见，未来将会有更多 RPA 厂商拥抱超自动化架构。

11.2.3　流程挖掘

流程挖掘，即 Process Mining，根据流程挖掘之父 Wil Van der Aalst 教授的定义，流程挖掘是在现有的信息系统中，从日志数据中挖掘知识来发现、监控和改进实际的流程。

其核心原理是基于跨平台、跨系统的业务操作日志采集，生成流程运行方式的完整视图，从而发现、监测和改进实际流程。例如，从 ERP 系统的工作流日志中寻找工作流模型、组织模型，经过分析，最后找出流程中的问题。

流程挖掘通过提取工作流日志中的有效数据并加以分析，深入了解业务流程的技术。它可以利用企业信息系统中的现有数据，自动呈现真实流程，并对工作流进行分析和优化，使管理者在决策时保持客观。

在实际应用中，流程挖掘一方面能进行客观及时的流程发现，另一方面能帮助企业进行流程监控和优化，增加企业效率和合规性。

在发现更多的流程自动化机会的同时，流程挖掘还能客观定量地评估项目的商业化价值，从而能极大地规模化 RPA 的部署和使用。同时，流程挖掘能够有效解决 RPA 交付过程中需求梳理复杂的痛点难题，进而加快交付速度。

在 RPA 部署之后，流程挖掘也能帮助企业持续地监控机器人的工作效率，让企业看到 RPA 带给企业的收益。

流程挖掘与 RPA 天然契合，两者的关系就如低代码与 RPA。流程挖掘已经成为 RPA 必然融合的技术，也是 RPA 厂商正在全力构建的能力之一。

目前，已经有数家国产厂商通过自研等方式推出了流程挖掘产品，可以预见未来会有更多厂商推出流程挖掘产品。

流程挖掘，已然成为更多 RPA 厂商完善产品体系与商业生态的新课题。

11.2.4 RPA卓越中心

CoE（Center of Excellence）即 RPA 卓越中心。RPA 卓越中心是 RPA 实施的总指挥所，其本质上是企业为了确保企业的 RPA 技术顺利推动并实现理想的业务成果，而成立的一个跨职能的组织。

CoE 负责企业 RPA 项目的总体治理。CoE 的建设及合理运营为后续 RPA 项目的顺利推动打下基础。通过 CoE，企业可以全面了解预期、结果和收益的衡量标准，有效部署和管理 RPA 项目，提高实现自动化目标的能力，从而实现投资回报率（ROI）的最大化。

同时，CoE 致力于解决企业在实现自动化能力建设 / 转型过程中遇到的诸多挑战，比如如何制定合理的自动化策略并贯彻执行；如何筛选合适的业务流程来进行自动化；如何提高自动化流程的稳定性，RPA 项目的开发效率；如何降低部署和运维的难度；如何量化评估自动化收益；如何优化组织运营模式来更有效地管理推动 RPA 项目等。RPA 卓越中心是企业实现面向 RPA 的数字化转型这一目标的最有效的组织方式之一。

Horses for Source 的研究数据显示，18% 的企业为 RPA 实施建立了专用的 CoE 模型，其中 88% 的企业通过 CoE 有效地提升了业务价值。从这组数据，可以看出 CoE 对于企业应用 RPA 的重要性。

现阶段国内很多 RPA 厂商开始关注 RPA CoE 对于 RPA 项目成功的关键作用，并着手帮助一些应用 RPA 较多的企业客户建立卓越中心，这是一个很好的开始。来也科技、亿赛旗、亚信科技等 RPA 厂商也已推出了 RPA 卓越中心解决方案，旨在帮助企业快速建立 CoE 以保障 RPA 的应用价值最大化。

可以预见，RPA 卓越中心将成为 RPA 项目是否优质的重要评估标准，未来必然会有更多企业选择建立 RPA 卓越中心。

11.2.5　助力构建元宇宙

2021 年 10 月 29 日，国际互联网巨头 Facebook 首席执行官马克 • 扎克伯格宣布，Facebook 将更名为“Meta”，Meta 取自 metaverse，这一概念最早出自于尼尔 • 斯蒂芬森 1992 年出版的科幻小说《雪崩》（*Snow Crash*），描述的是在一个脱离于物理世界，却始终在线的平行数字世界中，人们能够在其中以虚拟人物角色（avatar）自由生活。早在 2021 年年初的时候，游戏厂商 Roblox 就将 Metaverse 写入自己的招股书，这直接导致其在上市当日估值暴涨 10 倍，达到了 383 亿美元。

那么 Metaverse 是什么？ Metaverse 中文翻译为元宇宙，元宇宙是整合多种新技术而产生的新型虚实相融的互联网应用和社会形态，它基于拓展现实技术提供沉浸式体验，基于数字孪生技术生成现实世界的镜像，基于区块链技术搭建经济体系，将虚拟世界与现实世界在经济系统、社交系统、身份系统上密切融合，并且允许每个用户进行内容生成和世界编辑。

元宇宙作为数字世界的一部分，其发展必然离不开虚实界面、数据处理、网络环境、认证机制等技术底座的支撑。而元宇宙越完善，涉及的技术越多，其内部的流程运转就越复杂，而这正是 RPA 的用武之地。

首先，从元宇宙的产业链层次，可以大致划分为体验层、发现层、创作者经济层、空间计算层、去中心化层、人机交互层、基础设施层。其中与 RPA 存在强关联性的有两层，分别是创作者经济层和人机交互层。元宇宙作为虚拟世界，其世界的延续性取决于其体验和内容的吸引力，创作者经济的核心价值也在于此。如何降低创作者的创作门槛，并尽快尽可能简单地完成整个内容创作流程将会是一个关键要素，而 RPA 的引入可以让创作者在内容编辑、修改、剪辑、发布等环节摆脱重复烦琐的操作，将更多心思放在内容的创造上。此外，人机交互与 RPA 的关联度可能更为紧密，人机交互包含人与终端的交互以及人与虚拟人的交互，在这个层面的业务实施需要大量的智能化、自动化、软件及设备参与其中，形成“人 + 终端 +BPA”的结合。

当然，元宇宙目前为止仍然是一个概念性质的热点，距离最终的成熟与落地还需要很长的时间，但在元宇宙构建的过程中，所涉及对于自动化、智能化的需求，势必会推动 RPA 的应用和普及，这也是 RPA 从业者所希望看到的。

11.3 结语

在这前所未有的机遇下，面临的竞争之激烈、竞争对手之多样亦是空前的。如何在日益加剧的市场竞争中存活下去，或许将成为许多 RPA 厂商思考的问题。

一方面，RPA 行业内的融资热潮让许多 RPA 厂商有了充足的资金进行市场的扩张和产品的开发。本次融资热潮的频次之高，数字之高令人想起两年前的 AI，以国内市场为例，根据已披露的信息，2021 年，国内 RPA 行业共有 15 家厂商获得融资，涉及融资事件达到 19 起，融资总额超过 34 亿元，而 2021 年 12 月的融资就已经占到全年融资事件的 1/3，这意味着融资热度不减反增。在这其中，既有连续多轮融资的行业龙头企业，也有初生的 RPA 新军。

另一方面，跨界公司的加入让行业局势更为复杂，2020 年 10 月 9 日，国际知名软件供应商 Hyland 在收购德国 RPA 供应商 AnotherMonday 后发布“Hyland RPA”。2021 年 8 月 11 日，国际软件巨头 Salesforce 收购 Servicetrace 以加强其软件自动化和流程发现的体验，Servicetrace 曾入选 Gartner 魔力象限。2021 年 12 月 3 日，RPA 行业巨头 Blue Prism 被金融巨头 SS&C 收购。2022 年，英国软件巨头 Netcall 收购开源 RPA 厂商 Automagica 用以增强其自动化平台。当然，除了收购之外，也有自主投入研发 RPA 的，如 Microsoft 发布的 PowerAutomate、华为发布的 WeAutomate 等。这一系列的收购举措明确展示了跨界巨头企业对于 RPA 的兴趣，而这一切会将 RPA 行业的竞争进一步激烈化。

因此，在大量资金涌入、跨界竞争对手涌入的情况下，RPA 行业的竞争迅速从过去单一的产品能力发展到产品、价格、渠道、服务等全方位的竞争。产品层面，过往 RPA 厂商关注的是 RPA 产品本身的功能，现在则竞相引入新的技术与 RPA 融合以体现其特性，如 AI、LCAP、Process Mining 等。价格层面，根据已披露的信息，行业内的最低成交价格已经直逼四位数。渠道层面，大量资源的涌入使得 RPA 行业的渠道建设迅速成熟，尤其是跨界类型的企业，借助其旧有渠道可能形成某个行业的弯道超车。服务层面，RPA 厂商也积极地提供产品培训、交付乃至 RPA 卓越中心，的服务，用以加强其用户黏性。此外，品牌建设、生态运营等层面的竞争也日益白热化，这给所有 RPA 从业者都带来一个严峻但现实的挑战。

尽管如此，身为 RPA 行业的从业者，仍然坚定地相信自动化技术背后所蕴藏的价值，人类从诞生之初，就在不懈地追求自动化，也正是这种执着的追求，带来了第一次工业革命、第二次工业革命和第三次科技革命，人类从蒸汽自动化走向电气自动化，进而步入信息自动化。

或许，人类的下一次飞跃，就在眼前。